高等院校环境类系列教材

环境规划理论与实践

张素珍　主　编

彭　林　副主编
刘　征

中国环境出版集团·北京

图书在版编目（CIP）数据

环境规划理论与实践/张素珍主编. —北京：中国环境
出版集团，2016.11（2021.7 重印）
高等院校环境类系列教材
ISBN 978-7-5111-2877-5

Ⅰ．①环…　Ⅱ．①张…　Ⅲ．①环境规划—高等学
校—教材　Ⅳ．①X32

中国版本图书馆 CIP 数据核字（2016）第 173555 号

出 版 人　武德凯
责任编辑　付江平
责任校对　尹　芳
封面设计　宋　瑞

出版发行　中国环境出版集团
　　　　　（100062　北京市东城区广渠门内大街 16 号）
　　　　　网　　　址：http://www.cesp.com.cn
　　　　　电子邮箱：bjgl@cesp.com.cn
　　　　　联系电话：010-67112765（编辑管理部）
　　　　　　　　　　010-67112738（第四分社）
　　　　　发行热线：010-67125803，010-67113405（传真）
印　　刷　北京中科印刷有限公司
经　　销　各地新华书店
版　　次　2016 年 11 月第 1 版
印　　次　2021 年 7 月第 2 次印刷
开　　本　787×960　1/16
印　　张　22.25
字　　数　390 千字
定　　价　45.00 元

序

环境规划是国民经济和社会发展的有机组成部分，是环境决策在时间、空间上的具体安排，内容包括生态保护和污染防治的目标、任务、保障措施等，并与主体功能区规划、土地利用总体规划和城乡规划等相衔接。

2015年1月1日起施行的《中华人民共和国环境保护法》第十三条规定："县级以上地方人民政府环境保护主管部门会同有关部门，根据国家环境保护规划的要求，编制本行政区域的环境保护规划，报同级人民政府批准并公布实施。"这标志着环境规划成为环境保护工作的顶层设计和纲领性文件。

《环境规划理论与实践》与当前环境政策、环保技术紧密结合，突出了"3S"技术和项目教学在环境规划理论中的应用，是一部以培养学生环境规划技能为重点的教材。本书编者张素珍教授从事《环境规划》教学18年之久，具有丰富的教学经验。自2000年以来先后参加了"河北省生态调查""河北省生态功能区划""河北省生态省建设规划"和"石家庄生态市建设规划"等课题研究，主持了河北省社会科学基金课题"河北省生态城市建设思路研究"，以及"沧州市献县生态县建设规划""保定市望都生态县建设规划"等生态县规划和50多个生态乡镇建设规划，为本书编写提供了丰富的教学素材。

石家庄学院是河北省应用型大学的转型试点单位，以培养技能型人才为主。随着京津冀协同发展战略的实施，迫切需要环境科技人员掌握并运用环境规划理论支持京津冀生态环境支撑区的建设。本书的出版适逢其时，将对培养社会急需的环保技能型人才，补充科技人员的环境规划理论知识发挥重要作用。

王丽光

2016年5月

前　言

　　环境规划是在 20 世纪 60 年代未 70 年代初始于英国，后在德国、法国、美国等国家逐步展开。但由于环境规划的技术路线、约束性指标、可操作性、与相关规划的关系等问题至今尚未统一，内容要求不成熟，在处理与其他规划的协调性关系上处于次要地位，所以在环境保护上发挥的作用较弱。

　　在 1972 年 6 月 5—16 日瑞典首都斯德哥尔摩召开的环境保护的第一次国际会议上，中国就提出了"全面规划、合理布局、综合利用、化害为利、依靠群众、大家动手、保护环境、造福人类"的环境保护主张。在 1970 年到 1974 年这四年多的时间里，周恩来总理对环境保护共作了 31 次讲话，从未放松过对环保的要求，环境规划则是环境保护预防为主政策的最重要的抓手。从 1989 年起，"八五"环境保护计划无论在科学性还是可操作性上都有一定的发展。"九五"和"十五"开始，国家重申必须落实"经济建设、城乡建设、环境建设同步规划、同步实施、同步发展"的战略方针，从此环境保护规划进入了提高的新阶段。"十一五"期间，国家将环境保护作为贯彻落实科学发展观的重要内容和推进生态文明建设的根本措施。"十二五"期间，环境保护规划进入了深化发展阶段。2015 年新的《中华人民共和国环境保护法》第十三条规定："根据国民经济和社会发展规划编制国家环境保护规划，报国务院批准并公布实施"。环境规划的法律地位得到了明显提升。

　　本教材特点有两点：一是该教材与社会发展紧密结合，在环境规划理论与实践过程的结合方面进行了许多有益的探索，总结了编者们多年从事环境规划工作与教学的实践经验，采用了自己编制的环境规划作为案例，并通过案例的分析将理论与具体的规划指标、内容要求联系起来，以提高环境规划指标的理论分析，同时也提高了环境规划的权威性、可操作性，希望推动环境规划在环境保护工作中更进一步，发挥它应有的预防作用。二是"3S"技术及环境信息系统、决策支持系统、环境决策支持系统在环境规划中的应用。将现场考察到的有关资料借助"3S"技术快速、准确进行环境预测、评价、规划、模拟和决策，以提高工作效率。本教材结构完整，为今后学生从事资源、生态、环境等方面的工作和研究打下良好基础。

目前，许多高校的地理类、环境类专业都开设"环境规划"课程，相关的教材种类也较多。但是一方面缺少与环境规划实际工作契合度高的教材，另一方面环境规划的类型及内容不断更新完善，指标体系、内容要求尚未定型，有许多需要不断探索、完善的地方。因此，本书编者力图编制一本与当前环境规划工作高度吻合的实用性教程，适用对象为地理类、环境类专业的本科生，也可供环境管理工作者、环境保护从业者、环境规划工作者参考。

全书内容共三篇十三章，由石家庄学院资源与环境学院教授编写。第一章、第二章、第三章由王佳、张素珍编写；第四章、第五章由刘征、彭林编写；第十章由刘征、张素珍编写；第七章、第八章、第九章由冯晓淼、彭林、张秀兰编写；第六章、第十一章由宋保平、彭林编写；第十二章由张素珍、刘征编写；第十三章由张素珍、冯晓淼编写。全书最后由张素珍、彭林、刘征统稿、定稿；由赵旭阳教授主审；由朱烨、赵晴、孙翠霞制图。

由于环境规划涉及要素多、领域广、内容丰富，因此编写过程难免有所纰漏，敬请批评指正。

编　者

2016 年 4 月于石家庄

目 录

第一篇 理论技术篇

第一章 绪 论 3
第一节 环境规划概述 3
第二节 环境规划的程序 13
第三节 环境规划的内容 16
第四节 环境规划的发展历程 29

第二章 环境规划的基本理论 37
第一节 环境容量与环境承载力理论 37
第二节 可持续发展理论 41
第三节 人地系统理论 45
第四节 复合生态系统理论 52
第五节 空间结构理论 58
第六节 生态足迹理论 63

第三章 环境规划的技术方法 66
第一节 环境预测与评价 66
第二节 社会经济结构预测与评价 76
第三节 环境规划的指标体系分析 78
第四节 环境规划的决策分析 83

第四章 3S技术在环境规划中的应用 94
第一节 3S技术基本原理 94
第二节 3S技术在环境规划中的综合应用 99

第五章 环境规划决策支持系统 103

第一节 环境规划决策支持系统概述 103

第二节 环境信息系统概述 106

第三节 决策支持系统概述 109

第四节 EPDSS 的设计和开发 112

第二篇 环境要素规划篇

第六章 水环境规划 119

第一节 概述 119

第二节 水环境规划的工作程序与内容 125

第三节 水环境规划的基础问题 132

第七章 大气环境规划 158

第一节 大气环境规划基础 158

第二节 大气环境现状调查与评价 164

第三节 大气环境功能区划 173

第四节 大气环境预测 176

第五节 大气环境规划目标和指标体系 179

第六节 大气污染物总量控制 181

第七节 大气污染综合防治措施 189

第八章 噪声污染防治规划 196

第一节 噪声污染防治规划基础 196

第二节 噪声现状调查与评价 198

第三节 噪声污染预测 200

第四节 声环境功能区划 205

第五节 噪声污染控制规划目标与措施 209

第九章 固体废物污染防治规划 215

第一节 固体废物概述 215

第二节 固体废物污染防治规划 217

第十章 生态环境规划 239
  第一节 概 述 239
  第二节 生态环境现状调查 242
  第三节 生态环境评价 246
  第四节 生态功能区划 249
  第五节 生态保护红线 253
  第六节 生态环境建设规划 256

第三篇 环境规划案例篇

第十一章 流域水环境规划 269
  第一节 问题的提出与规划工作内容 269
  第二节 釜溪河流域的水环境规划 270

第十二章 生态环境规划 288
  第一节 问题的提出与规划工作内容 288
  第二节 孟子岭乡生态环境规划 289

第十三章 小城镇环境规划 301
  第一节 问题的提出与规划工作内容 301
  第二节 尊祖庄乡概况 302
  第三节 尊祖庄乡环境现状调查与评价 305
  第四节 尊祖庄乡环境发展预测 314
  第五节 尊祖庄乡生态环境功能区划与规划目标 321
  第六节 尊祖庄乡环境规划方案 325

参考文献 339

第一篇　理论技术篇

第一章　绪　论

【本章导读】

　　环境规划是指人类为使环境与经济社会协调发展而对自身活动和环境所做的在时间和空间上的合理安排。作为协调环境与经济社会和资源之间关系的有效工具，环境规划越来越受到广泛关注。

　　本章重点介绍了环境规划的概念、特征、原则、任务和类型，以及环境规划的编制程序、环境规划的具体内容等环境规划工作中涉及的基本问题，最后分析了环境规划的发展趋势。

第一节　环境规划概述

　　环境是人类生存的基本要素，是人类社会和经济发展的必要条件。随着环境问题的愈加突出，环境规划越来越受到关注。对于当前社会经济迅速发展的中国而言，环境规划在促进环境、经济与社会协调发展中所起的作用不容忽视。

一、环境规划的概念

（一）环境规划的定义

　　在环境规划发展的历程中，人们对环境规划的认识也不尽相同。有的学者把环境规划看作是在一定时期、一定范围内整治和保护环境，达到预定的环境目标所做的总体布置和规定。也有学者认为环境规划是对不同地域和不同空间尺度的未来环境保护行动进行规范和系统筹划，是为实现预期环境目标的一种综合性手段。总之，环境规划主要目的在于调控人类自身的活动，减少环境污染、资源浪费和生态破坏，保护人类生存、经济和社会持续稳定发展所依赖的环境。

　　绝大多数学者认为，环境规划是人类为使环境与经济和社会协调发展，把"社会—经济—环境"作为一个复合生态系统，依据社会经济规律、生态规律和地学原理，对其发展变化趋势进行研究，并对人类自身活动和环境所做的时间和空间上的合理安排。环境规划是国民经济和社会发展的有机组成部分，是环境决策在时间、空间上的具体安排，是规划管理者对一定时期内环境保护目标和措施所做出的具体规定，是一种带有指令性的环境保护方案，其目的是在发展经济的同时保护环境，使经济与社会协调发展。

（二）环境规划的内涵

　　（1）环境规划以"社会—经济—环境"这一复合生态系统为研究对象。这一复合生态系统具有开放性和复杂性，其范围可能是一个国家、一个地区（省、市、乡镇、村）或一个自然单元（如流域、盆地等）。

　　（2）环境规划的目的在于改变粗放的经济发展模式，使经济、社会发展遵循自然生态规律，减轻或避免发展对环境造成的破坏，使"社会—经济—环境"系统协调发展，维护生态系统良性循环，达到经济发展和环境保护双赢的目的。

　　（3）环境规划涉及的基础理论包括生态学原理、地学原理、可持续发展理论、系统理论和空间结构理论等，体现了其学科交叉性。

　　（4）环境规划的主要内容为合理安排人类自身活动和生态环境两方面。这两方面具体包括：①根据环境保护的需要，对人类经济社会活动提出约束和要求，如实行正确的政策和措施，确立合理的发展规模和开发程度，确定合适的产业结构和布局，推行清洁生产工艺等；②根据经济社会发展和人民生活水平提高对环境越来越高的需求，对环境保护和建设做出长远的安排和部署，如确立长远的环境质量目标，筹划自然保护区和生态红线等。

二、环境规划的依据

　　根据国家的相关法律法规和政策，结合项目建设区的社会、经济发展水平和生态环境现状，合理制定环境规划的依据，这也是环境规划的核心所在。环境规划的主要依据有：

　　（1）国家和地方环境保护法律、法规和标准；

　　（2）国家和地方"国民经济和社会发展五年规划纲要"；

　　（3）国家和地方"环境保护五年规划"；

（4）环境规划编制任务书或有关文件。

三、环境规划的原则

制定环境规划的基本目的在于，不断改善和保护人类赖以生存和发展的自然环境，合理开发和利用各种资源，维护自然环境的生态平衡。因此，制定环境规划，应遵循如下的基本原则。

（一）经济建设、城乡建设和环境建设同步原则

坚持经济建设、城乡建设和环境建设同步规划、同步实施、同步发展，实现经济效益、社会效益和环境效益的统一，促进经济、社会和环境持续、协调地发展，这是 1983 年第二次全国环境保护会议上提出的中国环境保护工作的基本方针。它是我国在总结了几十年甚至上百年国际和国内环境保护工作经验教训的基础上做出的科学选择，对我国环境保护工作起到了非常重要的作用，因而是环境规划编制的最重要的基本原则。

（二）实事求是、因地制宜、分类指导、分区突破原则

进行环境规划时，要对规划区的性质和功能进行综合分析，坚持实事求是，抓住区域特点，提出恰当的环境目标要求。对于防治能力薄弱区或环境敏感区，应设置较高的环境目标；而对于环境容量大、承载能力强的区域，可根据情况适当降低环境目标，推动当地经济发展，到一定发展阶段时再适时调整目标，以实现环境、经济协调发展。环境规划涉及的内容多，项目复杂，因此一定要根据某一地区的生态环境现状和存在的问题，因地制宜地提出适合当地的科学发展模式，并有针对性地对不同的生态环境问题分类指导，分区突破，同时采取多种措施，综合治理。

（三）预防为主、防治结合的原则

坚持污染防治与生态环境保护并重、生态环境保护与生态环境建设并举。"防患于未然"是环境规划与管理的根本目的之一，在污染和生态破坏发生之前，予以杜绝和防范，减少污染和生态破坏带来的危害和损失是环境保护的宗旨。在这里应当强调的是防与治的目的，是减少或防止污染对环境功能的危害和损害，要以不同环境功能区的环境质量标准来判断防治的水平。

（四）前瞻性与可操作性有机统一的原则

既要立足当前实际，使规划具有可操作性，又要充分考虑发展的需要，使规划具有一定的超前性。

（五）宏观与微观结合的原则

环境规划与管理也是一项重大决策过程，有宏观定性规则，也有微观定量规则，必须两者结合，完善环境规划的分析过程，获得更准确、更有力的规划与管理结果。

（六）整体优化原则

环境规划应把某一地区作为一个完整的系统进行规划，即不仅要考虑其自然环境因素，而且要综合体现社会经济环境因素。环境规划不仅要改善区域环境质量，而且要通盘考虑社会、经济发展的需要，使环境保护与当地经济、社会发展和居民致富相结合，与调整产业结构和改进生产方式相结合，实现环境、经济和社会效益的多赢。因此，应综合考虑区域环境、经济、社会等多方面的影响，制定出整体优化的规划方案。

（七）可操作性原则

环境规划的可操作性原则体现在以下几个方面：①目标可行，即符合经济和技术支撑能力，经过努力可以达到；②方案具体而有弹性，即方案建立在可行性基础上，便于实施并且留有余地；③措施可行并且能够落实，最重要的是资金和工程配套措施的落实，并与其他建设规划相匹配，与现行管理制度和管理方法相结合，能够运用法律的、经济的和行政的手段保证和促进规划目标的实现，对规划实施监督检查，促使其落实与实施；④易分解执行，环境规划目标能被分解成任务，并且均能分解给具体的承担者，而承担者亦有完成任务的能力；⑤方案具有前瞻性，充分估计科技进步带来的环境效益，保证目标的先进性；⑥与经济社会发展规划紧密结合，便于纳入国民经济计划中。

四、环境规划的作用

环境规划的主要任务就是要解决和协调国民经济发展和环境保护之间的矛

盾，以期科学地规划（或调整）经济发展的规模和结构，恢复和协调各个生态系统的动态平衡，维护"环境—经济—社会"生态系统的良性循环，因此环境规划在社会经济发展和环境保护中所起的作用愈来愈重要。

（一）环境规划是协调经济社会发展与环境保护的重要手段

环境规划是环境决策在时间、空间上的具体安排，是对一定时期内环境保护目标实现所做的具体措施，是一种带有指令性的环境保护方案。

（二）环境规划是体现环境保护以预防为主的最重要的、最高层次的手段

环境问题的解决必须注重预防为主，防患于未然，否则损失巨大，后果严重，环境规划的重要作用就在于预防环境问题的发生。

（三）环境规划是各级政府部门开展环境保护和环境管理工作的依据

环境规划制定的功能区划、质量目标、控制指标和各种措施以及工程项目，提供了环境保护工作的方向和要求，可以指导环境建设和环境管理活动的开展，对有效实现环境科学管理起着决定性作用。同时，环境规划体现了国家环境保护政策和战略，其所做的宏观战略、具体措施、政策规定，为实行环境目标管理提供了科学依据，是各级政府和环保部门开展环境保护工作的依据。

（四）环境规划为制定国民经济和社会发展规划、国土规划、区域（流域）规划及城市总体规划提供科学依据

环境规划是国土规划、区域（流域）规划及城市总体规划合理制定的前提。在编制国家或地区经济社会发展规划时，不是单纯考虑经济因素，而是把当地的环境、经济和社会紧密结合在一起进行考虑，使国家或区域的经济发展不至于对当地的生态环境系统造成损害。

五、环境规划的类型

根据分类角度的不同，环境规划可以按规划期限、管理层次、规划层次、环境要素等分为不同的类型。

（一）按规划期限划分

根据规划期限的长短，可将环境规划分为远期环境规划、中期环境规划和短期环境规划三种类型。远期环境规划的时间跨度一般为 15～20 年，远期环境规划内容宏观，着重体现长远环境目标和战略措施；中期环境规划的时间跨度一般为 5～10 年；短期环境规划的时间跨度一般为 3～5 年，它是环境规划的重点，短期环境规划的年度工作安排称为年度环境计划，年度环境计划注重每一个措施、工程、项目及任务的具体安排。

（二）按行政区划和管理层次划分

环境规划按行政区划和管理层次，分为国家级环境规划、省（直辖市、自治区）级环境规划、地市级环境规划、县（市、区）环境规划、乡镇环境规划、村庄环境规划。

在这些规划中，国家级环境规划范围最大，涉及整个国家，起指导全局的作用，是国民经济和社会发展规划的组成部分，对省（直辖市、自治区）或地区级环境规划起指导作用。各省（直辖市、自治区）级的环境规划要以国家级环境规划为依据进行编制，不能与国家总体规划相矛盾。

各层次环境规划构成一个多层次结构，相互之间的关系是：上一级的规划指导和约束下一级的规划，是下一级规划的依据和综合；下一级规划是上一级规划的条件和分解，并且是上一级规划的有机组成部分和实现基础。上下级环境规划之间既有区别又有联系，因而制订规划时要上下联系，综合考虑各方面的因素，制订切实可行的规划目标，进行总体优化。

（三）按规划的层次划分

按规划的层次，可以将环境规划分为宏观环境规划、专项环境规划及环境管理规划三类。

1. 宏观环境规划

它是一种战略层次的环境规划，规划区域较大，包含要素较多。主要包括环境保护战略规划、污染物总量宏观控制规划、生态建设与生态保护规划等。

2. 专项环境规划

它是宏观环境规划的细化，根据规划的任务和内容不同，专项环境规划有差异，如大气污染综合防治规划、城市综合整治规划、近岸海域环境保护规划等。

3．环境管理规划

它是对环境管理计划、组织、协调、控制、监督等一系列活动所进行的具体安排。

（四）按环境要素划分

按环境要素可分为污染防治规划和生态规划两大类，前者还可细分为大气环境、水环境、固体废物、噪声及物理污染防治规划，后者还可细分为森林、草原、土地、水资源、生物多样性、农业生态规划等。

1．大气环境规划

大气环境规划主要是指对城市或区域大气污染进行防治的规划，涉及的主要内容是对规划区内的大气污染控制提出基本任务、规划目标和主要防治措施。

2．水环境规划

水环境规划是指对区域、水系、城市水污染进行防治的规划。具体地讲，水域（河流、湖泊、地下水、海洋）环境保护规划的主要内容是对规划区内水域污染控制提出基本任务、规划目标和主要防治措施。

3．固体废物污染防治规划

固体废物污染防治规划是指省、市、区、行业和企业等对规划区内的固体废物进行收集、转运、处理及综合利用的规划。

4．噪声污染防治规划

噪声污染防治规划一般是指控制城市、小区、道路和企业的噪声污染的防治规划。

（五）按环境与经济的辩证关系划分

1．经济制约型环境规划

经济制约型环境规划是指为了满足经济发展的需要，以经济为主体进行的环境规划。在此类规划中，环境保护要服从于经济发展，一般表现为先污染后治理的形式，在经济发展中出现了环境问题，为解决已发生的环境污染和生态环境破坏，才制订相应的环境保护规划。经济建设初期的规划大多属于这一类型的规划，在一定程度上是以牺牲环境来换取经济发展，而后为解决经济发展带来的环境后果，被动地制订环境规划。随着 2015 年 1 月 1 日《中华人民共和国环境保护法》

的实施，这一类型的环境规划在我国已不再适用。

2. 协调型环境规划

协调型环境规划也可称为兼顾型规划，反映了经济发展与环境保护之间协调发展，以发展经济和保护环境为出发点，实现这一双重目标，达到环境保护和经济增长双赢的目的。协调型环境规划是协调发展理论的产物，在今天已经被世界公认为发展经济和保护环境的最佳选择，也是我国目前采用的主要环境规划类型。

3. 环境制约型环境规划

环境制约型环境规划充分体现了经济发展服从环境保护的需要，从充分、有效利用环境资源出发，以防止经济发展产生环境污染来建立环境保护目标，制订环境保护规划。这种规划是建立在经济发展服从环境保护的基础上的，实行环境优先的战略方针，对经济发展进行制约。

适合采用环境制约型环境规划或实施环境优先的地区一般有两种：一是经济比较发达、环境容量已得到比较大的利用、环境压力比较大的地区，这些地区未来的发展方向主要是要调整产业结构、提升环境质量；二是自然条件非常脆弱，难以承载大规模经济开发活动的地区，或是在自然条件非常优越，大规模开发将毁坏良好的自然遗产的地区（我国西部很多地方属于这样两种地区）。无论这些地区经济是否发达，都应该实行生态优先、环境优先，禁止开发或限制开发，国家对这些地区实行生态补偿和生态移民，以保障它们的发展权利和发展机会。

（六）按性质划分

环境规划从性质上分，有生态规划、污染防治规划和自然保护规划。

1. 生态规划

生态规划就是运用生态学原理、方法和系统科学手段去辨识、模拟、设计生态系统人工复合生态系统内部各种生态关系，探讨改善系统生态功能，确定资源开发利用与保护的生态适宜度，制定人与环境持续协调发展的调控政策，其本质是一种"环境—经济—社会"复合生态系统规划。

2. 污染防治规划

污染防治规划也称之为污染控制规划，是当前环境规划的重点，根据性质不同又可分为区域污染防治规划和部门污染防治规划。

（1）区域污染防治规划：根据范围不同，包括经济协作区、能源基地、城市等区域的污染防治规划。

（2）部门污染防治规划：根据产业不同，可分为工业污染防治规划、农业污染防治规划以及服务业污染防治规划等。工业污染防治规划按行业又可进一步划分为化工污染防治规划、石油污染防治规划、轻工污染防治规划、冶金工业污染防治规划等。

3. 自然保护规划

自然保护规划是对自然环境和自然资源的保护性规划，其中心任务是保护、增殖和合理利用自然资源。如自然保护区规划、水源保护规划等。

六、环境规划的特征

（一）整体性

环境规划的整体性：首先反映在各环境要素是一个有机整体，各要素之间是相互联系、相互制约、相互作用的；其次，规划各技术环节之间关系紧密、关联度高，各环节相互影响，形成一个有机整体。因此，在规划过程中如果简单地把各个环境要素进行串联叠加、规划环节之间缺乏有效衔接，将难以获得有价值的结论，因此环境规划工作应从整体出发，进行全面的考察和研究。

（二）综合性

环境规划的综合性反映在它涉及的领域广泛、影响因素众多、对策措施综合、部门协调复杂和技术方法多样等方面。环境规划内容涉及环境调查、环境评价、功能区划、环境趋势预测、环境影响的技术经济模拟、方案对策制定、多目标方案的优化选择等多种工作，要运用水文学、地理学、数学、气象学、环境物理学、环境化学、环境经济学、环境管理学等多学科知识，亦需要各类学科相关技术方法，如数学模型、计算机技术等。

随着人类对环境保护认识的提高和实践经验的积累，环境规划的综合性将越来越明显，21世纪的环境规划将是自然、工程、技术、经济、社会相结合的综合体，也是多部门的集成产物。

（三）区域性

我国幅员辽阔，各地区域性差异很大，环境问题的区域性特征十分明显，主要表现在区域的环境系统结构、变化规律不同，社会经济背景条件不同，因此环境规划必须注重"因地制宜"。由于环境及其污染控制系统的结构和体系不同，产生的主要污染物的特征不同，社会经济发展方向和发展速度不同，规划控制方案的评价指标体系的构成及指标权重选取上均存在差异，因此环境规划在程序、方法和措施上必须体现其区域性特征，才能是行之有效的。

（四）动态性

环境规划具有较强的时效性，因为无论是环境问题（包括现存的和潜在的）还是社会经济条件等都在随时间发生着难以预料的变动，基于一定条件（现状或预测水平）制定的环境规划，随着社会经济发展方向、发展政策、发展速度以及实际环境状况的变化，势必要求环境规划工作具有快速响应和更新的能力。因此，应该从理论、方法、原则、工作程序、支撑手段、工具等方面逐步建立起一套有效机制，以适应环境规划不断更新、调整和修订的需求。

（五）信息密集性

信息的密集、不完备、不准确和难以获得是环境规划所面临的一大难题。在环境规划的全过程中，自始至终需要收集、消化、吸收、参考和处理各类相关的综合信息。规划的成功在很大程度上取决于搜集的信息是否较为完全，能否准确地识别和提取信息；以及是否能有效地组织这些信息，并很好地利用（参考和加工）这些信息。鉴于这些信息覆盖了不同类型，来自不同部门，存在于不同的介质之上，表现出不同的形式，因此信息处理是一项工作量巨大的智能活动，只凭人脑是难以胜任的。因此在客观上需要一种集中储存、处理信息的系统来支持和帮助规划人员完成这一任务，地理信息系统（GIS）完全可以胜任这一工作（在第四章有详细介绍）。

（六）政策性强

环境规划政策性强，环境规划的过程也是环境政策的分析和应用过程。从环境规划的最初立题、课题总体设计至最后的决策分析，制定实施计划的每一技术环节中，经常会面临从各种可能性中进行选择的问题，完成选择的重要依据和准绳，就是我国现行的有关环境政策、法规、制度、条例和标准。随着社会发展水平的不断提高，新的环境问题层出不穷，民众对环境质量的要求也越来越高，新的环境政策不断出台，环境规划要适应这种政策形势的变化，这就要求规划决策人员具有较强的政策分析能力。

（七）公众参与性

在环境规划过程中，公民有权通过一定的途径参与一切与其利益相关的活动，使得该活动符合公众的切身利益。公众参与环境规划能增加公众对环境规划的了解，并自觉地遵守和执行，从而达到了环境规划的目的。公众参与能够维护公众自身的合法权益，环境规划是对环境资源工作的总体部署，难免会涉及一些公众的切身利益，公众参与就能让规划者听到不同的声音，采取最佳的方案以解决不同的矛盾，从而保证规划得以顺利进行。公众参与能影响决策者的行为，从而使环境规划真正代表公众的意志。

第二节　环境规划的程序

环境规划是一个科学决策过程，其涉及的范围广、内容多，必须有序进行才能做好编制工作。环境规划的基本程序包括以下主要内容。

一、确定任务

当地政府委托具有相应资质的单位编制环境规划，明确编制规划的具体要求，包括规划范围、规划时限、规划重点等。

二、环境资料收集、现状调查

规划编制单位应搜集编制规划所必需的当地生态环境、社会、经济背景或现状资料，社会经济发展规划、城镇建设总体规划，以及农、林、水等行业发展规划的有关资料。必要时，应对生态敏感地区、代表地方特色的地区、需要重点保护的地区、环境污染和生态破坏严重的地区，以及其他需要特殊保护的地区进行专门的调查或监测。

三、编制环境规划大纲

为使环境规划编制工作有序进行，在开展规划工作之前，环境规划编制部门将会对整个规划工作进行组织和安排，编制环境规划大纲。环境规划大纲的内容包括任务由来、编制目的和依据、规划主要内容、规划工作计划等。一般地级以上综合性环境规划大纲均需开展专家咨询和评审，规划编制单位根据论证意见对规划大纲进行修改后作为编制规划的依据。

四、编制环境规划方案

规划方案的编制是环境规划中最重要的部分，具体包括以下内容：

（1）环境预测。在环境现状调查和分析、评价的基础上，根据区域社会、经济发展规划，进行环境预测。环境预测主要是通过建立一系列预测模型，对区域内的社会、经济状况及资源供需、污染源、环境质量、生态环境、资源破坏和环境污染造成的经济损失情况等进行预测。

（2）确定环境规划目标与指标。在环境预测结果的基础上，在环境保护法律法规、标准的允许范围内，结合上级环境规划，提出可达到的环境目标与之对应的指标体系。目标包括总体目标、阶段目标，指标内容包括社会经济指标、环境质量指标、污染控制指标、生态环境建设指标、生态环境管理指标等以及各环境要素目标、总量控制目标等。一些政策性强的环境规划还常常设定约束性指标、指导性指标等。

环境目标的提出需要经过多方案比较和反复论证，对指标的合理性、系统性、可达性和成本进行单项分析与综合分析与评估。因此，在确定的过程中需召开行业专家及公众参与的论证会和听证会，以完善环境规划的目标和指标体系。

（3）划定环境功能区划，计算环境承载力。环境规划需结合国家提出的区域发展主体功能分区（优化开发区、重点开发区、限制开发区、禁止开发区）的要求，在城市总体规划的基础上按环境介质分类对其环境功能区划进行优化，主要包括生态功能区划、水环境功能区划、环境空气质量功能区、噪声环境功能区划、饮用水水源保护区划，近岸海域环境功能区划等，并在此基础上形成综合环境功能区划或生态分级控制规划，通过数字地图方式体现。

环境容量作为总量控制的重要依据，环境承载力计算则是环境规划中定量化程度最高的一项工作，主要包括综合生态承载力、水环境容量、大气环境容量、人口容量等。环境承载力与环境功能区划密切相关，为了制定合理的规划方案，需要将环境容量分配到各功能区中。

（4）规划方案的优选与确定。环境规划方案是整个环境规划成果的集中体现，一般需要在草拟规划方案的基础上进行筛选、优化再确定。根据环境预测目标及预测结果的分析，结合区域或部门的财力、物力和管理能力情况，为实现环境规划拟定若干方案，以备择优选用。环境规划工作人员在对各种规划方案进行系统分析和专家论证的基础上，筛选出最佳环境规划方案。环境规划方案的优化是对各种方案权衡利弊，选择环境、经济和社会综合效益最高的方案。根据实现环境规划目标和完成规划任务的要求，对选出的环境规划草案进行修正、补充和调整，形成环境规划最终方案。

环境规划方案根据环境要素，可以分为产业优化发展规划方案，水环境（地表水和地下水）、近岸海域、大气、噪声、生态、新农村、环境管理能力、循环经济与清洁生产的专项规划方案。各专项规划方案的重点工程需最后汇总，并通过社会效益、经济效益、环境效益分析得到规划的重点项目清单。对规划方案的实施需提出可操作性的保障措施。

五、环境规划的申报与审批

环境规划的申报与审批，是整个环境规划编制过程中的重要环节，是把规划方案变成实施方案的基本途径，也是环境管理中一项重要工作制度。一般需要经过征求意见、送审、报批等逐级专家论证和部门协调，方可上报决策机关，等待审核批准。由于涉及利益相关方较多，这一阶段常常在环境规划工作中占用较多的时间。

六、环境规划的实施与修订完善

环境规划的实施要比编制环境规划复杂、重要和困难得多。环境规划按照法定程序审批下达后，在环境保护部门的监督管理下，各级政策和有关部门，应根据规划中对本单位提出的任务要求，制定实施方案，组织各方面的力量，促使规划付诸实施的任务要求，制定实施方案，组织各方面的力量，促使规划付诸实施。

通过编制环境保护年度计划，把规划中所确定的环境保护任务和目标进行层层分解、落实使之成为可实施的年度计划，同时实行"城考"和排污申报等制度将环境规划目标与政府政绩、企业经济效益挂钩，从法律、资金、政策、技术、信息等多个角度贯彻实施。

由于规划区域发展具有很大的可变化性，为适应这种多变性，环境规划一方面采用情景设计为参照提出污染治理方案，另一方面规划必须在实施过程中不断进行修正与补充，通过实施过程中修正与补充的体系框架，以引导实施中有效地利用环境规划。

通过"规划—评估—修订完善—实施—新规划"这样的滚动发展，实现最终的规划目标。这种滚动实施体系除了修正规划中的目标外，对规划编制单位也是一种持续的考验，促使其认真严肃地对待规划，很大程度上避免了"下大力气做规划，花少工夫做工作"的现象。

第三节　环境规划的内容

从内容上讲，环境规划包括环境调查与评价、环境预测、环境规划目标确定、环境功能区划、环境规划图件绘制、环境规划方案选择以及实施规划的支持与保证等。

一、环境现状调查与评价

（一）环境现状调查与评价方法

环境现状调查与评价的常见方法主要有三种，即收集资料法、现场调查法、遥感和地理信息系统分析方法。

（1）收集资料法应用范围广、收效大，比较节省人力、物力和时间。环境现状调查时，应首先通过此方法获得现有的各种有关资料，但此方法只能获得第二手资料，而且往往不全面，不能完全符合要求，需要其他方法补充。

（2）现场调查法可以针对规划的需要，直接获得第一手的数据和资料，以弥补收集资料法的不足。这种方法工作量大，需占用较多的人力、物力和时间，有时还可能受季节、仪器设备条件的限制。

（3）遥感和地理信息系统分析方法可从整体上了解一个区域的环境特点，可以弄清人类无法到达地区的地表环境状况，如一些大面积的森林、草原、荒漠、海洋等。此方法调查精度较低，一般只用于辅助性调查。在环境现状调查中，使用此方法时，不仅需要判读和分析已有的航空或卫星相片，在条件允许的情况下可直接使用飞行拍摄的办法获取资料。

（二）环境现状调查内容

1．自然概况调查

（1）地理位置调查。主要内容有规划区所处的经纬度，行政区位置和交通位置，并附地理位置图。

（2）地质地貌调查。主要内容有区域地质、岩性、矿产资源、岩浆矿床、沉积矿床非金属矿床等，以及山地形态、组成、山地高度、山脉走向等。

（3）气象和水文调查。气象数据主要包括风向、风速、气温、降水、日照、能见度和大气稳定度等。水文数据主要有地表水及地下水水质和水量等方面的资料。

（4）土壤及生物调查。区域的土壤类型、土壤发育、土壤的各种特性、土壤的剖面结构、土壤发生层次、质地层次等。

（5）背景调查。环境背景资料是环境规划的重要基础资料，其含义是在未受到人类活动污染的条件下，环境中的各个组成部分，如水体、大气、土壤、生物等在自然界的存在和发展的过程中原有稳定的基本化学组成，反映了原始自然面貌。目前，在全球都受到污染的情况下，要寻找绝对未受污染的背景值很难做到，环境背景值实际上只是一个相对的概念。

2．生态环境调查

生态环境调查的内容包括：自然资源状况调查、生态环境质量调查和重点生态区调查。

自然资源调查包括土地资源、水资源、气候资源、生物资源、矿产资源、旅游资源调查等，调查的数据可作为生态评价以及生态功能分区的依据；生态环境质量调查主要包括大气质量、水环境质量、土壤质量以及农产品质量等，这些数据资料要通过实地观测获得或通过相关部门开展的生态环境质量研究报告中获取，主要用于规划区的生态环境现状质量的评价，为制定生态环境保护与综合整治方案提供依据；重点生态区可分为需要特殊保护的区域、生态敏感与脆弱区和社会关注区三类，重点生态区调查是生态调查中最富有特色的内容，可为制定规划区生态建设与保护规划提供基础依据。

3．社会环境调查

社会环境调查内容包括：①人口（数量、组成、密度分布）、产业（工业结构、布局、产品种类及产量）、经济密度、建筑密度、交通及公共设施等；②农业产值、农田面积、作物品种及其种植面积、灌溉设施及方法、渔业人口及数量、水产品种类及数量、畜牧业人口数量、牧业饲养种类及数量、牧场面积等；③乡镇企业布局与行业结构、工艺水平、产值、排污量、应用的污染治理设施等。

4．经济社会发展规划调查

经济与社会发展规划调查的主要目的是为了掌握环境规划区在短、中、远期的发展目标，包括国民生产总值、工农业产品产量、原材料品种及使用量、能源结构、水资源利用情况、工农业生产布局、人口发展规划、公用设施规划等，分门别类地进行调查，供环境规划使用。

5．污染源调查

（1）工业污染源调查。主要包括企业概况、生产工艺、原材料和能源消耗、生产布局、管理状况、污染物排放情况、污染防治调查、污染危害调查。

（2）生活污染源调查。主要包括城市居民人口调查、居民用水排水状况、生活垃圾、民用燃料、城市污水和垃圾的处理和处置。

（3）农业污染源调查。主要包括农用化学品使用情况，农药、化肥、农膜等的使用情况，农业废弃物包括作物茎、秆、牲畜粪便的产量、处理和处置方式及综合利用情况。

（4）交通污染源调查。主要包括汽车种类、数量、年耗油量、单耗指标，燃油构成、成分、排气量、NO_x、CO_x、C_xH_x、Pb、S 和苯并芘的含量等。

最后，对以上调查资料进行分析，建立数据库，包括图像数据库（遥感数据、照片）、图形数据库（各类地图数据）、属性数据库（各项指标、质量标准）、文字数据库（法规规章制度）、经验数据库（已有经验知识）、统计数据库（环保、经济、人口）。

（三）环境现状评价

环境现状评价要求的主要内容有以下几点。

1．自然环境评价

在对区域自然环境现状调查的基础上进行系统的分析和研究，找出目前存在的各种环境问题以及在规划期内亟待解决的主要环境问题，做出区域环境质量评价。自然环境评价主要为环境区划和评估环境的承载能力服务。一般应包括区域自然环境现状、大气环境污染现状、水体环境污染现状、土壤环境污染现状、噪声污染现状和固体废物污染现状。

2．经济、社会现状评价

（1）经济现状评价：主要是指与环境规划内容有直接或间接关系的那部分经济活动，这些经济活动影响着区域环境质量的状况。所以，在进行区域环境规划时，需要考虑这些相关的经济发展状况，包括生产力布局及经济发展水平分析。

（2）社会因素评价：主要是社会人口和社会意识的状况分析。另外，还包括社会制度和体制、医疗、教育、体育等社会概况，并分析对区域环境所产生的影响。

3．污染评价

突出重大工业污染源评价和污染源综合评价。根据污染类型，进行单项评价，按污染物排放总量排序，由此确定评价区内的主要污染源和主要污染物。污染评价还应酌情考虑小企业污染及生活面源污染的分析等。

二、环境预测

环境预测是根据所掌握的区域环境信息资料，结合国民经济和社会发展状况，对区域未来的环境变化（包括环境污染和环境质量变化）的发展趋势做出科学的、系统的分析，预测未来可能出现的环境问题。环境预测是进行环境决策的重要依据，缺乏科学准确的预测就不能及时做出正确的科学决策，也不会有科学的环境规划。

1．环境预测的依据

（1）环境质量现状评价。它是环境预测的基础，通过评价，可为科学预测提供大量基础资料。

（2）社会经济发展规划。环境问题主要是由经济发展引起的，预测经济发展达到规划目标对环境造成的影响，在此基础上提出合理的发展规划模式。

（3）城镇发展总体规划、区域发展规划及能源、交通、电力等行业发展规划。

2．环境预测的类型

根据预测目的不同，环境预测可分为警告型、目标导向型和规划协调型预测三类。

（1）警告型预测（或趋势预测）。警告型预测是指经济社会发展按照现有模式进行，在不采取任何措施和没有任何外界因素影响的前提下，对未来环境状况发展的趋势和结果进行的预测。

（2）目标导向型预测（或理想型预测）。目标导向型预测是指人们主观希望达到的环境水平，各类污染物达到环境保护要求，按标准排放，环境状况能逐渐改善。此条件下的发展模式可能对经济造成制约，是一种环境优先的发展模式，在经济发达的地区可尝试采取这种规划方式。

（3）规划协调型预测（或对策型预测）。通过一定手段使环境保护与经济发展相协调，这是预测的主要类型，也是进行规划的主要依据。规划协调型预测是在技术不断进步、环保投资增加、管理水平提高和产业结构升级等条件下进行的，以寻求经济发展与环境保护的结合点。

3. 环境预测的内容

（1）社会和经济发展预测。预测随着社会、经济发展可能产生的各类环境问题和污染物产生量，环境质量随经济发展、人们活动可能发生的变化规律，预测人口分布、增长规律、人口密度和总量的发展趋势，以及产业布局、生产力水平与环境之间的关系。

其中社会发展的预测重点是人口预测；经济发展预测以经济系统与环境系统之间和系统内部的相互关系为核心。预测重点包括能耗预测、国民生产总值预测和工业总产值预测，同时包括经济布局与结构、交通和其他重大经济建设等项目的预测。

（2）环境容量预测。根据环境功能区、环境质量标准和环境污染状况预测区域环境容量变化情况，根据产业结构和人口数量等因素预测区域内资源利用情况和资源支持能力。

（3）污染预测。预测各类污染物在大气、水体、土壤等环境要素中的总量、浓度和分布变化，预测可能削减和降解的数量及可能出现的新污染物的种类和数量。预测规划区在规划期内由环境污染可能造成的各种社会、经济损失和处理污染所需投资。

污染物宏观总量预测的要点是确定合理的排污系数（单位产品和万元工业产值排污量）和弹性系数（如工业废水排放量与工业产值的弹性系数），环境质量预测的要点是确定排放源与汇之间的输入响应关系。

（4）环境治理和环保投资预测。预测各类污染物处理技术、设备的投资和处理效果；预测规划期内的为保证环境质量所需投资、投资比例、投资重点和投资期限等。

（5）生态环境预测。城市生态环境，包括水资源的贮量、消耗量、地下水位等，城市绿地面积、土地利用状况和城市化趋势等；农业生态环境，包括农业耕地数量和质量，盐碱地的面积和分布，水土流失的面积和分布；此外还包括区域内的森林、草原、沙漠等面积、分布以及区域内的物种、自然保护区和旅游风景区的变化趋势。

三、环境规划目标与指标体系

（一）环境规划目标

环境规划目标是进行环境规划的前提和出发点，其作用是明确发展的方向和目的，一般是决策者对环境质量所想要达到的环境状况或标准。制订环境规划目标时，应根据区域内环境功能及区域未来经济发展的要求，既充分尊重自然环境的运动规律、变化规律，又要切实考虑现实的社会经济条件和科学技术水平。

环境规划目标按照不同的层次和要求可分为以下几类。

1. **按管理方式划分**

（1）总体目标。总目标是对规划期内应达到的环境规划目标所做的总体上的规定。

（2）具体目标。根据规划区内环境要素、功能区划和环境特征对单项目标所做的具体规定。

2. **按规划内容划分**

（1）环境质量指标。环境质量指标主要表征自然环境要素（大气、水）和生活环境的质量状况，一般以环境质量标准为基本衡量尺度，主要包括大气环境质量指标、水质量指标、噪声控制目标等。

（2）污染物总量控制指标。污染物总量控制指标是根据一定区域的环境特点和容量确定，其中又有容量总量控制指标和目标总量控制指标两种。前者体现环境的容量要求，是自然约束的反映；后者体现规划的目标要求，是人为约束的反映。在实际执行中，往往是将两者有机结合起来，综合使用。

（3）污染物控制目标。污染物控制目标是实现环境规划目标管理的重要手段之一，它是对规划区内主要污染物在一定时空范围内的容许排放量所做的限定。污染物控制目标以一定的环境质量目标为依据，以环境现状调查和污染物排放量预测结果为基础，根据排污量与环境质量之间的定量关系，通过计算而得出来的。它主要包含两个层次的内容：一是一定时空范围内各主要污染物的容许排放量；二是污染物的消减量。

（4）相关性指标。相关性指标大都包含在国民经济和社会发展规划中，都与环境指标密切相关，对环境质量有深刻影响，但又是环境规划所包容不了的。这类指标包括经济指标、社会指标和生态指标。环境规划将它们作为相关性指标列入，以便全面地衡量环境规划指标的科学性和可行性。

3．按规划时间划分

根据规划时间长短不同，可以将规划目标分为短期、中期（5～10 年）和长期（10 年以上）目标。不同时期的目标要体现不同时期的要求和时代特征，短期目标应该具有很强的操作性，其设置必须准确、具体。中、长期目标是对未来环境目标的期望要求，对短期目标有一定约束作用，短期目标的实现有利于中、长期目标的实现。

（二）环境规划指标体系

环境规划指标是在环境调查的基础上，通过搜集资料和整理分析而建立起来的，包括社会、经济、人口、环境等指标。环境规划指标是对环境规划目标的具体内容、要素特征和数量的表述，能够直接反映环境对象及有关事物。环境规划指标体系是由一系列既相互独立又相互联系、互为补充的环境规划指标构成的有机组合体。指标体系详细内容见本书第三章第三节。

四、环境功能区划

（一）环境功能区划的含义

环境功能区划是实现对环境科学管理的一项基础工作。环境功能区划是指依据社会经济发展需要和不同地区在环境结构、环境状态和使用功能上的差异，对区域进行的合理划分。环境功能区实际上是指对经济和社会发展能起特定作用的地域或环境单元，是社会、经济与环境综合性功能区。它研究各环境单元的承载力（环境容量）及环境质量的现状和发展变化趋势，揭示人类自身活动与人类生活之间的关系。

（二）环境功能区划的目的

环境功能区划是环境规划的基础及重要组成部分，其目的是为了实现区域环境分区分类管理；便于环境目标管理和污染物总量控制；为强化环境管理、科学合理使用自然和环境资源提供科学依据。确定合理的环境功能区划，对不同功能区实施分类管理，制订具有针对性的环境保护目标，有利于提高规划的科学性和可操作性。

1．为各环境功能区的生态环境管理决策提供科学依据

通过环境功能区的划分，决策者依据功能区的重要程度、经济开发特点，确定控制污染布局与排放的各种强制性措施，提出环境管理重点和管理目标，为生态环境目标管理决策提供科学依据。

2．落实环境规划目标

从定性管理过渡到定量管理，环境质量状况不断得到改善，其基点是环境功能区与环境规划目标建立起对应关系，使之在技术、经济可行性分析的基础上，确保环境规划目标落到实处。

3．确保治理方案有效实施

当前，在环保资金不足、治理污染任务严峻的情况下，落实环境保护目标，搞好环境保护，需要考虑的问题有：①根据各功能区的环境特点，做到环境保护目标要重点突出；②将点源治理与区域集中处理相结合；③科学拟定环保投资计划，实现区域污染控制总费用最小化，使治理方案做到有的放矢。

4．使各种法律制度得到正确实施

目前有关环境保护方面的法律有环境保护法、水污染防治法、大气污染防治法、森林法、草原法、海洋环境保护法及各项标准和制度等。这些都是重要的环境保护法律、手段的依据。环境功能的分区有利于针对具体的环境单元实施正确的法律制度。

（三）环境功能区划的原则和依据

1．区划原则

（1）科学评估，尊重自然。根据环境的区位、环境功能的基本特征和空间分布规律等自然属性，综合评价区域环境承载能力、环境功能和区域经济社会发展状态，结合对区域发展趋势的预测，以及人类生存、生活、生产、发展对环境功能不同需求的评估，科学确定区域环境的基本功能。

（2）统筹协调，科学引导。统筹考虑与全国主体功能区规划等相关专项规划、区划的衔接，协调生态、水环境、大气环境、土壤等环境要素之间的相互关系，与相关部门进行分区管理模式的衔接，明确不同环境功能区的战略目标，优化各类环境功能布局，健全并完善以区划为基础的环境管理制度。

（3）突出主导，优化格局。以突出体现区域主导环境功能为主，兼顾区域的多重环境功能，制定有利于保护与提升主导环境功能的环境管理目标和对策，

保障区域环境安全，从大局出发，优化国家生态安全和人民生活生产健康的空间格局。

（4）全面覆盖，逐级贯彻。从国家到地方，自上而下逐级编制落实国家环境功能区划战略要求。从全局出发，以国家生态安全格局和经济社会战略布局为基础，确定区域环境的主导功能，对行政区域所有范围进行分区分类，明确环境功能类型。

（5）统一思路，因地制宜。省级环境功能区划的编制要根据全国环境功能区划的思路方法进行划分。地方各级环境功能区划中，环境功能类型的划分指标项及其阈值根据该地区的特点可以有所不同。重点要为地方具体的环境事务管理服务，要明确专项环境（水、大气、噪声、土壤、生态等）管理的具体要求。

2．区划依据

（1）功能与规划相匹配。与区域或城市总体规划相匹配，保证区域或城市总体功能的发挥。

（2）根据自然条件划分功能区。根据地理、气候、生态特点或环境单元的自然条件划分功能区，如自然保护区、风景旅游区、水源区或河流及其岸带、海域及其岸带等。

（3）根据环境的开发利用潜力划分功能区。如新经济开发区，绿地等。

（4）根据社会经济的现状、特点和未来发展趋势划分功能区。如工业区、居民区、科技开发区、教育文化区、开放经济区等。

（5）根据行政辖区划分功能区。行政辖区不仅反映环境的地理特点，而且也反映某些经济社会特点，按一定层次的行政辖区划分功能区，不仅有经济、社会和环境合理性，而且便于管理。

（6）根据环境保护的重点和特点划分功能区。一般可分为重点保护区、一般保护区、污染控制区和重点污染治理区等。

（四）环境功能区划的类型

根据不同的环境标准和发展要求，环境功能区划有以下几类。

1．城市环境功能区

城市环境功能区包括：工业区、居民区、商业区；机场、港口、车站等交通枢纽区；风景旅游或文化娱乐区；特殊历史纪念地；水源保护区；文教区；高新技术经济开发区；农副产品深加工生产基地；污染处理处置区（垃圾场、污水处理厂等）；卫星城等。

2．大气环境功能区

根据《环境空气质量标准》（GB 3095—2012）的规定，将大气功能区分为两类：一类区执行一级标准，二类区执行二级标准。

一类区：自然保护区、风景名胜区和其他需要特殊保护的区域。

二类区：居住区、商业交通居民混合区、文化区、工业区和农业地区。

3．地表水环境功能区

根据《地表水环境质量标准》（GB 3838—2002），将地表水环境划分为五类水域。

Ⅰ类：主要适用于源头水、国家自然保护区。

Ⅱ类：主要适用于集中式生活饮用水地表水源地一级保护区，珍稀水生生物栖息地，鱼虾类产卵场等。

Ⅲ类：主要适用于集中式生活饮用水地表水源地二级保护区，鱼虾类越冬场、洄游通道、水产养殖区等渔业水域及游泳区。

Ⅳ类：主要适用于一般工业用水区及人体非直接接触的娱乐用水区。

Ⅴ类：主要适用于农业用水区及一般景观要求水域。

对应上述地表水五类水域功能，不同功能类别分别执行相应类别的标准值。水域功能类别高的标准值严于水域功能类别低的标准值。同一水域兼有多类使用功能的，执行最高功能类别对应的标准值。

4．地下水功能区

根据区域地下水自然资源属性、生态与环境属性、经济社会属性和规划期水资源配置对地下水开发利用的需求以及生态与环境保护的目标要求，地下水功能区按两级划分，以便于流域机构和各级水行政主管部门对地下水资源分级进行管理和监督。

地下水一级功能区划分为开发区、保护区和保留区3类，主要协调经济社会发展用水和生态与环境保护的关系，体现国家对地下水资源合理开发利用和保护的总体部署。

在地下水一级功能区的框架内，根据地下水资源的主导功能，划分为8种地下水二级功能区，其中，开发区划分为集中式供水水源区和分散式开发利用区2种二级功能区，保护区划分为生态脆弱区、地质灾害易发区和地下水水源涵养区3种二级功能区，保留区划分为不宜开采区、储备区和应急水源区3种二级功能区。地下水二级功能区主要协调地区之间、用水部门之间和不同地下水功能之间的关系。

5. 声环境功能区

根据《声环境质量标准》（GB 3096—2008），将城市声学环境分为 0～4 共 5 类标准，分别对应 5 类功能区，对应功能区执行相应的环境噪声限值。

0 类声环境功能区：指康复疗养区、高级别墅区、高级宾馆区等特别需要安静的区域，位于城郊和乡村的此类区域分别按严于 0 类标准 5 dB 执行。

1 类声环境功能区：指以居民住宅、医疗卫生、文化教育、科研设计、行政办公为主要功能，需要保持安静的区域。

2 类声环境功能区：指以商业金融、集市贸易为主要功能，或者居住、商业、工业混杂，需要维护住宅安静的区域。

3 类声环境功能区：指以工业生产、仓储物流为主要功能，需要防止工业噪声对周围环境产生严重影响的区域。

4 类声环境功能区：指交通干线两侧一定距离之内，需要防止交通噪声对周围环境产生严重影响的区域，包括 4a 类和 4b 类两种类型。4a 类为高速公路、一级公路、二级公路、城市快速路、城市主干路、城市次干路、城市轨道交通（地面段）、内河航道两侧区域；4b 类为铁路干线两侧区域。

五、环境规划方案的设计与优化

（一）环境规划方案设计

方案设计是环境规划工作的中心，也是工作的重点，它是在充分考虑国家或地区有关政策的前提下，根据环境目标、污染状况和计划污染消减量及经济实力、经济发展规划，对规划区提出具体的污染防治措施和环境保护对策。

1. 设计原则

（1）因地制宜，紧扣目标。充分利用规划准备阶段获取的各项环境信息，分析规划区的实际情况，明确区域环境现状和经济社会发展状况。在掌握实际情况的基础上，根据预定的环境目标，提出各种措施和对策。

（2）资源为本，循环利用。不可再生资源是有限的，许多可再生资源也是有限的，环境污染的实质表现为资源和能源的浪费。因此在编制规划时，规划者必须树立节约资源、循环利用的意识，紧紧围绕促进资源有效利用进行各项规划。

（3）遵守法规，上下一致。这是保证规划能够获批和有效实施的前提条件，必须在政策允许范围内设计规划方案，提出规划措施与对策，绝对不能与上位规划相抵触。

2．规划方案的设计

（1）分析评价结果。现状调查评价包括环境质量、污染状况、主要污染物和污染源；现有环境承载力、污染削减量等。其目的是通过分析环境现状为预测和制定规划治理方案提供依据。

（2）分析预测的结果。在现有承载力的基础上，明确环境容量、削减量及可能的投资和技术支持，确定存在的主要环境问题。

（3）制定规划目标与指标。详细列出环境规划总目标和各项分目标，建立合理的指标体系，以明确现实环境与环境目标的差距。

（4）确定环境发展战略和主要任务。从整体上提出环境保护方向、重点、主要任务和步骤。

（5）制订环境规划的措施和对策。这是规划的重点，在目标与现实之间要通过采取措施得以实现。主要是制订针对性、可操作性强的措施和对策，如区域环境污染综合防治措施、生态环境保护措施、自然资源开发与利用措施、产业结构调整措施和环境管理措施等。

3．环境规划方案的类型

根据规划的性质和环境要素分为不同的规划类型。

按规划性质可分为生态规划方案、污染综合防治规划方案和自然资源保护规划方案。

按环境要素划分可分为大气污染控制规划方案、水污染控制规划方案、固体废物污染防治规划方案和噪声污染控制规划方案。

各环境规划方案类型和具体措施的制订将在以后章节陆续介绍。

（二）环境规划方案优化

1．方案优化的内涵

环境规划方案优化是编制环境规划的重要步骤和内容。环境规划方案优化的目的是实现环境目标时所采取的措施力争投资少、效果好。在制订环境规划时，一般要提供多个不同的规划方案，经过对比各方案，确定经济上合理、技术上先进、能够实现环境目标要求的几个最佳方案作为推荐方案，供领导决策。方案的对比要具有鲜明的特点，比较的项目不宜太多，要抓住起关键作用的因素作比较。必须注意的是，不能片面追求技术先进或过分强调投资，要从实际出发，采用各种优化分析方法选择最佳方案。

2. 优化方案的选择

制定规划时，可以在有关因素（经济、社会、科技条件、环保投资等）的约束下建立几种发展模式，对各种模式下的环境发展情况进行模拟，得出最终的环境状况。建立模型后，对模型各因素调控实际上就是不同措施的组合，然后根据结果决策者选取认为最优的规划方案。环境规划中常用的优化方法有数学优化方法、费用—效益分析法、线性规划方法、非线性规划方法、系统动力学法、多目标决策分析法等。这些方法的使用将在以后的章节实例中进行介绍。

六、环境规划的保障措施

环境规划的保障措施是环境规划得以实施的重要保证，归纳起来有如下几点。

1. 法律法规措施

贯彻落实环境规划的地方性法规和政府规章，不断提高各级领导和群众的法制观念。严格执行各项环境保护法律法规，制定环境规划的实施办法，同时加强对有关法规实施情况执法检查，从而保证规划的实施。将环境建设规划的实施与目标责任制相结合。将规划总目标按年度计划、行业分解到承担单位，并以签订责任书的形式将规划阶段目标落实到主要领导身上，从而达到目标管理的目的，确保规划的实施。

2. 社会保障措施

加强环境保护宣传教育，创新环境保护教育形式和内容；建立公众参与机制，强化社会监督，制定公众参与的保障措施，确保政府在自然资源开发等重大项目决策过程中的公众参与。

3. 经济保障措施

资金是进行环境保护建设和生态建设的先决条件之一，最大限度保障资金渠道的畅通和资金的顺利落实，对于开展环境保护建设和生态建设有重要的实际意义。具体措施有：保障现有的环境保护资金渠道，努力拓展环境保护资金新渠道；科学掌握环保投资比例，合理进行环保投资分配计划。

4. 技术保障措施

技术的落实是环境规划建设工作的顺利开展的有力保障，依据国家重点环境保护实用技术推广管理办法的有关规定，鼓励辖区内企业优选"国家先进污染治理技术名录"和"国家鼓励发展的环境保护技术"中记录的污染防治技术、资源综合利用技术、生态保护技术、清洁生产技术等。

第四节 环境规划的发展历程

一、国外环境规划的发展

欧美各国大规模的经济建设导致一系列生态环境问题，使人们意识到必须对自己赖以生存的环境进行有计划的开发、保护与管理。因此从 20 世纪 60 年代以来，环境规划受到美国、日本、英国、德国等发达国家的充分重视。这些国家较早地开展环境规划的研究工作，并取得了较好的效果。

美国的环境规划研究进行十分广泛，每个州都设立了环境规划委员会，通过立法规划环境目标，研究能源与环境的关系，并以能源研究作为环境规划研究的基础，其研究重点是环境规划方法的研究。一般以区域性的环境规划为主，近年来提出的绿色社区规划的研究已形成热点。

英国的环境规划最早是从 20 世纪 60 年代末开始的，即英国西北部经济委员会组织的西北部经济规划，其中，在经济发展规划中就开始考虑环境问题，提出一系列研究报告，如"烟气控制""废弃土地问题"等。英国把环境规划作为经济发展规划的一个有机组成部分，在新市镇规划中充分重视环境规划的内容，并实行"规划导向型"的发展规划管理机制。

日本的环境规划依据环境厅颁发的"区域环境管理规划编制手册"可分为综合型、指导型、污染控制型和特定的环境目标型四大类。重视直接的和行政的管理，将"标准"作为基本的规划目标和规划手段，防治重点突出，保护人体健康重于经济发展。如琵琶湖综合保护整治计划，其基本理念是湖与人的共生，分为第一期、第二期及长期目标来执行。

俄罗斯的环境保护规划属于协调型的环境保护规划，他们制定环境规划的原则是既要以社会发展规划为基础，又要使环境规划与经济发展规划有机地结合起来，并把环境规划纳入国民经济计划之中。注重根据当地环境的特点、自然资源情况和生产力布局，合理安排区域发展规划和环境规划。俄罗斯环境规划采取的方法与西方国家截然不同。例如日本是采用污染物排放总量控制的方法，美国采用环境影响评价制度，俄罗斯则采用"环境目标纲要法"，这种规划方法是立足于最大限度地利用自然资源，尽可能少产生环境污染。

环境规划方法论研究上，国外许多生态学家、城市区域规划学家也做了大量探索。美国在环境规划研究中广泛采用模型预测的方法，如大气模型、水模型等，为区域环境规划提供了科学依据；德国科学家 F. Vester 和 A.von Hesler 将系统规划与生物控制论相结合，建立城市与区域规划的灵敏度模型（Sensitivity Model）；Mikiko Kainuma 等率先开发了一套适用于环境规划的综合决策支持系统，并在日本东京湾环境规划中加以应用；Risto Lahdelma 等基于实际应用经验，探讨了多目标规划方法在环境规划和决策过程中的应用；Villa Ferdinando 等研究了量化环境脆弱性的模型和框架，得到最小主观性和最大客观性的近似、标准化的环境脆弱性指标。

二、我国环境规划的发展历程

我国的环境规划工作始于 20 世纪 70 年代初，在 40 余年的发展历程中经历了起步、发展、提高以及创新四个重要阶段，环境规划工作得到了不断发展。

（一）起步阶段（20 世纪 70 年代—80 年代初）

1973 年 8 月，国务院召开了第一次全国环境保护工作会议，审议通过了环境保护的"全面规划、合理布局，综合利用、化害为利，依靠群众、大家动手，保护环境、造福人民"的"32 字方针"和第一个环境保护文件《关于保护和改善环境的若干决定》，从此我国的环境保护规划开始发展起来。在这一期间，由于环境保护事业刚刚起步，在理论和实践上都缺乏足够的经验，对经济与环境的辩证关系也认识不足，大多数人认为环境保护就是"三废"治理和综合利用及噪声污染控制，当时的环境保护部门竟被称为"三废"办公室。

这一阶段的环境规划处于零散、局部和不系统的状态，除了一些地区开展了环境状况调查、环境质量评价等工作之外，大规模和较深入的环境保护规划工作尚未开展起来。

1983 年年底，在北京召开了第二次全国环境保护会议，会议确定"环境保护是我国一项基本国策"。国家制定了"三同步""三统一"（经济建设、城乡建设、环境建设同步规划、同步实施、同步发展；经济效益、社会效益、环境效益统一）的战略方针，并确定了环境保护的"三大政策"，即：预防为主、防治结合、综合治理，谁污染谁治理和强化环境管理。明确了防治污染的原则及经济建设部门应承担治理污染的责任，推动了区域环境规划和企业环境规划的进展。但在这一时期，环境保护规划的编制仍处于"想做而不知如何去做"的起步阶段。

在这一阶段，环境保护规划的显著特征是国家环境保护计划作为独立的篇章纳入国民经济和社会发展规划中，并提出了国家环境保护计划要求达到的具体目标，在一些地区和部门，把环境保护规划的理论和方法作为科研课题进行研究，取得了一些有价值的成果。同时，环境影响评价和环境容量研究在全国也普遍开展起来。

（二）发展阶段（20世纪80年代末—90年代初）

"七五"期间，全国广泛开展环境调查、环境评价和环境预测工作，环境保护规划工作结合国民经济和社会发展第七个五年计划开展，并作为独立文件，环境保护规划的技术方法有了很大发展。

从1989年起，编制环境保护"八五"计划的准备工作全面展开，从国情分析为出发点，以总量控制为技术路线，以纳入国民经济和社会发展计划为支持保证手段，"八五"环境保护计划在科学性和可操作性方面都有一定的发展。

1989—1991年，全国各省、自治区、直辖市和环境保护重点城市，以及国务院有关部门都编制了环境保护十年规划及"八五"计划。这些环境规划是在统一的"技术大纲"指导下编制的，环境规划逐步走向规范化、法制化。

1989年12月26日正式颁布的《中华人民共和国环境保护法》第四条明确规定："国家制定的环境保护规划必须纳入国民经济和社会发展计划，国家采取有利于环境保护的经济、技术政策和措施，使环境保护工作同经济建设和社会发展相协调。"第十二条规定："县级以上人民政府环境保护行政主管部门，应当会同有关部门对管辖范围内的环境状况进行调查和评价，拟定环境保护规划，经计划部门综合平衡后，报同级人民政府批准实施。"这些规定明确了环境保护规划的法律地位，从法律上保证了环境保护规划的实施。

（三）提高阶段（20世纪90年代—21世纪初）

可持续发展战略从"九五"开始逐步深入人心，"九五"和"十五"开始，国家重申必须落实"经济建设、城乡建设、环境建设同步规划、同步实施、同步发展"的战略方针，环境保护规划目标在国民经济和社会发展规划中开始单列，从此环境保护规划进入了提高的新阶段。

1996 年 7 月，在北京召开了第四次全国环境保护会议，随后制定了国家环境保护"九五"计划，要求到 2000 年，各省、自治区、直辖市要使本辖区主要污染物排放总量控制在国家规定的排放总量之内，全国所有工业污染源排放污染物要达到国家或地方规定的标准，沿海开放城市和重点旅游城市的环境空气、地面水环境质量，按功能分区分别达到国家规定的标准（即"一控双达标"）。"九五"期间，我国环境保护规划推出两项重大举措："九五"期间全国主要污染物排放总量控制计划和中国跨世纪绿色工程规划，在一定意义上讲是对"七五""八五"等历次环保计划的提高和突破。

（四）创新阶段（21 世纪初至今）

2000 年年初，国家环境保护总局制定了"地方环境保护'十五'计划和 2015 年长远目标纲要"编制技术大纲，从指导思想可以看出，这是我国环境保护规划的又一次提高和创新。《国家环境保护"十五"计划》在《国民经济和社会发展"十五"计划》指导下，坚持环境保护的基本国策和可持续发展战略，以改善环境质量为目标，保障国家环境安全，保护人民健康，以流域、区域环境规划为基础，突出分类指导。

2006 年，国家环境保护总局制定了"十一五"环保规划，着重解决危害人民群众健康和影响经济社会可持续发展的突出环境问题，把污染防治作为环保工作的重中之重。国家"十一五"环保规划主要指标由国家分解到地方政府和相关部门进行量化考核，保障了规划的可操作性，并明确重点的工程项目和规划实施的资金渠道，强化环境监管能力建设。国家"十一五"环保规划的主要目标、主要指标、重点任务、政策措施和重点工程项目等纳入了《国民经济和社会发展第十一个五年规划纲要》。特别是二氧化硫和化学需氧量两项主要污染物总量控制指标首次作为约束性指标纳入国民经济和社会发展五年规划。污染减排成为各地区、各部门环境保护的主要任务和全社会的共同关注点。

2011 年，国家环境保护总局制定了"十二五"环保规划，在规划指导思想上，紧扣科学发展这个主题和加快转变经济发展方式这条主线，努力提高生态文明水平，切实解决影响科学发展和损害人民群众健康的突出环境问题。在规划编制机制上，更加注重开门编制规划，加强基础研究，公开选聘前期研究承担单位，开展网络征集意见和问卷调查，开展各地规划编制调研和座谈，广泛听取各行业各领域专家学者有关意见和建议。在规划内容上，提出深化主要污染物总量减排、努力改善环境质量、防范环境风险和保障城乡环境保护基本公共服务均等化四大战略任务。

2014 年 4 月 24 日，十二届全国人大常委会第八次会议表决通过了《环境保护法修订案》，新法已经于 2015 年 1 月 1 日施行。至此，这部中国环境领域的"基本法"，完成了 25 年来的首次修订。修订后的《环境保护法》强化了企业污染防治责任，加大了对环境违法行为的法律制裁，还就政府、企业公开环境信息与公众参与、监督环境保护做出了系统规定，增强了法律的可执行性和可操作性。修订后的《环境保护法》对环境规划提出了新要求，在规划地位上，进一步明确了环境规划的纲领性地位；在规划理念上，重视以生态文明指导规划；在规划内容上，强调污染防治与生态保护并重；在规划约束上，强化生态环境底线思维；在规划衔接上，加强与其他规划融合；在规划保障上，创新环境规划保障制度；在规划实施上，明确落实规划责任要求。

回顾国家环境保护规划的发展历程，可以看出，环境保护规划编制是一个不断探索、不断发展、不断提高、不断创新的实践过程，在这过程中取得了一些宝贵经验。一是环境保护规划理念不断创新。从环境保护基本国策，到可持续发展战略、科学发展观、建设生态文明等各方面均有了新的发展。二是环境保护规划体制改革不断推进。已逐步建立起比较完善的环境管理体制，通过"十二五"开门编制规划和实施超前谋划、统筹推进，充分重视规划的部门协调、实施可达等，实现通过环境规划编制实施达到统一管理的目的。三是强调从宏观决策源头解决环境问题。近 40 年环境规划实践表明，只有从宏观决策源头，从社会经济发展方式上寻根源、找办法、求出路，才能解决好环境问题。四是坚持统筹兼顾、重点突破的环保规划思路。一方面必须统筹兼顾加强总体协调，另一方面必须坚持重点突破的思路。五是坚持以人为本，以提高人民群众健康绩效作为规划出发点。六是不断加强环境保护基础能力建设。

但是，我国的环境保护规划还面临一些问题。一是环境保护规划制定规范及法律支持不足。突出表现在环境规划相关法规条款"法律"性不强，环境规划编制技术与标准规范缺失。二是规划编制与实施的衔接需要加强，规划目标和任务的分解需进一步细化。三是环境保护规划实施的权威性不够，评估考核需要制度化，执行力度有待提升。四是不同层级的环境规划内容和界限不清晰，衔接力度不够，难以保障国家规划目标的实现，不利于体现国家规划的导向性。五是规划重污染防治，轻生态保护，污染防治的目标和任务较多，生态保护目标与任务体现较少。

三、我国环境规划的发展趋势和展望

从对我国环境规划的发展历程、编制体系、技术方法、实施和评估以及相关领域规划编制和实施总结的基础上，结合基于社会经济发展阶段性的认识和国外环境规划研究的特点，提出我国环境规划的发展趋势。

（一）进一步提升环境规划地位

目前环境规划的编制、实施缺乏法律依据和制度保障，虽然新《环境保护法》明确了环境规划的法律地位，但仍未将环境规划真正纳入法制化的轨道。因此，需要加强环境规划法规体系的建设，以实现环境规划制度运作过程的规范化、程序化和制度化。环境规划法制建设不仅要对拟订、实施和评估各个环节中相关管理部门的职权内容和范围进行设定，还要制订各个环节中所必须遵守的程序规定以及相关的处罚规定。建议国家制定《环境规划管理办法》，并在此基础上制定各种地方性法规，把规划编制、审批、实施、评估、问责和公众参与等过程以法律的形式固定化，形成全面的环境规划法规体系，做到环境规划制度有法可依，依法实施。另外，环境规划应作为社会经济发展类规划的基础性规划，为社会经济发展类规划提供依据与指导。

（二）建立环境规划全过程控制

我国目前的环境保护规划最直接的特征是目标规划，有时甚至是僵化、机械化的目标管理，轻视过程控制，这是规划编制与实施脱节、环境规划流于表面的一个重要原因。首先，应该实施规划目标的动态管理。在规划编制过程中进一步协调统一思想，在规划实施过程中推进环境保护的综合管理，强化规划的公众参与、决策、动态调控、规划实施、监督考核，建立规划目标实施过程与社会经济发展的联动关系。其次，着重强调过程管理的科学性。包括：从目标制定到目标实施的全过程管理，对规划决策与实施过程的规范化管理，公众参与和利益相关方参与管理，对规划执行与实施政策的制定和调整等。最后，加强环境规划管理，建立环境规划的行政体系和全过程控制。应明确规划制定和实施等环节的职责，加强跨部门的统一规划与管理，责权利分解落实。

（三）强化环境空间和红线约束

目前我国环境问题产生的根源在于开发强度过大，开发格局未充分考虑生态环境和资源承载，导致结构性、布局性、格局性污染严重。同样，我国目前的环境规划缺乏前置性、先导性的管控、规制和指引措施，使得环境保护工作往往处于末端、被动局面。可以说，环境质量改善乏力，越来依赖于或者制约于空间规划。在这种情况下，环境规划必须强调空间，解决格局性问题，以生态环境系统的空间格局优化区域发展格局，建立底线思维，对重要、敏感的区域实施严格保护，强化环境红线的约束。具体来说，首先要强化区域发展的环境要求，对大、中、小城市，农村、城乡接合部提出不同的要求，妥善解决跨区域、跨流域的重大环境问题，促进布局的合理有序。其次，应识别不同区域环境功能、社会经济与环境区域分异特征，构建综合的环境功能分区，明确不同区域的环境功能定位、制定分区战略，实施分区指导。最后，通过环境空间解析，明确"水环境红线""大气环境红线""生态环境红线""风险防线""资源底线""排放上限"和"质量基线"等红线约束，突出环境保护要求的空间落地。

（四）完善环境规划标准规范

在我国当前的环境规划制度中，规划的不确定性、利益主体和行为主体的多样性以及监督管理的局限性普遍存在。因此，应该通过清晰的政策、标准和设计指导来管理控制规划的制定、实施过程。环境规划应由规范、导则等标准规定技术性内容和基本原则、规划编制的基本程序、公众参与的方式方法、对规划评价的基本要素来做出规定。鉴于我国的具体实际，规划标准可以在中央政府和省级政府两个层面上提出。在中央政府层面，主要是对环境提出框架性的标准，对规划领域内基本的认同概念做出明确规定，对规划的操作过程提出原则性的指导，以框架性内容为主；在省级政府层面，可以针对本省区内的经济和环境状况提出框架性的标准，在中央层面导则的基础和指导下，重点对合乎本省情况的规划类型做出技术性的规定，进一步明确规划过程，操作性较强。

（五）加强规划纵横融合力度

综合来看，主体功能区规划、土地利用总体规划、城乡规划、环境保护规划等方面的目标都是合理利用土地、科学进行区域空间规划、提高土地利用率、创造良好的生存空间及环境，实现可持续发展。其中，主体功能区规划突出政策性作用，是我国国土空间开发的战略性、基础性和约束性规划；土地利用规划强调控制性作用，侧重于对土地功能的划分；城乡规划着重于统筹兼顾、综合部署，是协调城乡空间布局、统筹发展的基本依据；环境规划在于生态功能区的划分及环境影响评价的实施，强调约束性作用。在这样一个规划目标逐渐趋同的大背景之下，进行环境规划时应加强与其他规划的融合力度。环境规划涉及水、气、生态等方方面面，往往需要多部门、跨地区合作，在明确各部门的权责前提下，通过建立部门协作机制来加强部门之间的纵向协调，从而使环境规划在规模、结构、布局等方面实现与其他规划的相互衔接、相互融合。环境规划需严格控制刚性与弹性、独立与交叉的内容，有针对性地进行区域生态建设政策的制订和合理的环境管理，为区域发展战略方案的制定提供环境依据和专项技术支持。当前，应在城市环境总体规划试点基础上，建立与主体功能区规划、土地利用总体规划、城乡规划相融合的环境总体规划制度。

（六）夯实环境规划技术支撑

为了加强环境规划的技术支撑，使环境规划更具科学性、权威性、可操作性，未来环境规划技术研究重点应集中在：一是适应新时期对环境保护与环境规划新的要求，加强基础理论与技术方法体系的研究，完善环境规划理论方法与技术体系。二是加强与社会经济发展紧密结合的环境影响、环境效应、环境经济形势分析、定量评估预测等技术方法的研究。三是与区域和空间相结合，加强环境规划空间管控、分区分类、环境红线约束、污染减排与环境质量改善机理、效益等技术方法的研究。四是加强环境健康与风险、环境安全、基本公共服务等领域的研究，特别是要加强环境与健康的管理指标和体系研究，为建立环境健康和风险导向的环境规划制度提供基础和依据。

【思考题】

1. 环境规划的概念和内涵是什么？

2. 环境规划有哪些类型？

3. 环境规划的编制程序是什么？

4. 简述环境规划的内容是什么？

5. 未来环境规划有哪些发展趋势？

第二章 环境规划的基本理论

【本章导读】

本章从环境问题的本质和环境规划的作用着手，重点介绍与环境规划密切相关的环境容量、环境承载力、可持续发展、人地系统、复合生态系统、空间结构、生态足迹等理论，分析了上述理论和环境规划的相互关系，以及这些理论对环境规划的支撑作用。

第一节 环境容量与环境承载力理论

一、环境容量

（一）环境容量的概念

1968 年，日本学者首先把电工学中的电容量的概念引入环境科学中，提出了环境容量的概念，目的是为制定某一区域环境的污染物控制总量提供可量化的依据。到 20 世纪 70 年代，该概念被广泛应用于环境科学领域。

环境容量（environment capacity）是指在人类生存和自然生态系统不致受害的前提下，某一环境所能容纳的污染物的最大负荷量，或一个生态系统在维持生命机体的再生能力、适应能力和更新能力的前提下，承受有机体数量的最大限度。环境容量包括绝对容量和年容量两个方面，前者是指某一环境所能容纳某种污染物的最大负荷量，后者是指某一环境在污染物的积累浓度不超过环境标准规定的最大容许值的情况下，每年所能容纳的某污染物的最大负荷量。

环境容量是在环境管理中实行污染物浓度控制时提出的概念。污染物浓度控制的法令规定了各个污染源排放污染物的容许浓度标准，但没有规定排入环境中的污染物的数量，也没有考虑环境净化和容纳的能力，这样在污染源集中的城市和工矿区，尽管各个污染源排放的污染物达到（包括稀释排放而达到的）浓度控制标准，但由于污染物排放的总量过大，仍然会使环境受到严重污染。因此，在环境管理上开始采用总量控制法，即把各个污染源排入某一环境的污染物总量限制在一定的数值之内。采用总量控制法，必须研究环境容量问题。

（二）环境容量的分类

按研究范围大小不同，可分为整体环境单元（区域环境）容量、某一环境单元单一要素的容量。

按环境要素，可分为大气、水（包括河流、湖泊和海洋）、土壤、生物等环境容量。

按污染物类型，可分为有机污染物、重金属与非金属污染物的环境容量。

（三）环境容量与环境规划

环境容量主要应用于环境质量控制。任一环境，它的环境容量越大，可接纳的污染物就越多，反之则越少。污染物的排放，必须与环境容量相适应，如果超出环境容量就要采取措施，如降低排放浓度，减少排放量，或者采取环境保护措施等。通过环境容量计算和分配，可以对人口、产业、城镇布局提出环境限制，并针对发展目标制定环境污染物控制措施，确保环境规划发展目标和环境保护目标的实现。

二、环境承载力

（一）环境承载力的概念

环境承载力的概念是由承载力的概念派生而来，而承载力概念的起源包括工程和人口两种说法：一种说法认为，承载力是从工程地质领域转借过来的概念，其本意是指地基的强度对建筑物负重的能力；另一种说法认为，承载力的起源可以追溯到马尔萨斯时代，马尔萨斯用容纳能力指标反映环境约束对人口增长的限制，可以说是现今研究承载力的最早认识。

环境承载力又称环境承受力或环境忍耐力。它是指在某一时期，某种环境状态下，某一区域环境对人类社会、经济活动的支持能力的限度。人类赖以生存和发展的环境是一个大系统，它既为人类活动提供空间和载体，又为人类活动提供资源并容纳废弃物。对于人类活动来说，环境系统的价值体现在它能对人类社会生存发展活动的需要提供支持。由于环境系统的组成物质在数量上有一定的比例关系、在空间上具有一定的分布规律，所以它对人类活动的支持能力有一定的限度。当今存在的种种环境问题，大多是人类活动与环境承载力之间出现冲突的表现。当人类社会经济活动对环境的影响超过了环境所能支持的极限，即外界的"刺激"超过了环境系统维护其动态平衡与抗干扰的能力，也就是人类社会行为对环境的作用力超过了环境承载力。因此，人们用环境承载力作为衡量人类社会经济与环境协调程度的标尺。

（二）环境承载力的内涵

首先，环境作为一个系统，在不同地区、不同时期会有不同的结构。环境系统的任何一种结构，均有承受一定程度的外部作用的能力，在这种程度之内的外部作用下，其本身的结构特征、总体功能均不会发生质的变化，环境的这种本质属性，是其具有环境承载力的基础。

其次，环境承载力表征系统的功能可以因人类对环境的改变而变化，实际上，人类改造环境的目的，在很大程度上是为了提高环境承载力，但是，不能忽视的是，人类对环境的某些改造活动降低了环境承载力。

最后，环境是一个与外部有物质、能量和信息交换的开放系统。受外部控制参量在一定阈值内，可通过系统内部各子系统的协调作用，即系统的自我组织作用，使系统由无规则状态转变为宏观有序状态。但是，一旦外部的作用长时期超过阈值，环境系统则无法自我修复。

（三）环境承载力的特点

1. 资源性

环境是由物质组成的，环境对经济开发的承载能力是通过物质的作用而发生的。因此，从物质的特性而言，环境承载力是表征环境的资源属性。人类对环境的开发，从某种意义上说就是对环境资源（包括环境容量）所做的消耗，当资源消耗超过环境承载力，即导致环境经济协调发展的破坏。

2. 客观性

环境系统通过与外界交换物质、能量、信息，保持着其结构和功能的相对稳定，即在一定时期内，该环境系统在结构、功能方面不会发生质的变化，而环境承载力是这种在一定时期内不发生质的变化的区域环境系统对区域社会经济活动的承受能力的一种抽象表征，实质上就是区域环境结构和功能的一种表征。因此，在环境系统不发生本质变化的前提下，其质和量这两种规定性方面是客观的，是可以把握的，因此，区域环境承载力是客观存在的。

3. 相对变异性

作为一个开放系统，由于区域自然条件和社会经济发展规模、环境系统本身的结构和功能随着区域发展处于不停的变动之中。这些变化一方面是由于环境系统自身的运动演变而引起的，另一方面与人类有关的对环境的开发活动紧密相连。这些变化反映到环境承载力上就是环境承载力由使用功能变化引起的在质和量这两方面的变异，在"质"上的变化表现为环境承载力评价指标体系的变化；而"量"上的变化则表现为环境承载力评价指标值大小上的变动。此外，其变异性也体现在时空尺度上，区域或时间范围不同，其环境承载力亦有所变化。

4. 可调控性

如前所述，环境承载力具有变异性，这种变异性在很大程度上可以由人类活动加以控制。人类在掌握了环境系统运动变化规律和经济—环境辩证关系的基础上，可以根据自身的需求对环境系统进行有目的的改造，使环境承载力在"量"和"质"两方面朝着人类预定的目标变化，从而提高环境承载力。如城市通过保持适度的人口和适度的社会经济增长速度从而提高环境承载力。但是，必须引起高度注意的是，人类对环境所施加的作用，必须有一定的限度。因此，环境承载力的可控性是有限度的可调控性。

5. 多向性

某一区域的环境承载力大小与人类经济活动的目的、层次、内容等有密切的关系，具有不同的表现形式，用不同性质的人类活动来衡量同一区域的环境承载力，可能会得到不同的结论。如对于适宜农业发展的区域而言，如果用工业活动来衡量其环境承载力，其结论可能恰恰相反。这一特点告诉我们，考察一个区域的环境承载力，决不能仅凭数字来表现，而应从质上来把握，与人类活动的层次、性质、时序相联系。

（四）环境容量与环境承载力的辨析

从环境承载力的定义和特征可以看出，环境承载力既不是一个纯粹描述自然特征的量，又不是一个描述人类社会的量，它与环境容量是有区别的。环境容量强调的是环境系统对其自然和人文系统排污的容纳能力，侧重体现和反映了环境系统的自然属性，即内在的自然秉性和特质。环境承载力则强调在环境系统正常结构和功能的前提下，环境系统所能承受的人类社会经济活动的能力，侧重体现和反映了环境系统的社会属性，即外在的社会秉性和特质，环境系统的结构和功能是其承载力的根源。从一定意义上讲，没有环境的容量，就没有环境的承载力。

（五）环境承载力与环境规划

环境规划其根本任务实质上是要协调人类的社会经济行为与生态环境的关系。这一切必须建立在对生态环境支持阈值的研究，即对环境承载力研究的基础上。所以，环境承载力的提出和深入研究，不仅为环境规划提供了量化依据，可提高环境规划的科学性和可操作性，而且对于完善环境规划的理论和方法体系，会产生极大的促进作用。同时环境承载力又直接同社会、经济发展相联系，使环境与社会、经济的协调发展具备了宏观依据。另外，由于环境承载力的可调性使得协调发展具有现实的可操作性。因此，环境承载力理论为环境规划协调环境与社会、经济的关系提供了很好的工具。

第二节 可持续发展理论

一、可持续发展的提出

可持续发展（Sustainable development）的概念最先是 1972 年在斯德哥尔摩举行的联合国人类环境研讨会上正式讨论。1980 年世界自然保护同盟的《世界自然资源保护大纲》指出："必须研究自然的、社会的、生态的、经济的以及利用自然资源过程中的基本关系，以确保全球的可持续发展。"1981 年，美国布朗（Lester R. Brown）出版《建设一个可持续发展的社会》，提出以控制人口增长、保护资源基础和开发再生能源来实现可持续发展。1987 年，世界环境与发展委员会出版《我们共同的未来》报告，将可持续发展定义为："既能满足当代人的需要，又不对后代人满足其需要的能力构成危害的发展。"这个定义系统阐述了可持续发展的思想，从此被广泛接受并引用。1992 年 6 月，联合国在里约热内卢召开的"环境与发展大会"，通过了以可持续发展为核心的《里约环境与发展宣言》《21 世纪议程》

等文件。随后，中国政府编制了《中国 21 世纪人口、资源、环境与发展白皮书》，首次把可持续发展战略纳入我国经济和社会发展的长远规划。1997 年的中共"十五大"把可持续发展战略确定为我国"现代化建设中必须实施"的战略。

二、可持续发展的内涵

由于可持续发展涉及自然、环境、社会、经济、科技、政治等诸多方面，所以，由于研究者所站的角度不同，对可持续发展所做的定义也就不同。

1. 侧重自然方面的定义

"持续性"一词首先是由生态学家提出来的，即所谓"生态持续性"（ecological sustainability）。意在说明自然资源及其开发利用程序间的平衡。1991 年 11 月，国际生态学联合会（INTECOL）和国际生物科学联合会（IUBS）联合举行了关于可持续发展问题的专题研讨会。该研讨会将可持续发展定义为："保护和加强环境系统的生产和更新能力"。其含义为可持续发展是不超越环境、系统更新能力的发展。

2. 侧重于社会方面的定义

1991 年，由世界自然保护同盟（INCN）、联合国环境规划署（UNEP）和世界野生生物基金会（WWF）共同发表《保护地球——可持续生存战略》（Caring for the Earth: A Strategy for Sustainable Living），将可持续发展定义为"在生存于不超出维持生态系统涵容能力之情况下，改善人类的生活品质"，并提出了人类可持续生存的九条基本原则。在这九条原则中，强调了人类生产方式与生活方式要与地球承载能力保持平衡、保护地球的生命力和生物多样性、人类可持续发展的价值观和行动方案。

3. 侧重于经济方面的定义

爱德华-B·巴比尔（Edivard B.Barbier）在其著作《经济、自然资源：不足和发展》中，把可持续发展定义为"在保持自然资源的质量及其所提供服务的前提下，使经济发展的净利益增加到最大限度"。皮尔斯（D- Pearce）认为："可持续发展是今天的使用不应减少未来的实际收入""当发展能够保持当代人的福利增加时，也不会使后代的福利减少"。

4. 侧重于科技方面的定义

斯帕思（Jamm Gustare Spath）认为："可持续发展就是转向更清洁、更有效的技术——尽可能接近'零排放'或'密封式'工艺方法——尽可能减少能源和其他自然资源的消耗。"

　　综合以上论点可知，对可持续发展的含义理解因人而异，但是有一点还是一致的，可持续发展就是建立在社会、经济、人口、资源、环境相互协调和共同发展的基础上的一种发展，其宗旨是既能相对满足当代人的需求，又不能对后代人的发展构成危害。

　　2002年中共"十六大"把"可持续发展能力不断增强"作为全面建设小康社会的目标之一。可持续发展是以保护自然资源环境为基础，以激励经济发展为条件，以改善和提高人类生活质量为目标的发展理论和战略。它是一种新的发展观、道德观和文明观。

三、可持续发展的原则

（一）公平性原则

　　可持续发展所追求的公平是一种机会、利益均等的发展。所谓的公平性原则，包括三层意思：一是当代人之间的公平，即同代之间的横向公平性，一个地区的发展不应以损害其他地区的发展为代价；二是代际间的公平，即世代人之间的纵向公平性，既满足当代人的需要，又不损害后代的发展能力；三是资源分配与利用的公平，即人类各代都处在同一生存空间，他们对这一空间中的自然资源和社会财富拥有同等享用权，他们应该拥有同等的生存权。由此可见，可持续发展不仅要实现当代人之间的公平，而且也要实现当代人与未来各代人之间的公平，向所有的人提供实现美好生活愿望的机会。这是可持续发展与传统发展模式的根本区别之一。这就要求当代人在考虑自己的需求与消费的同时，也要对未来各代人的需求与消费负起历史与道义的责任。

（二）持续性原则

　　持续性是指生态系统受到某种干扰时能保持其生产率的能力。在满足人类需要的过程中，必然有限制因素的存在，主要限制因素有人口数量、环境、资源，以及技术状况和社会组织对环境满足眼前和将来需要能力施加的限制，最主要的限制因素是人类赖以生存的物质基础——自然资源与环境。持续性原则要求人们根据可持续性的条件调整自己的生活方式，在生态系统可能承受的范围内确定自己的消耗标准。因此，持续性原则的核心是人类的经济和社会发展不能超越资源与环境的承载能力，从而真正将人类的当前利益与长远利益有机地结合起来。

（三）共同性原则

各国可持续发展的模式虽然不同，但公平性和持续性原则是共同的。地球的整体性和相互依存性决定全球必须联合起来，认知我们的家园。

可持续发展是超越文化与历史的障碍来看待全球问题的。它所讨论的问题是关系到全人类的问题，所要达到的目标是全人类的共同目标。虽然国情不同，实现可持续发展的具体模式不可能是唯一的，但是无论富国还是贫国，公平性原则、协调性原则、持续性原则是共同的，各个国家要实现可持续发展都需要适当调整其国内和国际政策。只有全人类共同努力，才能实现可持续发展的总目标，从而将人类的局部利益与整体利益结合起来。

（四）需求性原则

可持续发展坚持公平性和长期的持续性，要满足所有人的基本需求，向所有的人提供实现美好生活愿望的机会。人类需求通常分为三类：基本需求、环境需求、发展需求，基本需求通常又可进一步分为物质需求和精神需求两个方面。人类各项需求常常交织在一起，现在还没有一个能为大家所共同接受的划分需求的标准，这些概念仍然存在着模糊性和歧义性。另外，如果以人类需求作为参照系，那么任何一种需求未能得到满足都将意味着一种贫穷，所以贫穷不仅影响穷国也影响富国，只不过是贫穷的内容和范围不同，并有别于传统经济学中的贫穷。

四、可持续发展与环境规划

可持续发展理论为环境规划提供了理论基础。环境规划是国民经济与社会发展规划的组成部分，事关经济和社会可持续发展的全局，必须在可持续发展理论的指导下，按照法律、法规的要求，从制度上进行规范，确保可持续发展战略的实施。

环境规划是实施可持续发展战略的根本保证。实施可持续发展战略是人类历史上一次带有根本性的转变，需要对"人与自然""环境与发展"的辩证关系有正确的认识，并对这些组合起来的大系统进行全过程调控，使人与自然相和谐、环境与发展相协调，这就必须从环境规划做起。同时，可持续发展作为一种新型的发展模式，必然要求新型的社会、经济、环境关系与之相适应。这就要求环境规划必须从社会、经济、环境系统的深层结构入手，改变系统的运行机制和状态，使社会经济在发展过程中，充分考虑环境的承载力，在满足经济需要的同时，又要保证环境良性循环的需要；在满足当代人现实需求的同时，又要保证后代人的潜在需求；使环境建设积极配合经济建设的同时，也要充分考虑一定经济发展阶段下的经济对环境的支持力，采取多种手段，使社会、经济、环境实现协调、均衡与持续发展。

第三节 人地系统理论

一、人地系统的概念

人地系统是以地球表层一定地域为基础的人地关系系统，即人与地在特定的地域中相互联系、相互作用而形成的一种动态结构，是人地关系研究的物质实体系统。在这个复杂的巨系统中，人始终占据主导地位。吴传钧先生指出："人地系统是由地理环境和人类活动两个子系统交错构成的复杂的开放的巨系统，内部具有一定的结构和功能机制。在这个巨系统中，人类社会和地理环境两个子系统之间的物质循环和能量转化相结合，就形成了发展变化的机制。"用系统理论研究地球表层，涉及人类活动和自然资源、生态环境的相互关系。本质上人地系统是统一的社会—自然综合体。

人地系统由人类社会系统和地球自然物质系统构成。人类社会系统是人地系统的调控中心，决定人地系统的发展方向和具体面貌。地球自然物质系统是人地系统存在和发展的物质基础和保障。人类社会系统和地球自然物质系统之间存在着双向反馈的耦合关系，人类社会系统以其主动的作用力施加于地球自然物质系统，并引起它发生相应的变化，而变化了的地球自然物质系统又把这些作用的结果反馈给人类社会系统，作为原因再影响人类社会系统的活动，它们任何一方都既作为原因又作为结果对对方的行为产生影响，从而，人类社会系统与地球自然物质系统之间就形成了能动作用与受动作用的辩证统一。人地系统在人类社会系统与地球自然物质系统的非线性相互作用下，处在一种远离平衡态的动态演变之中。

二、人地系统的特征

（一）人地系统是一个复杂的巨系统

人地系统是由地理环境和人类活动两个子系统交错构成的复杂的巨系统，内部具有一定的功能机制和众多的层次结构，可以分解为若干子系统，而子系统又可以分解为子子系统等。在这个巨系统中，人类社会和地理环境两个子系统之间的物质循环和能量转化相结合，形成了人地系统发展变化的机制。其主要特征是具有大量的状态变量，反馈结构复杂，输入与输出均呈现出非线性特征。

（二）人地系统是一个开放的系统

现代全球性的现代化扩张及其伴随的人口、资源、环境等问题的出现，已经把世界统一为一个整体，任何一个国家或国家内部的地区都不能处于完全的封闭之中，都需要与外界不断进行着物质、能量和信息的交换。这种交换既包括与其他区域进行的交换，也包括与外层空间进行的交换。人地系统的开放不仅是客观世界发展的必然，也成为系统自身发展的需求，只有开放，人地系统才能不断发展，否则，就将走向灭亡。其原因在于：第一，任何区域同其他区域相比都不是完备的，任何区域的供给和需求都不是对称的；第二，任何区域的区位条件只有在区域互补联系中才能真正发挥优势，获取分工利益。由此可见，任何地域除了维护自身利益和尊重自身发展特征外，还要不断扩大开放，从可持续发展的角度看，开放内容应包括经济开放、文化开放和生态开放；开放的空间结构应包括国内开放和国际开放。

（三）人地系统是一个动态的系统

人地系统是由人、自然环境、人为环境和社会环境等多方面因素相互作用来决定的。由于自然环境、人为环境和社会环境都是变化的，因此，人地系统也是一种动态变化的系统。在不同的历史时期、对不同事件而言各环境在人地系统中所起的作用是不同的。由于生产技术的进步，推动人地系统内部各要素及其相互关系发生变化，导致人地系统发展的阶段性，今天的人地关系是历史上人地关系演变的结果。

（四）人地系统是一个具有不对称性的系统

人地关系不是对称、互为映射的关系，而是互为依存，但地位和作用不均等的关系。①从人地关系的起源上看，先有"地"，后有人，人类是自然演化的产物。②"地"可以不因人的存在而存在，人却不能没有"地"而存在，人地关系实际上是人对地的依存关系。③人地关系中，"地"没有自身的利益，人却要从"地"

中谋求利益，人地关系的紧张，实际上是人对地利益驱动的结果。④自然演化过程一般来说是缓慢的，而人类社会、经济的发展是快速的，人类活动所引起的自然变化往往超过自然自身演化的承受力，从而导致自然的迅速蜕变。

（五）人地系统是一个远离平衡态的系统

根据热力学第二定律，一个与外界没有任何交换的封闭的系统，会退化为无序的热混沌的状态，即一种平衡态。由于人地系统是一个开放的系统，充分的开放使得系统与环境的充分交换成为可能，也就使得系统远离平衡成为可能。只有远离平衡才有发展。

（六）人地系统是具有耗散结构的自组织系统

人地系统是一个开放的远离平衡态的系统，由于系统内的巨涨落，由一种状态通过内部的自组织变为新的有序的状态，并依靠与外界交换物质和能量"保持一定的稳定性，不因微小的扰动而消失，所以它实际是一种具有耗散结构的自组织系统。

（七）人地系统是一个可调控的系统

在人地系统协调中，人口和社会经济发展为一端，自然资源与环境为另一端，双方之间以及各自内部存在着多种直接和间接的反馈作用并相互交织在一起，人类可对其进行分析研究，尤其借助定量与定性研究方法，利用计算机仿真技术发现人地系统的演变发展轨迹及系统内部各因素间相互制约的数量关系，为人地关系的优化调控提供依据和技术支持。

（八）人地系统是具有协调性的系统

人地系统的发展是一种以保护自然生态环境为基础，以激励经济增长为条件，以改变人类生活质量和满足人类全面发展需求为目的的发展。所谓协调，就是协调与满足人类全面需求有关的各种人类活动，通过其协同进化使人地关系地域系统协调发展。人类活动的协调主要是对人口生产、物质生产、生态生产和社会文化生产的协调，使其形成正向相互作用。人口生产的正向作用主要是控制人口总量、提高人口素质；物质生产的正向作用主要是采取符合可持续发展要求的经济增长方式，即以高效低耗、少污染的集约型经济增长方式取代传统的粗放型增长方式；社会文化生产的正向作用主要是通过价值观念、制度安排、组织管理方式和科技创新以及教育发展提高人力资本的产出能力，建立适度消费和符合现代文明要求的生产、生活方式；生态活动的正向作用是促进资源与环境的再生，有效控制环境污染和生态破坏，拓展资源与环境的承载能力。此外，由于人地关系地域系统是一个不断发展的多层次空间系统，系统的发展还受空间相互作用影响，所以协调也包括区际关系的协调。

三、人地系统的构件及演进

（一）人地系统的构件

从人地关系的系统性特征看，人地系统的构件主要是由地理环境子系统和人文子系统组成的复杂的巨系统，地理环境系统不仅包括人类与其他生物所共有的自然环境，而且包括由人创造出来的为人类特有的人为环境和社会环境。人文子系统的内容包括人口（数量、质量及移动）、心理行为、教育与就业、生产力布局、经济活动等，如图 2-1 所示。

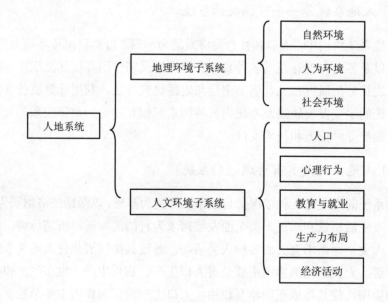

图 2-1　人地系统的构件

（二）人地系统的运行机制

人地系统的运行机制包括人对地的作用及地对人的作用两个方面。人对地的作用是人类系统通过各种经济、社会活动对自然资源、环境系统施加影响，可分为直接利用、改造利用和适应三个层次。直接利用是指人类消费环境生产提供的可再生性生活资源并在生活资源消费过程中返还环境消费废弃物，主要存在于人类社会初期的采集狩猎时代。改造利用是指人类社会对环境生产提供的非再生性生产资源的间接利用，它在人的生产和环境之间插入了一个中间环节——物质生产，并通过物质生产将环境生产提供的生产资源转变成生活用品资料以供消费，将无法利用的加工废弃物返回环境，它主要存在于人类社会高级阶段。适应是指人类对不能直接利用和改造利用的环境要素和自然规律的自觉或不自觉的顺从与适应。地对人的作用是自然资源环境系统对人类本身及其经济、社会活动的影响，可分为固有影响和反馈作用两个层次。固有影响是指自然地理环境系统按照自己的规律与法则来影响依附于其上的人类。反馈作用是指自然地理环境受到人类作用后还会对人类进行反馈和报复。

（三）人地系统的演进

人地系统并不是一成不变的，人类生产技术的创新，人口的增长，加之自然环境自身的演化变异，使得人地之间相互作用界面的形势、强度、后果都不断发生着变化。归根结底，人地系统的演进是由于其组成要素及相互间的关系发生变化，引起人地系统的结构、功能等发生变化。人地系统的演变经历了原始采集狩猎时期、农业文明时期、工业文明时期、信息化时代，每个时期都有其显著的时代特征，人类对自然的态度，采用的技术，可利用的资源、能源，生产方式，消费观念，消费方式都发生了明显的变化，尤其值得注意的是人地相互作用产生的问题也发生了显著的变化，由粮食短缺、土壤侵蚀等生态破坏；到人口过剩、资源短缺、粮食紧张、能源危机、环境污染等；再到资源开发、不可再生资源的耗竭、全球变化等。

人地关系发展历史表明，人地关系问题集中表现为土地承载力的限制。土地承载力集中体现了人地相互作用的强度及人地系统功能的大小，人地关系发展总是围绕不断变动的土地承载力上下波动而震动、调整和发展。工业化革命以后，全球性区域发展的规模与速度加剧，特别是人口的急剧增长，导致一些地区超出其应有的区域经济负荷，特别是超出其土地承受的能力，进而引起环境恶化和资源短缺，最终导致若干地区出现粮食危机。随着工业化国家经济迅速发展，环境污染和资源短缺问题日渐明显。人地关系在时空及内容上发生了变化，构成了人类—资源—环境—发展之间的冲突。

四、人地系统与环境规划

（一）人地系统理论是环境规划的理论基础之一

人地系统理论是环境规划的基本理论，它对环境规划具有很强的指导作用。

1. 环境规划应确保人地系统各组成要素之间的相对平衡

由于人类的某些不合理活动，使得人类社会和地理环境之间、地理环境各构成要素之间、人类活动各组成部分之间，出现了不平衡发展和不调和趋势。环境规划要协调人地关系，首先要谋求地和人两个系统各组成要素之间在结构和功能联系上保持相对平衡，从而维持整个系统的相对平衡，使人与地能够持续共存。协调的目的不仅在于使人地关系的各个组成要素形成有比例的组合，关键还在于达到一种理想的组合，即优化状态。要从空间结构、时间过程、组织序变、整体效应、协同互补等方面去认识和寻求区域的人地关系系统的整体优化、综合平衡及有效调控的机制。

2. 环境规划必须考虑地域之间的差异性

人地关系具有明显的地域差异性，在不同类型地域上所表现的结构和矛盾都不尽相同，因此制定环境规划时必须按地域类型来协调不同的人地关系。考虑到我国各地的自然、社会、经济条件的地域差异性大，生态系统类型多样，开展人地系统的差异性研究可根据环境规划需要的迫切性，选择一些不同类型的地域，进行典型调查研究。

3. 环境规划要重视人地系统的协调性

在编制环境规划时，必须明确人地系统协调发展观念。注意区域经济发展的"不经济性"，不仅要在规划中体现能源效率、经济发展科技贡献率、环境文明度、资源管理保护与环境建设法律法规执行率、各种资源使用效率和空间效率等，还要在维护人类良好生态环境前提下，分析人地系统的交叉效率及其整体协调程度，以保证人地系统协调持续发展。

（二）环境规划是实现人地系统协调发展的重要手段

人地系统是一个极其复杂的系统，人地系统的调控是人类通过对自然资源与自然环境的规划与整治来实现，即通过规划与整治使资源和环境的利用能按照科学进程顺利实施，以达到经济持续发展和社会全面进步的目的。自然资源调控的目的是资源的合理开发以达到资源的持续利用；自然环境调控的目的是要合理利用与保护，以达到生态环境的持续良好。人地关系系统的调控可分为主动措施与被动措施两大类，如图 2-2 所示。

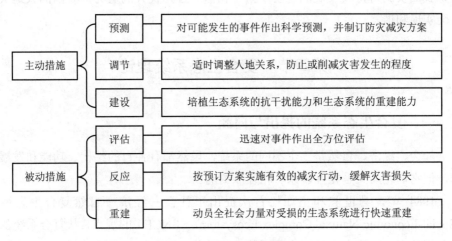

图 2-2　人地系统的调控措施

我国以往所采取的这些调控措施多偏重于被动措施，而主动措施，尤其是"调节"与"建设"措施尤为不足。因此，充分发挥人的主观能动性，实施新的环境保护与规划战略，是主动措施的重要组成部分。1998 年和 2000 年国务院分别颁布实施的《全国生态环境建设规划》和《全国生态环境保护纲要》，确立了环境保护与环境规划并重的基本原则，这是我国在协调人地关系方面的一个重大举措。

建立新型的人地关系，培植生态系统的抗干扰能力，首先要依据生态学规律对整个系统做出科学规划和进行科学整治。如在严禁天然林砍伐、大力植树造林的同时，对不适于耕作区实行退耕还林、退耕还草，大力治理水土流失和增加水源涵养力，实行退田还湖、河湖清淤，修堤筑坝以增加调洪能力和蓄洪能力；在进行各类工程建设时严格执行"三同时"制度（同时设计、同时施工、同时投产），采取积极措施防止新的水土流失及其他地质灾害的发生；采取积极措施解决农村能源短缺，改善农村经济方式与经济条件，提高民众的生活水平。而所有这些，均需要建立在科学的环境规划基础之上。

总之，人地关系是一个极其复杂的多层次系统。人地关系调控不但涉及人类的经济活动、技术条件、生产方式与生活方式，更涉及人类对自然的科学认识和理性活动，是一项系统工程，也是可持续发展的重要部分。我国政府颁布的《全国生态环境建设规划》明确了我国环境规划的总体目标、总体方向、重点工程及决策措施，并要求调动亿万群众的积极性，组织全社会力量，投入环境建设事业，这是我国实施可持续发展的重要举措。相信通过几代人的努力，我国的人地关系将会实现和谐。

第四节　复合生态系统理论

一、复合生态系统的提出与内涵

社会、经济、自然是三个不同的系统，虽然都有各自的结构、功能和发展规律，但它们之间又是相互联系、相互制约的。

1984 年，马世骏和王如松首次提出了社会—经济—自然复合生态系统（Social-Economic-Natuxal Complex Ecosystem，SENCE）的观点，从复合系统的角度分析社会、经济和自然三个子系统之间的物质循环、能量流动、信息传递，并且认为三个子系统间具有互为因果的制约与互补的关系。

随后，马世骏又调整了复合生态系统的结构，认为其内核是人类社会，包括组织机构与管理、思想文化、科技教育和政策法令，是复合生态系统的控制部分；中圈是人类活动的直接环境，包括自然地理的、人为的和生物的环境，它是人类活动的基质，也是复合生态系统的基础，常有一定的边界和空间位置；外层是为复合生态系统提供物质、能量和信息的"库"（pool），包括提供资金和人力的"源"（source），接纳该系统输出的汇（store），以及沉陷存储物质、能量和信息的槽（sink）。"库"无确定的边界和空间位置，仅代表"源""槽""汇"的影响范围。

王如松随后再次对复合生态系统进行了改进，他在自然子系统中引入中国传统的五行元素——水、火（能量）、土（营养质和土地）、木（生命有机体）、金（矿产），把经济子系统细分为生产、消费、还原、流通和调控五个部分，把社会子系统分为技术、体制和文化。这三个子系统相互之间是相生相克，相辅相成的。研究、规划和管理人员的职责就是要了解每一个子系统内部以及三个子系统之间在时间、空间、数量、结构、秩序方面的生态耦合关系。其中时间关系包括地质演化、地理变迁、生物进化、文化传承、城市建设和经济发展等不同尺度；空间关系包括大的区域、流域、镇域直至小街区；数量关系包括规模、速度、密度、容量、足迹、承载力等量化关系；结构关系包括人口结构、产业结构、景观结构、资源结构、社会结构等；还有很重要的序，每个子系统都有它自己的序，包括竞争序、共生序、自生序、再生序和进化序。

二、复合生态系统的结构

复合系统各组成部分之间并不是孤立存在的，彼此之间有复杂的联系，构成了系统结构。生态系统的结构包括形态结构和营养结构。其中形态结构是由种群数量、空间分布以及时间变化特征所决定的。营养结构则是由组成成分之间的食物链与食物网所决定的，是生态系统组成成分之间联系的纽带。系统结构是系统物质循环和能量流动的基础。

（一）复合生态系统的组成

与自然生态系统类似，复合生态系统由四部分组成。

1. 生产者

复合生态系统是以人类为核心的生态系统，因此在复合生态系统中，生产者是一切为人的生存和发展提供支持的产业或部门，包括农业、制造业、工业、第三产业以及各种为人类提供食物和为工业提供原料的生物。与生态系统中类似，有的生产者对初级生产者如植物和矿物等原材料进行加工，称为次级生产者，有的生产者以次级生产者的产品为原料，称为三级生产者，依此类推。

2. 消费者

生产和消费是同一个过程的两个不同方面，如生命过程既是生产过程也是消费过程，这里是以经济的方式理解生产与消费的，生产过程是物质从一种形态变为另一种形态，实现价值增值的过程，而消费是实现产品使用价值，最终排出废物的过程。复合生态系统中生产的目的就是提供满足人类需要的产品。从这个角度看，人类是复合生态系统中唯一的消费者。

3．分解者

复合生态系统是以人类为核心的生态系统，分解者主要是对人类生产、生活过程中所产生的废物进行降解、还原、转化后重新供系统使用。

4．环境

人类生存的空间环境系统，指太阳能和生态系统中所有不属于生物体的无机部分，包括水、空气、矿物、化合物等。它是复合生态系统的物质和能量来源。

（二）复合生态系统生产链

在自然生态系统中，食物链是指一种生物以另一种生物为食，彼此形成一个以食物连接起来的锁链关系。复合生态系统中资源（物质及其包含的能量）从一个生产环节传到另一个生产环节再到下一个生产环节，逐级传递形成的能完成一定功能的链状结构形成一条生产链。复合生态系统中不同的生产链所包含的组分不同，组分之间耦合关系不同，实现的功能就不一样。复合系统中的不同产业利用一定的资源经过一系列的加工转化生产出人类需要的产品或服务，供人类消费，与自然生态系统类似也是一个物质循环和能量流动的过程。

（三）复合生态系统生产网

多条生产链通过一定的耦合方式形成生产网。自然生态系统中的食物链是不固定的，一种动物以几种生物为生，同时这种动物又可能被另外几种动物捕食，一种动物同时占据几个营养级，形成了食物链互相交错的网状结构，构成食物网。同样，在复合生态系统中，一个生产环节不可能使用一种材料，所生产的产品也要供给多个生产部门使用，构成了彼此交错的生产网，类似食物网。不同生产链之间的多种组合构成了复合生产系统的结构多样性。

三、复合生态系统的功能

（一）复合生态系统的动力学机制

复合生态系统的动力学机制来源于自然和社会两种作用力。自然力的源泉是太阳能，包括太阳能及其转化而成的化石能源，它们流经系统的结果导致各种物理、化学、生物过程和自然变迁。社会力的源泉有三：一是经济杠杆——资金；二是社会杠杆——权力；三是文化杠杆——精神。资金刺激竞争，权力诱导共生，而精神孕育自生。三者相辅相成构成社会系统的原动力。自然力和社会力的耦合导致不同层次复合生态系统特殊的运动规律。

复合生态系统的演替受多种生态因子影响，其中主要有两类因子在起作用：一类是利导因子，一类是限制因子。当利导因子起主要作用时，各物种竞相占用有利生态位，系统近乎指数式增长；但随着生态位的迅速被占用，一些短缺性生态因子逐渐成为限制因子。优势种的发展受到抑制，系统趋于平稳，呈 S 形增长。但生态系统有其能动的适应环境、改造环境、突破限制因子束缚的潜力。通过改变优势种、调整内部结构或改善环境条件等措施拓展生态位，系统旧的利导因子和限制因子逐渐让给新的利导因子和限制因子，出现新一轮的 S 形增长。复合生态系统就是在这种组合 S 形的交替增长中不断演替进化，不断打破旧的平衡，出现新的平衡。

（二）复合生态系统的控制论机制

复合生态系统的控制论机制包括开拓适应原理、竞争共生原理、连锁反馈原理、乘补协同原理、循环再生原理、多样性主导性管理、功能发育原理、最小风险原理等，可以用 4 个字概括，就是"拓、适、馈、整" 4 类机制。这里的"拓"包括开拓、利用、营建和竞争一切可以利用的生态位，保持各种物理、化学、生物过程的持续运转、有机发育和协同进化；"适"即适应，包括生物改变自己以适应外部的生态条件，以及调节环境以适应内部的生存发展需求，推进与环境的协同共生；"馈"即反馈、循环，包括系统生产、流通、消费、还原整个生命周期过程的物质循环再生、可再生能源的永续利用，以及信息从行为主体经过环境再回到行为主体的灵敏反馈；"整"即整合，指时间、空间、结构、功能范畴的有机复合、融合、综合与整合，包括结构整合、过程整合、功能整合和方法整合，以及对象复合、学科复合、体制复合与人才复合。

竞争、共生、再生和自生机制的结合、整合与复合，就是坚持有中国特色的社会主义市场经济下资源节约、环境友好、人口健康型的可持续发展。其中，中国特色是再生，社会主义是共生，市场经济是竞生，可持续发展是自生。

（三）复合生态系统的整合框架

复合生态系统的整合框架包括一维基本原理、二维共轭关系、三维系统构架、四维动力学与控制论机制、五维耦合过程与能力建设五个层次，从而可以阐释复合生态系统的科学内涵与社会内涵，学术目标和国家目标（见表 2-1）。

表 2-1 复合生态系统的科学与社会整合框架

	科学整合与学术目标	社会整合与应用目标
一维基本目标	复杂性的生态辨识、模拟和调控	可持续能力的规划建设与管理
二维基本任务	人与自然的共轭生态博弈： 局部与整体 分析与综合	环境与经济的共轭生态管理： 当前与长远 效益与代价
三维基础构架	自然—经济—社会生态关系的耦合关系辨识—过程模拟—系统调控物（硬件）—事（软件）—人（心件）融合	循环经济—和谐社会—安全生态 生态规划—生态工程—生态管理 观念更新—体制革新—技术创新
四维动力学与控制论	资源—资金—权法—精神 竞生—共生—再生—自生 开拓—适应—反馈—整合 胁迫—服务—响应—建设	自然环境—经济环境—体制环境—社会环境 身心健康—人居健康—产业健康—区域健康 横向联合—纵向闭合—区域整合—社会融合 认知文化—体制文化—物态文化—心态文化
五维耦合方法与能力建设	水—土—气—生—矿 元—链—环—网—场 物质—能量—信息—人口—资金 时间—空间—数量—结构—功序 生产—流通—消费—还原—调控	净化、绿化、活化、美化、进化的景观生态 污染治理—清洁生产—生态产业—生态政区—生态文明 城乡统筹—区域统筹—人与自然—社会与经济—内涵与外延 生态服务—生态效率—生态安全—生态健康—生态福祉 温饱境界—功利境界—道德境界—信仰境界—天地境界

复合生态系统理论的核心在于生态整合，包括结构整合：城乡各种自然生态因素、技术及物理因素和社会文化因素耦合体的等级性、异质性和多样性；过程整合：城乡物质代谢、能量转换、信息反馈、生态演替和社会经济过程的畅达、健康程度；功能整合：城市的生产、流通、消费、还原和调控功能的效率及和谐程度。复合生态系统理论的复合包括对象的复合、学科的复合、方法的复合、体制的复合、人员的复合，强调物质、能量和信息 3 类关系的综合，系统的时（届际、代际、世际）、空（地域、流域、区域）、量（各种物质、能量、人口、资金代谢过程）、构（产业、体制、文化）及序（竞争、共生与自生序）关系的统筹规划和系统关联是生态整合的精髓。

四、复合生态系统与环境规划

（一）复合生态系统理论是环境规划的理论基础之一

复合生态系统理论把区域看作一个功能整体，是一个社会、经济、自然三者有机复合的系统，而不是三者的简单组合。在此理论指导下，环境规划应变单因果的链式思维为系统思维，综合分析、研究和处理区域复合生态系统各要素的整体联系。在规划过程中，不能单纯追求优美的自然环境，应以人与自然和谐，社会、经济、自然持续发展为价值取向，研究视野不应只局限于物质环境上，而是要扩展到人与自然共荣、共存、共生的复合生态系统。规划目标和评价标准要以社会、经济和自然三方面来衡量是否符合可持续发展的准则，规划方法应广泛应用和吸收现代科学的理论技术和手段，去模拟、设计和调控系统内的生态关系，提出人与自然和谐发展的调控对策。其本质就是以人类生态学的基本思想出发，把人与自然看作一个整体，以自然生态优先原则来协调人与自然的关系，促进系统向更有序、稳定、协调的方向发展。

（二）环境规划是对复合生态系统的平衡与调控

复合生态系统的平衡，是指区域的自然—社会—经济复合生态系统在动态发展过程中，保持自身相对稳定有序的一种状态。对区域复合生态系统的调控的目的就是根据复合生态系统的固有客观规律，调节系统内各部门间的关系，控制有关因子的发展与变化速度和方向，促使整个系统内平衡关系的建立。从而使区域环境优美、经济繁荣、社会安定，整个系统能持续稳定地发展下去。环境规划有助于调控区域复合生态系统，促进其向平衡状态发展，主要调控途径有以下几方面。

1. 生态关系的建立与协调

采用生态工程的方法，模拟生态组织关系，研制、开发生态技术、生态工艺、生态产业、生态城市设计，规划和调控复合生态系统中各部门的组合、各行业的比例、各要素的布局、各种生产的工艺、各种资源的开发等，形成协调共生的系统结构，发挥高效的整体功能。

2. 生态意识的普及与提高

区域复合生态系统的建设与完整，最终要靠人来完成，而人的行为也受其观念的支配和引导。因此，应在广大公众中普及和增强生态意识（包括环境意识、资源意识、可持续意识等），使人们自觉地采取适度消费的生活模式，主动地选择保护环境的绿色产品，自愿地进行清洁生产，最终克服生活、经营、生产、决策和管理中的短期性、片面性，从而提高区域复合生态系统的持续发展能力。

3．制定促进复合生态系统发展的生态政策

区域内的各个部门、各行业、各地区都应制定各自的符合生态规律的战略目标、战略步骤等，并确定优先发展领域，制定一系列的鼓励政策，促使区域生态复合系统走上生态化发展道路。

4．采用先进的管理手段

先进的人工智能和计算机的应用，为解决复合系统内的各种复杂的问题创造了条件，集数据存储、分析及辅助决策于一身的决策支持系统可极大地提高决策的灵敏性、科学性。

5．加强区域间的交流与合作

一个区域只注重自身的繁荣，掠夺外界资源或将污染转嫁于其他地区，都与生态学中的整体的观点相违背。因为区域间相互作用与联系又组成了更高一级的复合生态系统，所以区域间应加强合作，建立公平的伙伴关系，技术与资源共享，形成互惠共生的网络系统，谋求更大范围系统的共同发展与繁荣。

第五节　空间结构理论

一、空间结构的概念

空间结构是指社会经济客体在空间中相互作用及所形成的空间集聚程度和集聚形态。空间结构特征是区域发展状态的重要指示器。但它不是单纯的空间构架，它在区域经济发展中具有特殊的经济意义。首先，它通过一定的空间组织形式把分散于地理空间的相关资源和要素连接起来，这样才能够产生种种经济活动；其次，区域空间结构能够产生集聚效应、规模效应这些有利的经济影响。

对于空间结构的理解，不同学科领域侧重点不同，建筑学及城市规划主要强调实体空间，经济学偏重于解释城市空间格局形成的经济机制，地理学和社会学主要强调土地利用结构以及人的行为、经济和社会活动在空间上的表现。不管哪种侧重点，其研究对象均是某一空间范围的各种经济客体视为一个有机整体，并考察它们在相互作用中随时间动态变化规律。因此空间结构理论反映了动态的、综合的区位论。在城市发展中，一方面需要考虑如何实现要素的空间优化配置和经济活动在空间上的合理组合，从而克服空间距离对经济活动的约束，降低成本，提高经济效益；另一方面也要考虑如何防止生态环境遭到破坏，并取得环境效益的最大化。

二、空间结构理论的基本内容

空间结构理论作为一种综合性的区位经济理论，它的研究对象涉及产业部门、服务部门、城镇居民点、基础设施的区位、空间关系，也涉及人员、商品、财政和信息的区间流动等方面。正是因为空间结构理论研究所涉及的内容过于宽泛，理论界对其学科性质的分歧一直较大。但综观空间结构理论的基本内容，它主要包含五个方面：

第一，以城镇型居民点（市场）为中心的土地利用空间结构。这是对杜能理论模型和位置级差地租理论的发展。它利用生产和消费函数的概念，推导出郊区农业每一种经营方式的纯收益函数，并由此划分出一定的经营地带。

第二，最佳的企业规模、居民点规模、城市规模和中心地等级体系。理论推导的基础：一是农业区位论，二是集聚效果理论。将最佳企业规模的推导与城镇居民点合理规模的推导相结合，将城市视为企业一样，理解为一种生产过程，应用"门槛"理论，将中心地等级体系应用于区域规划的实际。

第三，社会经济发展各阶段上的空间结构特点及其演变。通过一般作用机制的分析，揭示空间结构变化的动力及演变的一般趋势和类型。

第四，社会经济客体空间集中的合理程度。在实践中表现为如何处理过疏和过密问题，对区域开发整治和区域规划有实践意义。

第五，空间相互作用。这主要包括地区间的货物流、人流、财政流，各级中心城市的吸引范围，革新、信息、技术知识的扩散过程等，这些方面是空间结构特征的重要反映。

三、几种主要的空间结构理论

（一）空间结构阶段论

空间是人类进行社会经济活动的场所，这种活动的每一个有关区位的决策，都会引起空间结构一定程度上的改变。区域发展状态与空间结构状态密切相关。空间结构的特征不仅受运费、地租、聚集等因素的影响，而且还与社会经济发展水平、福利水平有关。在社会经济发展水平的不同阶段，会不断产生出影响空间结构的新因素。即使是同一种因素，也会产生不同的影响作用。空间结构阶段论把人类社会经济发展划分为四个阶段。

1．社会经济结构中以农业占绝对优势的阶段

这一阶段的主要特征是，绝大多数人口从事广义的农业，城市之间的联系很少，缺乏导致空间结构迅速变化的因素，空间结构状态极具稳定性。

2．过渡性阶段

这是一个由于社会内部变革和外部条件变化引起社会较快发展的阶段。其主要特征是社会分工明显，商品生产、商品交换的规模扩大，城市成为所在区域经济增长的中心，并开始对周边腹地产生影响。空间集聚出现不平衡，空间结构呈现出中心—边缘不稳定状态。

3．工业化和经济起飞阶段

这是社会经济发展中具有决定性意义的一个阶段。其基本特征表现为投资能力扩大，国民收入大幅度增长，国民经济进入强烈动态增长时期；第三产业开始大量涌现，交通网络发展很快，区域经济中心的等级体系得到加强，城市之间的交换、交流日益加强，空间结构状态从"中心—边缘"结构演变为多核心结构，处于一种比较充分的变化之中。

4．技术工业和高消费阶段

这是空间结构与系统重新恢复到平衡状态的阶段。这种恢复当然不是单纯的重复，而是高水平、动态的平衡。在此阶段，空间结构的过疏或过密问题会得到较大程度的解决，区域间的不平衡得以较大消除，各区域的空间和资源都能得到充分合理的利用，空间结构的各组成部分完全融合为一个有机的整体。

空间结构阶段论为地域开发、重大建设布局提供了理论依据，现在已经成为制定区域发展和区域整治规划应遵循的基本原则之一。

（二）空间相互作用引力理论

根据空间相互作用理论，社会经济客体在不断发展、扩大和发挥职能的过程中，总是要与周围同类事物或其他社会经济客体发生相互作用。这种作用的强度、密切程度总是与事物的集聚规模和它们之间的距离有关。因此，可以用牛顿的引

力模型来类比。例如，在一个城市地域体系内，各种规模、类型的城市之间有着不同程度的相互作用，不同城市体系之间也有一定的联系。对此，人们可以理解为有一种类似于物理学中的"作用力"和"力场"的东西存在。在社会经济范畴内，衡量相互作用的强度一般使用"潜力"（potential）概念，并借用物理学中的引力模型来确定相互作用的潜力的大小。

空间相互作用的引力理论，证明了空间相互作用的结果，必然形成一定空间结构。在一定程度上可以认为，空间结构是区域的形态特征，而它的内在本质联系是"作用力"和"力场"。在一定范围内，各级城市的人口、经济活动会形成有等级的、多层覆盖的吸引范围，而这种吸引范围之间的位置关系和等级从属关系就是一种结构形态。空间作用力的大小，反映了集聚规模的大小。作用力在空间分布上的差异，反映出疏密关系的空间差异。引力模型和潜力理论方法的应用，在一定范围内可使空间结构研究精确化，并进而由此概括出一些法则。空间相互作用及潜力理论对区位理论的应用研究具有重要意义。例如，利用这一理论对人口潜力、市场潜力等空间差异进行分析，就可为工业、农业、交通运输、城镇及商业中心的区位选择提供相当精确、可靠的依据。

（三）城市空间结构理论

城市空间结构研究是现代空间结构理论的重要内容。在城市空间结构研究中，许多学者都认为，地表各个场所形成各种经济区位的过程，是为较大地表的空间分化成为土地利用的小空间的过程。空间分化是空间结构的出发点，空间分化过程的结果就是空间结构，因而把它归结为城市空间分化过程的研究。

根据狄更生（R. E. Dickinson）的说法，随着城市化的进展，城市内将形成明确的功能区。一般来说，城市在发展过程中会聚集许多经济功能，从而使城市发展趋于多样化。城市发展过程的基本顺序是：①形成城市基础产业的生产区位；②由该生产区位引致人口集中而形成消费区位；③由消费区位引致的人口集中，形成非经济基础产业的区位；④由基础产业导致关联产业的区位；⑤再由这些产业区位进一步引致人口集中与消费区位，由此又导致非经济基础产业的区位。

四、空间结构与环境规划

环境规划是为了提高不同地域空间生态环境质量、改善生态系统结构、增强生态系统功能、促进生态系统良性循环的建设决策过程，是一项涉及自然、社会和经济巨系统的复杂的系统工程；而空间结构理论则是研究人类活动空间分布及组织优化的科学，作为一门应用理论学科，无疑将为环境规划提供基础理论和技术、方法的支撑。

（一）空间结构理论有助于全面分析和把握区域发展状态和方向

无论一个国家或一个区域、一个城市，社会经济各组成部分都有着不同程度的相互作用和相互关系。经过长期的规划与发展，区域的社会经济往往形成具有一定结构和功能的体系，即区域（或国家）的社会体系、经济体系。一旦形成一种"体系"，则如同一个生物体一样，是一个有机的整体。如果某一部分受到外部的影响，则可能波及整个有机体。这种有机体的特性，使得有可能通过法律和政府行为、企业行为对区域的社会经济发展状态进行调控。任何一个系统，都有某种功能，或表现为某种特性，这主要由有机体的结构决定的。区域的社会经济有机体的结构处在不断变化过程中，如从数量和人口构成的变化、生产的扩张和新产业的产生、运输枢纽和运输线路的建设等，都使区域社会经济的能力、水平、对外部的辐射影响等发生变化。因此，可以通过分析区域社会经济体系内部的结构，即这个体系的组成部分及各组成部分之间相互作用关系来把握这个地区社会经济体系的特点和问题，这就是通过"结构"来研究"体系"。这是区域发展问题研究的重要的方法论。

通过对区域社会经济空间结构的研究，主要达到以下具体目标：①判断区域经济发展所处阶段，因为不同发展阶段上的社会经济空间结构有不同的特征；②揭示区域经济空间分布特征、集聚与分散的关系及其效益；③预测区域经济空间结构状态的演变趋势；④根据空间结构演变规律和实际趋势，对具体区域空间结构提出调整方向及实施此种方向调整的途径。

（二）空间结构理论可为环境规划提供理论依据

"空间"是人类进行社会经济活动的场所。而人类的社会经济活动，如开辟耕地、建设村镇（生态移民）、铁路、公路、港口，兴修水利工程，建设矿山、工厂，植树造林等生态工程，都构成空间结构的组成部分。这类活动的每一个区位决策，都会引起空间结构一定程度上的变化。人类在一定区域范围内改造自然、发展经济，进行社会交往，推动区域社会经济的发展。人类本身的活动和生产力的发展可能引起局部环境和生态平衡的破坏，影响到一定范围内社会经济的发展。而社会经济每一点发展与变化，都会使一定范围内原有的社会经济客体的位置、相互关联、区域的社会经济"力"的强弱以及空间集聚程度、发展的不平衡性等发生变化。在实践中，空间结构状态受到多种因素的影响，除了运费、地租、集聚三个基本的因素外，还有资源的分布、地形与气候、历史特点、社会结构、与周围区域的关系、决策者的决策标准与决策水平等。例如，在资源产地开辟了矿山，有关的工业、城镇、人口等在其附近集聚，形式是资源分布因素决定的，实际上是受到运输费用以及集聚效果因素的影响而形成的。如能从整体的角度科学地处理它们间的关系和要求，正确地解决其中的矛盾和冲突，就会使空间中各组成部分彼此相互协调，使社会经济客体与区域的自然经济基础相适应。但是，如何确定总体的空间结构，则往往带有相当程度的盲目性和被动性。第二次世界大战后，在一些西方国家中，通过制定、实施一系列区域政策措施，对不合乎要求的空间结构实行调整，同时建立新的空间结构，在一定程度上避免了被动性。国家通过编制统一的社会经济发展规划和生产力布局规划，指导各地区及各部门的区位决策，客观上为建立合理的空间结构创造了条件。

社会经济的空间结构如同一个地区的产业结构，是从空间分布、空间组织角度考察、辨认区域发展状态和区域社会经济有机体的指针。区域发展状态是否健康，与外部的关系及内部各部分的组织是否有序，重要而有活力的因素是否被置于有利的位置等，分析社会经济的空间结构可以从一个重要方面给出确定的判断标准，从而可为环境规划的合理布局提供理论依据。

第六节　生态足迹理论

一、生态足迹的提出

生态足迹（Ecological Footprint，EF）由加拿大生态经济学家 Willam 教授于1992 年提出，并由其博士生 Wakernagel 进一步完善，从一个全新的角度定量测度区域的可持续发展状况。它是一种定量评价可持续发展程度的方法。该方法将区域的资源和能源消费折算为提供这些消费所需的原始物质与能量的一种虚拟土地（生物生产性土地）的面积，并与给定人口区域的生物承载力进行比较，定量衡量区域的可持续发展状况。

生态足迹理论认为，人类的所有消费理论上都可以折算成相应的生物生产性土地面积。生态足迹是指在一定技术条件和消费水平下，某个国家（地区、个人）持续发展或生存所必需的生物生产性土地面积；生物承载力则指某个国家（地区）所能提供或供给的生物生产性土地面积的总和，表征该地区的生态容量。

二、生态足迹的内涵

地球上任何地方，任何已知人口的生态足迹是生产这些人口所消费的所有资源和吸纳这些人口所产生的所有废弃物所需要的生物生产总面积（包括陆地和水域）。

（一）生态生产性土地（Ecological productive area）

生态生产性土地是指具有生态生产能力的土地或水体。各类土地之间容易建立等价关系，从而方便于计算自然资本的总量。生态生产性土地主要分为如下 6 种类型：化石能源地（fossil energy land），可耕地（arable land），牧草地（pasture），森林（forest），建成地（built-up areas）和水域（sea）。

（二）生态承载力（Ecologicla capacity）

生态承载力是指生态系统的自我维持、自我调节能力，资源与环境子系统的供容能力及其可维育的社会经济活动强度和具有一定生活水平的人口数量。一个地区所能提供给人类的生态生产性土地的面积总和被定义为该地区的生态承载力。

（三）生态赤字或盈余（Ecological deficit/remainder）

一个地区的生态承载力小于生态足迹时，出现生态赤字，其大小等于生态承载力减去生态足迹的差数。生态赤字表明该地区的人类负荷超过了其生态容量，要满足其人口在现有生活水平下的消费需求，该地区要么从地区之外进口欠缺的资源以平衡生态足迹，要么通过消耗自然资本来弥补收入供给流量的不足。生态承载力大于生态足迹时，则产生生态盈余，其大小等于生态承载力减去生态足迹的余数，表明人类对自然生态系统的压力处于本地区所提供的生态承载力范围内，生态系统是安全的、可持续发展的。

三、生态足迹分析法

生态足迹分析法作为一种衡量自然资源可持续利用状态的量化评价工具，它将人类生存和发展所消耗的资源和吸纳这些生存发展产生的废物折合成统一的生物生产面积，并与人类实际拥有的土地面积比较，判断人类活动是否处于生态系统的承载力范围之内。该方法自 20 世纪 90 年代提出以来，以其概念的形象性、良好的数据获取和可操作性，以及计算项目的综合性很快得到了有关国际组织、政府部门和研究单位的关注。

"可比性"是生态足迹分析法的操作优势所在，主要包括三个层面的比判：①城市自身生态足迹与生态承载力的协调性比较，确定城市资源与环境承载力现状水平；②不同时间序列的城市纵向生态足迹发展比较，分析影响城市资源与环境承载力发展的主要因素；③不同空间尺度的横向生态足迹发展水平比较（如区域、国家或全球尺度的比较），综合判断城市可持续发展的合理资源建设起点及方向。

四、生态足迹与环境规划

生态足迹分析法通过将自然资源的拥有量和占用量进行面积折算，可以简洁但清晰地反映出自然资源的综合利用情况。此外，该方法的测算数据易于获取，操作简便，工作量较小，因而应用范围很广。

通过生态足迹数值可以判断发展的可持续性，同时根据生态赤字判断该地区面临的生态危机严重程度；生态足迹指标体系和其他社会经济发展指标体系相结合，可全面反映社会经济的发展情况，为环境规划提供更科学、全面、真实的参考数据；生态足迹通过分析区域可容纳的人口数量及相应设施占地面积，计算人均生态占用面积，指导区域规划开发，测算城市发展规模；生态足迹还可用于区域生态评价，例如生物多样性的评价和横向比较。

【思考题】

1. 环境容量与环境承载力的概念是什么？二者的区别和联系是什么？
2. 可持续发展理论的内涵是什么？与环境规划的关系是什么？
3. 人地系统是如何构件与演进的？与环境规划的关系是什么？
4. 复合生态系统的结构和功能是什么？与环境规划的关系是什么？
5. 空间结构理论的内容是什么？与环境规划的关系是什么？
6. 生态足迹的内涵与环境规划的关系是什么？

第三章 环境规划的技术方法

【本章导读】

本章重点介绍环境规划中常用的环境预测与评价方法、社会经济预测与评价方法，环境规划的指标体系分析，以及环境规划的决策分析等内容。

第一节 环境预测与评价

一、环境质量评价

环境质量评价是按照一定评价标准和评价方法对一定区域范围内的环境质量加以调查研究并在此基础上做出科学、客观和定量的评定。通过评价可以较全面地揭示环境质量状况及其变化趋势，找出污染治理重点对象，为制定环境综合防治方案和城市总体规划及环境规划提供依据。

目前，国内外使用的环境质量评价方法很多，但大体上可以分为以下几类：决定论评价法、经济论评价法、模糊数学评价法和运筹学评价法，每一类方法中又分成许多种不同方法。所谓决定论评价法，是通过对环境因素与评价标准进行判断与比较的过程。使用这种方法，首先设定若干评价指标和若干判断标准，然后将各个因子依据各个判断标准，通过直接观察和相互比较对环境质量进行分等，或者按评分的多少排序，从而判断该环境因素的状态。它包括指数评价法和专家评价法。专家评价法是以评价者的主观判断为基础的一种评价方法，通常以分数或指数等作为评价的尺度进行衡量。模糊综合评价法，其关键是求某一评价因素的隶属度，此法对于处理由于不确定性造成难以确切表达的模糊问题很有用处。

（一）指数评价法

指数评价法是最早用于环境质量评价的一种方法。近十几年来，这一方法在环境质量评价中得到了广泛的应用，并有了很大的发展。它具有一定的客观性和可比性，常用于环境质量现状评价中。对某一环境要素单一质量因子进行的环境质量评价，称为单因子评价；就多个环境质量因子进行的环境质量评价，称为多因子评价。环境质量指数的基本形式有两种，根据不同评价目的的需要，环境质量指数可以设计为随环境质量提高而递增，也可设计为随污染程度的提高而递增。

1. 单因子指数

假设只有一种污染物作用与环境因素的情况下，其环境质量指数的公式可以写成：

$$I_i = \frac{c_i}{S_i} \tag{3-1}$$

式中：c_i——某污染物在环境介质中的浓度；

S_i——该污染物的评价标准；

I_i——环境质量指数，是个量纲为 1 的数，表示污染物在环境中实际浓度超过评价标准的程度，即超标倍数，I_i 值越大，环境质量越差。

2. 多因子指数

常见的多因子指数有均值多因子指数和加权多因子指数，也有根据因子数据的分布，进一步结合幂指数、向量模方法建立的多因子指数。在此基础上，依所给定的多因子指数分级标准，即可进行环境质量的综合评价。

（1）均值多因子指数 指参与评价的各环境因子对环境质量的影响作用是相同的，即权重相同，表达式为

$$I_{均} = \frac{1}{n}\sum_{i=1}^{n} I_i \tag{3-2}$$

式中：$I_{均}$——均值型环境质量指数；

I_i——单因子质量指数；

n——参与评价的环境质量因子数目。

（2）加权型综合质量指数 如果考虑各种环境因子对环境质量的影响具有并不完全相同的作用，可采用加权方式建立综合评价指数，表达式如下：

$$I = \sum_{i=1}^{n} W_i I_i \tag{3-3}$$

式中：W_i——对应于第 i 个环境因子的权重系数，这里应有 $\sum_{i=1}^{n} W_i = 1$。

加权型综合质量指数评价方法的关键在于合理地确定环境评价因子的权重。一般权重系数的确定多采用专家调查方法给出。

（3）内梅罗指数 是一种兼顾极值或称突出最大值的加权型多因子环境质量指数。表达式为

$$I = \sqrt{\frac{I_{i\max}^2 + I_{iave}^2}{2}} \tag{3-4}$$

式中：$I_{i\max}$——各单因子环境质量指数中最大者；

　　　I_{iave}——单因子环境质量指数的平均值。

该指数考虑了污染最严重的因子，避免了主观因素，是应用较多的一种环境质量指数。

3．环境质量指数在环境质量评价中的作用

（1）对区域环境质量进行分级。通常环境质量指数的建立，并不能直接描述环境质量的优劣，需要进一步建立环境质量的分级标准，以将所计算的环境质量指数值（或评分值）通过分级标准进行环境质量的评价。对评价指数的分级，可结合环境质量标准或基准等进行。

（2）提高环境质量评价方法的可比性。把通过环境监测和调查得到的大量的数据（包括化学的、生物的、卫生的和物理方面的数据）置于环境评价者面前时，我们将很难鉴别它们所表现的环境质量状况。因此只有用环境质量指数对不同区域的环境质量进行比较，才能说明环境质量的状况。

（二）专家评价法

专家评价法也叫特尔斐法。对某些难以用数学模型定量化的因素，例如社会政治因素，在缺乏足够统计数据和原始资料的情况下，可以做出用此方法做出定量估计。

特尔斐法是专家会议预测法的一种发展，它以匿名方式通过几封函询征求专家们的意见。预测领导小组对每一轮的意见都进行汇总整理，作为参考资料再发给每个专家。供他们分析判断，提出新的论证。如此多次反复，专家的意见日趋

一致，结论的可靠性越来越大。

特尔斐法是一种系统分析方法，是在意见和价值判断领域内的一种有益延伸，它突破了传统的数学分析限制，为更合理地制定决策开阔了思路。由于能够对未来发展中的各种可能出现和期待出现的前景做出概率估价，特尔斐法为决策者提供了多方案选择的可能性，而用其他任何方法都很难获得这样重要的，以概率表示的明确答案。

二、环境质量预测

环境预测是指在环境现状调查与评价和科学试验的基础上，结合经济和社会的发展情况，对环境的发展趋势做出科学分析和判断。环境预测是环境决策的依据，是制定环境规划的基础。

环境污染防治规划是环境规划的基本问题，与之相关的环境质量与污染源的预测活动构成了环境预测的重要内容。例如，污染物总量预测，重点是确定合理的排污系数（如单位产品排污量）和弹性系数（加工业废水排放量与工业产值的弹性系数）。环境质量预测的重点是确定排放源与输入源的输入响应关系。预测各类污染物在大气、水体、土壤等环境要素中的总量、浓度以及分布的变化，预测可能出现的新污染物种类和数量，预测规划期内由环境污染可能造成的各种社会和经济损失。

水、气、声、固废等环境要素的预测方法，将放在相关专项规划中进行介绍。

（一）基本思路

环境质量预测是在环境调查和现状评价的基础上，结合经济发展规划或预测，通过综合分析或一定的数学模拟手段，推求未来的环境状况，其技术关键是：

（1）把握影响环境质量的主要社会经济因素并获取充足的信息。

（2）寻求合适的表征环境变化规律的数理模式和（或）了解预测对象的专家系统。

（3）对预测结果进行科学分析，得出正确的结论。这一点取决于规划人员的素质和综合问题的能力与水平。

（二）预测方法选择

与一般预测的技术方法相同，有关环境质量预测的技术方法也大致分为两类。

1. 定性预测技术

如专家调查法（召开会议、征询意见等），历史回顾法，列表定性直观预测等。这类方法以逻辑思维为基础，综合运用这些方法，对分析复杂、交叉和宏观问题十分有效。

2. 定量预测技术

这类方法多种多样，常用的有外推法、回归分析法和环境系统的数学模型等。这类方法以运筹学、系统论、控制论、系统动态仿真和统计学为基础，其中环境系统的数学模型对定量分析环境演变、描述经济社会与环境相关关系比较有效。

（三）预测结果的综合分析

预测结果的综合分析评价，目的在于找出主要环境问题及其主要原因，并由此进一步确定规划的对象、任务和指标。预测的综合分析主要包括下述内容。

1. 资源态势和经济发展趋势分析

分析规划区的经济发展趋势和资源供求矛盾，同时分析经济发展的主要制约因素，以此作为制定发展战略，确定规划方案等问题的重要依据。

2. 环境发展趋势分析

在环境问题中，两种类型的问题在预测分析时应特别值得注意。一类是指某些重大的环境问题，例如全球气候变化、臭氧层破坏或严重的环境污染问题等，这些问题一旦发生会造成全球或区域性危害甚至灾难。另一类是指偶然或意外发生而对环境或人群安全和健康具有重大危害的事故，如核电站泄漏事故、化工厂爆炸、采油井喷、海上溢油、水库溃坝、交通运输中有毒物质的溢出和尾矿库或电厂灰库溢坝等。

（四）其他重要问题分析

对规划区域中某些重要问题进行分析，如特别需要的保护对象，重大工程的环境影响或效益等。

三、环境容量分析与评价

环境容量的概念、分类与应用，本书第二章已做介绍，此部分内容只介绍环境容量的表达方式与几种环境容量的估算方法。

（一）环境容量的表达方式

一个特定的环境（如一个自然区域、一个城市、一个水体）对污染物的容量是有限的。其容量的大小与环境空间的大小、各环境要素的特性、污染物本身的物理和化学性质有关。环境空间越大，环境对污染物的净化能力就越大，环境容量也就越大。对某种污染物而言，它的物理和化学性质越不稳定，环境对它的容量也就越大。环境容量包括绝对容量和年容量两个方面。

1. 绝对容量

环境的绝对容量（WQ）是某一环境所能容纳某种污染物的最大负荷量，达到绝对容量没有时间限制，即与年限无关。环境绝对容量由环境标准的规定值（WS）和环境背景值（B）来决定。数学表达式有以浓度单位表示的和以重量单位表示的两种。以浓度单位表示的环境绝对容量的计算公式为

$$WQ = WS - B \tag{3-5}$$

其单位为 mg/kg。例如某地土壤中镉的背景值为 0.1 mg/kg，农田土壤标准规定的镉的最大容许值为 1 mg/kg，该地土壤镉的绝对容量则为 0.9 mg/kg。

任何一个具体环境都有一个空间范围，如一个水库能容多少立方米的水；一片农田有多少亩，其耕层土壤（深度按 20 cm 计算）有多少立方米；一个大气空间（在一定高度范围内）有多少立方米的空气等。对这一具体环境的绝对容量常用重量单位表示。以重量单位表示的环境绝对容量的计算公式为

$$WQ = M(WS - B) \tag{3-6}$$

当某环境的空间介质的重量 M 以 t 表示时，WQ 的单位为 g。如按上面例子中的条件，计算 10 亩农田镉的绝对容量，可以根据土壤的密度，求出耕层土壤的重量，并把它代入上式，即可求得。如土壤容重 1.5 g/cm³，10 亩农田对镉的绝对容量为 1 800 g。

2. 年容量

年容量（WA）是某一环境在污染物的积累浓度不超过环境标准规定的最大容许值的情况下，每年所能容纳的某污染物的最大负荷量。年容量的大小除了同环境标准规定值和环境背景值有关外，还同环境对污染物的净化能力有关。若某污染物对环境的输入量为 A（单位负荷量），经过一年以后，被净化的量为 A'，

$(A'/A) \times 100\% = K$，K 称为某污染物在某一环境中的年净化率。

以浓度单位表示的环境年容量的计算公式为

$$WA = K(WS - B) \tag{3-7}$$

以重量单位表示的环境年容量的计算公式为

$$WA = K \cdot M(WS - B) \tag{3-8}$$

年容量与绝对容量的关系为 $WA = K \cdot WQ$。如某农田对镉的绝对容量为 0.9 mg/kg，农田对镉的年净化率为 20%，其年容量则为 0.9×20%=0.18 mg/kg。按此污染负荷，该农田镉的积累浓度永远不会超过土壤标准规定的镉的最大容许值 1 mg/kg。

（二）水环境容量分析

1. 计算模型

根据水环境功能区的实际情况，环境容量计算一般用一维水质模型。对有重要保护意义的水环境功能区、断面水质横向变化显著的区域或有条件的地区，可采用二维水质模型计算。在模型计算时尤其是对于大江大河的水环境容量计算，必须结合混合区或污染带的范围进行容量计算。

我国实用的非点源污染控制模型尚处在初步应用阶段，水环境容量计算，一般不要求进行非点源模型模拟，有条件的城市可选用适当的模型开展工作。

2. 计算步骤

（1）模型参数验证；

（2）现状污染源的水质影响分析；

（3）稀释容量分析（零维）；

（4）稀释自净容量分析（一维）；

（5）混合区约束容量分析（二维）；

（6）确定环境容量。

3. 水环境容量校核方法

（1）水资源量校核法。对比各个水系水资源量和水环境容量计算结果，若差距较大，需仔细分析；将同一水系各个河段（地市）的计算条件连在一起进行计算，比较总体结果与各段结果的差距。

（2）提高功能校核法。由于应用模型计算水环境容量部分参数具有不确定性，为了提高容量结果的安全性，建议部分河段采用提高功能区类别的方法进行核算，以作为确定安全系数的参考值。

（3）超标水域分析法。在不同水域，分别应用零维、一维和二维模型，分析功能区内水域达标长度比例（或达标面积比例），根据各地区情况，确定的达标水域范围，分析容量结果的合理性。

（三）大气环境容量分析

1. 大气扩散烟团轨迹模型

该模型由国家环境保护总局环境规划院开发。

烟团扩散模型的特点是能够对污染源排放出的"烟团"在随时间、空间变化的非均匀性流场中的运动进行模拟，同时保持了高斯模型结构简单、易于计算的特点，模型包括以下几个主要部分：三维风场的计算、烟团轨迹的计算、浓度公式、大气扩散参数、烟气抬升公式（此种方法在此节不做详细介绍，见第七章大气环境规划）。

2. A—P 值法

A—P 值法为《制定地方大气污染物排放标准的技术方法》（GB/T 3840—91）提出的总量控制区排放总量限值计算方法；根据计算出的排放量限值及大气环境质量现状本底情况，确定出该区域可容许的排放量。

四、环境承载力分析与评价

环境承载力的概念、内涵与特点，本书第二章已做介绍，此部分内容只介绍环境承载力的几种分析与评价方法。

近些年来，一些学者通过对环境承载力的一系列研究，获得了较大进展和一定的成果，其中环境承载力的量化研究方法有多种，主要包括向量模法、多目标决策分析方法、系统动力仿真模型法、模糊数学法、状态空间法、主成分分析法、承载率评价法、矢量模法等。

（一）向量模法

该方法主要是把环境承载力的指标分为发展变量和限制变量，发展变量表示人类活动与经济开发活动对环境作用的强度，通过使用资源种类数量与向环境排放的各种污染物量来描述，它们构成一个集合 d，集合中的元素 d_i 称为发展因子。对于 n 维空间向量 $d=(d_1,d_2,\cdots,d_n)$。限制变量是环境条件的一种表示，即环境对人类活动反作用的表现，一般包括：环境类限制因子、资源类限制因子、基础设施类限制因子。全部限制因子变量构成一个变量集 c，$c=(c_1,c_2,\cdots,c_n)$。

在 n 维空间中，环境承载力是空间的一个向量，它有不同的大小和方向不同的向量和不同的量纲，为比较大小，需对各分量进行归一化处理。

对作用方向相同的 m 个地区而言，则有环境承载力指数 E_j，$j=1,2,\cdots,m)$。

若 E_j 由 n 个分量组成，即有 $E_j=(E_{1j},E_{2j},\cdots,E_{nj})$。然后进行归一化处理后，

$\vec{E_j}=(\vec{E_{1j}},\vec{E_{2j}},\vec{E_{3j}},\cdots,\vec{E_{ij}})$，其中 $\vec{E_{ij}}=E_{ij}/\sum_{j=1}^{n}E_{ij}(i=1,2,3,\cdots,n,\ j=1,2,3,\cdots,n)$。样底 j

个环境承载力的大小可以用归一化后矢量来表示，即 $|\vec{E_i}|=\sqrt{\sum_{i=1}^{n}(\vec{E_{ij}^2})}$。若引入权重

λ_i 值（$i=1,2,3,\cdots,n$），则 $|\vec{E_i}|=\sqrt{\sum_{i=1}^{n}(\lambda_i\vec{E_{ij}^2})}$。

（二）多目标优化法

该方法主要是采用大系统分解——协调的分析思路，将研究区域的环境——人类社会经济系统划分成若干个子系统，并采用数学模型进行刻画，各子系统模型之间通过多目标核心模型的协调关联变量相连接，并事先确定需要达到的优化目标和约束条件，结合模型模拟和对决策变量在不同水平上的预测结果，就可解出同时满足多个目标整体最优的发展方案，其所对应的人口或社会经济发展规模即为研究区域的环境承载力。

（三）系统动力学法

系统动力学法是一门基于系统论，吸取反馈理论与信息论成果，并借助于计算机模拟技术的交叉学科，这种方法主要是通过一阶微积分方程组来反映系统各个模块变量之间的因果反馈关系。在实用中，对不同的发展规划方案采用系统系统动力学模型进行模拟，并对决策变量进行预测，然后将这些决策变量视为环境承载力的指标体系再运用有关评价方法进行比较，得到最佳的发展方案及相应的环境承载力。

（四）模糊优选模型法

基于环境——社会经济系统的随机不确定性的特征，建立的一种适用于指标体系不确定的区域水环境承载力评价的模糊随机优选模型。在该模型中，考虑到随机因素的影响，将不确定性指标的属性值划分为若干状态，每个状态都与一定的概率项对应。在此基础上，依据模糊理论构造以待评价样本加权优距离的二次方与加权劣距离二次方之和为最小的目标函数，由此求得样本优属度值，最后根据优属度大小，对区域水环境承载力状况或变化趋势进行分析。

（五）状态空间法

状态空间法是欧氏几何空间用于定量描述系统状态的一种有效方法。通常由表示系统各要素状态的三维状态空间轴组成。利用状态空间法中的承载状态点，可表示一定时间尺度内区域的不同承载状况。利用状态空间中的原点同系统状态点所构成的矢量模数表示区域承载力的大小，并由此得出其数学表达式为

$$RCC = |M| = \sqrt{\sum_{i=1}^{n} x_{ir}^2} \tag{3-9}$$

式中：RCC——区域承载力的大小；

$|M|$——代表区域环境承载力的有向矢量的模数；

x_{ir}——区域人类活动与资源处于理想状态在状态空间中的坐标值（$i = 1, 2, \cdots, n$）。

考虑到人类活动与资源环境各要素对区域承载力所起的作用不同，状态轴的权也不一样，当考虑到状态轴的权时，承载力的数学表达式为

$$RCC = |M| = \sqrt{\sum_{i=1}^{n} w_i x_{ir}^2} \tag{3-10}$$

式中：w_i 为 x_i 轴的权。

（六）主成分分析法

主成分分析法在一定程度上克服向量模法和模糊优选模型法的缺陷，它是在力保数据信息丢失最小的原则下，对高维变量进行降维处理即在保证数据信息损失最小的前提下，经线性变换和舍弃一小部分信息，以少数综合变量取代原始采用的多维变量。其本质目的是对高维变量系统进行最佳综合与简化，同时也客观

地确定各个指标的权重，避免了主观随意性。潘东旭等学者从消耗类指标、支撑类指标和区际交流类指标三个方面确定了区域承载力评价因子体系，并采用主成分分析方法研究了徐州市资源环境承载力现状、变化与原因，提出了增强区域承载力，实施可持续发展战略的对策措施。

（七）承载率评价法

承载率评价也是目前比较流行的一种评价环境承载力的方法。该种方法需要通过计算环境承载率，来评价环境承载力的大小。承载率是指区域环境承载量（环境承载力指标体系中各项指标的现实取值）与该区域环境承载量阈值（各项指标上限值）的比值。环境承载量阈值可以是容易得到的理论最佳值或者是预期要达到的目标值（标准值）。应用该种方法进行环境承载力评价，可以从评价结果清晰地看出某地区环境发展现状与理想值或目标值的差距，具有一定的现实意义。

第二节　社会经济结构预测与评价

一、人口预测

预测未来人口发展状态的方法较多，其依据主要有：根据现有人口的数量、性别、年龄结构、出生率、死亡率、迁移率等预测未来人口数量的变动；根据过去某一时期内人口增长的速度或绝对数，预测未来人口发展状况；根据影响人口总数变动的因素进行人口预测。具体方法有两大类，即数学方法和人口学方法。例如，通过大量数据的回归分析，我国人口预测常用的一种经验模型基本形式为

$$N_t = N_0 e^{k(t-t_0)} \tag{3-11}$$

式中：N_t—— t 年的人口总数；

　　　N_0——预测起始年时的人口基数；

　　　k——人口增长系数或人口自然增长率。

上述预测的关键是求算 k 值。人口自然增长率（k）是人口出生率与死亡率之差，常表示为人口每年净增的千分数。其计算方法是：在一定时空范围内，人口自然增长数（出生人数减死亡人数）与同期平均人口之比，并用千分比表示。而平均人口数是指计算期（如年）初人口总数和期末人口总数之和的 1/2。k 值的选

取除与时间 t 有关外，还与预测的约束条件有关，即与社会的平均物质生产水平、文化水平、战争与和平状态、人口政策和人口年龄结构有密切关系。

二、国内生产总值（GDP）预测

国内生产总值是指在一定时期内（一个季度或一年），一个国家或地区的经济中所生产出的全部最终产品和劳务的价值，常被公认为衡量国家经济状况的最佳指标。许多国家在实现经济发展、国内生产总值快速增加的过程中都遇到过环境遭到破坏的问题，因此必须处理好经济发展与环境的管理之间的关系。规划期国内生产总值的平均年增长率是国民经济发展规划的主要指标，环境预测可直接用它来预测有关的参数。传统的 GDP 预测方法有灰色预测模型、线性回归分析法、曲线拟合法、指数平滑法、时间序列 Box-jenkens 法等。

通过大量数据的回归分析，我国国内生产总值预测的常用经验模型的公式是

$$Z_{GDPt} = Z_{GDP0}(1+a)^{t-t_0} \qquad (3-12)$$

式中：Z_{GDPt}——t 年 GDP 数；

$\quad\quad Z_{GDP0}$——t_0 年即预测起始年的 GDP 数；

$\quad\quad a$——GDP 年增长速率，%。

三、能耗预测

在环境规划中进行的能耗计算，主要包括原煤、原油、天然气三项，按规定折算成每千克发热量 $7\,000 \times 4.186\,8 \times 10^3$ J $= 293 \times 10^6$ J 的标准煤，折算的系数是：1 kg 原煤可折算为 0.714 kg 标准煤，1 kg 原油可折算为 1.43 kg 标准煤，1 m³ 天然气可折算为 1.33 kg 标准煤。

1. 能耗指标

产品综合能耗：单位产值综合能耗=总耗能量（标准煤吨）/产品总产值（万元）

单位产量综合能耗=总耗能量（标准煤吨）/产品总产量（吨或万元等）

能源利用率：有效利用的能量同供给的能量之比。

能源消费弹性系数：规划期内能源消耗量增长速度与经济增长速度之间的对比关系。

能源消费弹性系数=年平均能源消费量增长速度/a 平均经济增长速度

其中：经济增长速度可采用工业总产值、工农业总产值、社会总产值或国民收入的增长速度等。

2. 能耗预测方法

目前常用的能耗预测法主要是人均能量消费法和能源消费弹性系数法两种类型。具体方法如下：

（1）人均能量消费法。按人民生活中衣食住行对能源的需求来估算生活用能的方法。根据美国对 84 个发展中国家进行的调查表明：当每人每年的消费量为 0.4 t 标准煤时只能维持生存；为 1.2～1.4 t 时可以满足基本的生活需要。在一个现代化社会里，为了满足衣食住行和其他需要，每人每年的能源消耗量不低于 1.6 t 标准煤。

（2）能源消费弹性系数法。这种方法是根据能源消费与国民经济增长之间的关系，求出能源消费弹性系数 e，再由已决定的国民经济增长速度，粗略地预测能耗的增长速度。计算公式为

$$\beta = e \cdot \alpha \tag{3-13}$$

式中：β——能耗增长速度；

e——能源消费弹性系数；

α——工业产值增长速度。

能耗弹性系数 e 受经济结构的影响。一般来说，在工业化初期或国民经济高速度发展时期，能源消耗的年平均增长速度超过国民生产总值年平均增长速度一倍以上，e 大于 1，甚至超过 2。以后，随着工业生产的发展和技术水平的提高，人口增长率的降低，国民经济结构的改变，能耗弹性系数 e 将下降，大都低于 1，一般为 0.4～1.1。若已知能耗增长速度，规划期能耗预测计算公式如下：

$$E_t = E_0 (1 + \beta) t - t_0 \tag{3-14}$$

式中：E_t——规划期 t 年的能耗量；

E_0——规划期起始年 t_0 的能耗量。

第三节　环境规划的指标体系分析

在实际的环境规划中，由于规划的层次、目的、要求、范围、内容等不同，

规划指标体系也不尽相同。指标体系的选择宜适当：指标过多，会给规划工作带来困难；指标太少，则难以保证规划的科学性和完整性，进而则会影响其执行的权威性。因此必须根据规划对象的主要问题、环境状况和经济技术条件，来选取适合环境规划区的环境规划指标，建立起全面、准确、系统和科学的环境规划指标体系。

一、指标选取原则

（一）科学性原则

指标或指标体系能全面、准确地表征规划对象的特征和内涵，能反映规划对象的动态变化，具有完整性特点，并且可分解，可操作，方向性明确。

（二）规范化原则

指标的含义、范围、量纲、计算方法具有统一性或通用性，而且在较长时间内不会有大的改变，或者可以通过规范化处理，可与其他类型的指标表达法进行比较。

（三）适应性原则

体现环境管理的运行机制，与环境统计指标，环境监测项目和数据相适应，以便于规划和规划实施的检查。此外，所选指标还应与经济社会发展规划的指标相联系或相呼应。

（四）针对性原则

指标能够反映环境保护的战略目标、战略重点、战略方针和政策；反映区域经济社会和环境保护的发展特点和发展需求。

二、指标类型

环境规划指标体系是由一系列相互联系、相互独立、相互补充的环境规划指标所构成的有机整体。在实际进行环境规划时，由于规划的目的、要求、范围、内容等不同，所要求建立的指标体系也不尽相同。根据规划指标在区域环境规划中的作用以及约束的不同，我们把区域环境规划指标分为指令性规划指标、指导性规划指标和相关性规划指标三大类。

（一）指令性规划指标

指令性规划指标是指按照国家环境质量标准以及有关政策和法规的要求，必须完成和执行的指标。指令性规划指标包括"三废"总量控制规划指标、"三废"治理规划指标、环境质量规划指标和技术水平规划指标等。

（二）指导性规划指标

指导性规划指标是指区域可以自行决定在规划期内完成和执行的指标。指导性规划指标又分为环境管理规划指标和生态环境规划指标。环境管理规划指标包括科研、管理、教育、经费等规划指标，生态环境规划指标包括自然开发区、鸟兽保护区、自然保护区、水土流失、土地沙化及森林覆盖率等。

（三）相关性规划指标

相关性规划指标不是直接的环境因素指标，而是影响区域环境质量、在区域环境规划中所采用的有关指标，如区域人口密度、人口分布、经济规模、生产布局、产业结构、能源结构等规划指标。

三、指标内容

在环境规划中，环境规划指标按其表征对象、作用及在规划中的重要性和相关性，一般分为环境质量指标、污染物总量控制指标、环境规划管理措施管理指标及相关指标。环境质量指标主要表征自然环境要素（大气、水）和生活环境的质量状况，一般以环境质量标准为基本衡量尺度，环境质量指标是环境规划的出发点和归宿，所有其他指标的确定都是围绕完成环境质量指标进行的；污染物总量控制指标根据一定地域的环境特点和容量来确定，其中又有容量总量控制和目标总量控制两种，前者体现环境的容量要求，是自然约束的反映，后者体现规划的目标要求，是人为约束的反映；环境规划措施与管理指标是首先达到污染物总量控制指标，进而达到环境质量指标的支持性和保证性指标；相关指标主要包括经济指标、社会指标和生态指标三类，相关指标大都包含在国民经济和社会发展规划中，都与环境指标有密切的联系。其详细内容如表3-1所示。

表 3-1 环境规划指标类别与内容

环境质量指标	大气环境	大气 PM_{10}、$PM_{2.5}$ 浓度（年日均值）或达到大气环境质量的等级
		SO_2（年日均值）或达到大气环境质量的等级
		NO_x（年日均值）或达到大气环境质量的等级
		酸雨频度与平均 pH 值
	水环境	饮用水水源水质达标率；饮用水水源数
		地表水达到地表水水质标准的类别或 COD 浓度
		地下水达到地下水水质标准的类型及地下水矿化度、总硬度、COD、硝酸盐氮、亚硝酸盐氮浓度
		海水达到近海海域水质标准类别或 COD、石油、氨氮、磷浓度
	噪声	区域环境噪声平均值和达标率
		城市交通干线噪声平均声级和达标率
污染物总量控制指标	大气污染物宏观总量控制	大气污染物（SO_2、烟尘、工业粉尘、NO_x）总排放量；燃烧废气排放量、消烟除尘量；工艺废气排放量、消烟除尘量；工业废气处理量、处理率；新增废气处理能力
		大气污染物（SO_2、烟尘、工业粉尘、NO_x）去除量（回收量）和去除率（回收率）
		锅炉数量、达标量、达标率；窑炉数量、达标量、达标率
		汽车数量、耗油量、NO_x 排放量
	水污染物宏观总量控制	工业用水量和工业用水重复利用率，新鲜水用量
		废水排放总量；工业废水总量、外排量；生活废水总量
		工业废水处理量、处理率、达标率，处理回用量和回用率；外排工业废水达标量、达标率；新增工业废水处理能力；万元产值工业废水排放量
		废水中污染物（COD、BOD、重金属）的产生量、排放量、去除量
	工业固体废物宏观控制	工业固体废物（冶炼渣、粉煤灰、炉渣、煤矸石、化工渣、尾矿、其他）产生量、处置量、处置率；堆存量，累计占地面积，占耕地面积
		工业固体废物（冶炼渣、粉煤灰、炉渣、煤矸石、化工渣、尾矿、其他）综合利用量、综合利用率；产品利用量、产值、利润；非产品利用量
		有害废物产生量、处置量、处置率
	乡镇环境保护规划	乡镇工业大气污染物排放（产生）量、治理量、治理率、排放达标率
		水污染物排放（产生）量、削减量、治理量、治理率，排放达标率
		固体废物产生量，综合利用量、排放量等

环境规划措施与管理指标	城市环境综合整治	燃料气化；城市气化率
		型煤：城市民用煤量，民用型煤普及率
		集中供热："三北"采暖建筑面积，集中供热面积，热化率，热电联产供热量
		烟尘控制区：建成区总面积，烟尘控制区面积及覆盖率
		汽车尾气达标率
		城市污水量、处理量、处理率、处理厂数及能力（一、二级）和处理量；氧化塘数、处理能力及处理量；污水排海量，土地处理量
		地下水位、水位下降面积、区域水位降深；地面下沉面积、下沉量
		工业固体废物集中处理厂数、能力、处理量
		生活垃圾无害化处理量、处理率；机械化清运量、清运率；建成区人口、绿地面积、覆盖率；人均绿地面积
	乡镇环境污染控制	污染严重的乡镇企业数，关、停、并、转、迁数目
		污灌水质
	水域环境保护	功能区：工业废水、生活污水、COD、氨氮纳入水量（湖泊加总磷、总氮纳入量）
		监测断面：COD、BOD、DO、氨氮浓度或达到地表水水质标准类别（湖泊取 COD、氮、磷浓度）
		海洋功能区划：工业废水和生活污水入海通量
	重点污染源治理	污染物处理量、削减量；工程建设年限，投资预算及来源
		规模化养殖场粪便综合利用率、农作物秸秆综合利用率、生活污水处理率、生活垃圾无害化处理率
	自然保护区建设与管理	重点保护的濒危动植物物种和保存繁育基地数目、名称
		自然保护区类型、数量、面积、占国土面积百分比、新建的自然保护区
	投资	环保投资总额占国民收入的百分数
		环保投资占基本建设资金的比例
相关指标	经济	国民生产总值：工、农业生产总值及年增长率；部门工业产值
		工业密度：单位占地面积企业数、产值
	社会	人口总量与自然增长率、分布、城市人口、人均收入
	生态	森林覆盖率、人均森林资源量、造林面积、人均公共绿地面积、主要道路绿化普及率
		草原面积、产量（kg/hm^2）、载畜量、人工草场面积
		耕地保有量、人均量；污灌面积；农药化肥使用量
		水资源：水资源总量、调控量、水资源林面积、水利工程、地下水开采
		水土流失面积、治理面积、减少流失量
		土地沙化面积、沙化控制面积
		土地盐渍化面积、改良复垦面积
		农村能源、生物能源占能源的比重，薪柴林建设
		生态农业试点数量及类型，绿色、有机、无公害产品种植（养殖）面积比重

第四节 环境规划的决策分析

一、环境决策过程及其特征

（一）决策及决策过程

决策是指为了解决某一行动选择问题对拟采取的行动所做出的决定。由于决策的内容直接来源于所要解决的问题并受其制约，因此，这个待解决的问题就构成决策问题。

决策是一个对事物进行分析综合和思维判断的过程。借助于决策分析工具将有益于帮助决策者科学合理地展开决策活动，解决复杂的决策问题。所谓决策分析，是进行决策方案选择的一套系统分析方法。它通常是关于决策过程中具体的程序、规则和推算的组合。决策分析并不意味着为决策者制定决策，它仅仅是试图通过一定适当的处理或分析方法帮助决策者有效地组织信息改进决策过程，辅助决策。

针对一个决策问题做出决定时，要体现决策者对要解决问题所抱有的目的。因此一个合理的决策问题，重点是确定决策的目标或决策者所希望达到的行动结果或状态。这种有目的的行动，一般由三种活动所组成，即设计备选方案、选择行动方案和实施行动方案。

依照系统工程的原理，一般环境规划的决策过程从广义来看包含 4 个基本程序环节：①找出问题确定目标，②拟定备选行动方案，③比较和选择最佳行动方案，④方案的实施即规划的执行（见图 3-1）。

（二）决策分类

1. 程序性决策与非程序性决策

根据决策形式的普遍程度与决策过程的规范程度可将决策分为程序性决策与非程序性决策。程序性决策也叫常规性决策，是指决策者对所要决策的问题有法可依，有章可循，有先例可参考的决策，是对结构性较强，重复性的日常事务所进行的决策。非程序性决策也叫非常规性决策，是指决策者对所要决策的问题无法可依，无章可循，无先例可供参考的决策，是非重复性的、非结构性的决策。

非程序性决策对决策者能力强弱、才能高低、性格素养和知识经验，均是严峻的考验。

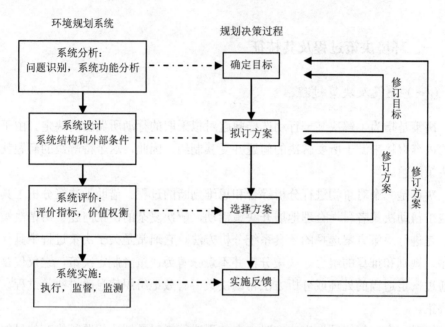

图 3-1　环境系统规划决策过程的框架

2．确定性决策与非确定性决策

根据决策条件的完备程度及决策状态的不同情况，可将决策分为确定性决策和不确定性决策。确定性决策是在事先就已确定的客观状态下展开的决策，这种决策每个方案只对应着一个结果。不确定性决策则是指在不确定地、随机地变化着的客观条件下所进行的决策，这种决策每个方案都对应着几个不同的、概率可以估计的结果。不确定性决策中各种可能结果的概率可知的决策问题称为风险性决策。

3．单目标决策与多目标决策

根据决策要实现的目标数量，可将决策分为单目标决策和多目标决策。如果决策是为了达到同一目标而在多种选方案中选定一个最优方案，那么，这类决策问题便称为单目标决策。如果所要决策的问题，不是为了实现同一个目标，而是在为实现若干个目标的若干方案中进行最优方案的选择，那么，这类决策问题便称为多目标决策。多目标决策问题在实际工作中是很少见的，大量的、常见的是单目标决策问题。

二、环境规划的决策分析

（一）环境规划的决策特征

环境系统是一个复杂的人工和生态复合系统，它的规划决策问题涉及环境、经济、政治、社会和技术等多种因素，因此它具有以下一般决策问题的典型特征。

1．非结构化特征

决策问题按复杂性和解决问题的难易程度，大体可分为三种类型：结构化决策、半结构化决策和非结构化决策问题。

结构化决策（又称程序化决策）：决策问题结构良好，可用数学模型刻画；有明确的目标和判断准则；可借助计算机进行处理。

非结构化决策（也称非程序化决策）：涉及的信息知识有很大程度的模糊性和不确定性；无法以准确的逻辑判断予以描述；缺乏决策规则；决策者行为对决策活动的效果影响较大。

半结构化决策：介于结构化决策和非结构化决策之间的决策问题，就环境系统中的各类决策问题而言，既有结构化决策也有非结构化决策，但就一个环境系统规划的总体而言，更多的具有半结构化或非结构化的决策问题特征。

2．多目标特征

环境规划的决策问题，决策目标一般不止一个，大多为多个目标，这些目标表现为：①目标间存在着冲突性或矛盾性，即某一目标的改进往往导致其他目标实现程度的降低；②目标间存在着不可公度性，即多个目标没有统一的度量标准。

3．基于价值观念的特征

这里所谓"价值"，它可泛指规划主体对评价对象所具有的作用、意义的认识和估计。一方面在具体问题上，由于规划主体对评价对象的条件、目的、立场和观点等各有不同，从而造成对价值认识和估计的不同；另一方面又由于人类的社会化，对于价值的主观认识估计，又会不同程度地反映现实价值观念的共性和客观性，因此，基于价值评价来对复杂因素进行综合分析，就成为决策活动的一个显著特征。

（二）环境规划的决策分析模式

根据环境规划决策分析基本框架，在实际应用中，系统规划的决策分析可归纳为两种类型：一种是基于最优化技术来构造的环境系统规划决策分析模型，可称之为 "最优化决策分析模型"；另一种是基于各种备选方案进行系统目标的模拟分析，从而选择满意方案，可称之为 "模拟优化决策分析模型"。

环境系统规划的 "最优化决策分析模型"，通常是利用数学规划方法，建立数学模型并一次求解行动方案的决策分析过程。"模拟优化决策分析模型" 是直接基于环境规划决策分析的对策—目标树框架，就各个备选组合方案，分别进行多种目标和综合指标的模拟（包括环境质量、费用及社会影响等）和评估的决策分析过程。

在环境规划中，目前使用较为普遍的决策分析技术方法大体包括：费用—效益（效果）分析、数学规划和多目标决策分析技术三种基本类型。

三、环境费用—效益分析

（一）费用—效益分析

费用—效益分析是一种典型的经济决策分析方法，最初是作为国外评价公共事业部门投资的一种方法发展起来的，后来这种方法被引入环境规划中，可作为环境规划决策分析的一种分析方法。费用—效益分析是用于识别和度量各种项目方案或规划活动的经济效益和费用的系统方法，其基本任务就是分析计算规划活动方案的费用和效益，然后通过比较评价从中选择净效益最大的方案，提供决策。

（二）环境费用—效益分析的基本程序

环境费用—效益分析的基本程序如图 3-2 所示。

环境费用—效益分析的主要步骤如下：

（1）明确问题。明确规划目标，找出现实环境中存在的问题及目标与现实之间的差距，弄清规划方案中各项活动所涉及环境问题的内容、范围和时间尺度，从而为规划方案的影响识别分析奠定基础。

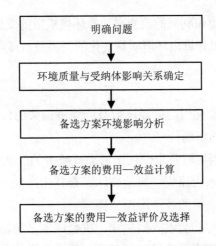

图 3-2 环境费用—效益分析的基本程序

（2）环境质量与受纳体影响关系确定。估计环境质量变化的时空分布；估计受纳体在环境质量变化中的暴露程度；估计暴露对受纳体产生的物理化学和生物效应。

（3）备选方案的环境影响分析。识别、筛选不同规划方案中的环境影响因子，确定这些影响因子的环境影响效果，即对环境功能或环境质量的损害，以及由于环境质量变化而导致的经济损失。

（4）备选方案的费用—效益计算。为了使规划方案的影响效果具有可比性，费用—效益分析方法采用了将规划方案的定量化损失—效益统一为货币形式的表达方式。

（5）备选方案的费用—效益评价。完成备选方案的费用—效益计算后，就可通过适当的评价准则进行不同方案的比较，完成最佳方案的筛选。

（三）环境费用—效益分析方法

一般来说，环境费用—效益分析中的环境费用比较具体，容易较准确地计算出来，但是对于环境效益和环境损失的计量，有许多则是很难用货币来准确衡量的。所以环境费用—效益分析的理论和方法还需要进一步探讨，逐步完善，使分析方法更加科学和客观。目前，环境费用—效益分析的基本方法有以下几种。

1．直接市场法

（1）市场价值法也称生产率法。它是把环境要素作为一种生产要素。利用因环境要素改变而引起产值和利润的改变来计算环境质量的变化。因产值利润可以用市场价格计量，由此可以计算出环境质量变化的经济效益或经济损失。计算公式为

$$L_1 = \sum_{i=1}^{n} P_i \Delta R_i \tag{3-15}$$

式中：L_1——环境质量变化引起的经济效益或经济损失的价值；

P_i——某种产品的市场价格；

R_i——某种产品因环境质量变化而增加或减少的产量。

市场价值法适用于水土流失、耕地破坏、森林生产能力降低、污水灌溉引起的农田污染以及空气污染等的经济污染分析。

（2）机会成本法也称社会收入损失法。机会成本是经济分析中的一个重要概念。如果你计划投入一笔资金建设某一项目，那么就意味着你必须放弃这笔资金的其他投资机会，或者说放弃其他取得效益的机会。其他投资机会进而取得的最大经济效益称为这笔资金的机会成本。

在环境经济分析中，决定环境资源某一开发、利用方案时，该方案的经济效益不能直接估算时，机会成本法就是一种很有用的评价法。计算公式为

$$L_2 = \sum_{i=1}^{n} S_i W_i \tag{3-16}$$

式中：L_2——环境质量变化引起的经济效益或经济损失的机会成本值；

S_i——i 资源的单位机会成本；

W_i——i 资源因环境质量变化而增加或减少的产量。

机会成本法适用于水资源短缺、占用农田等经济分析。

（3）人力资本法也称工资损失法或收入损失法。关于环境污染对人的生命、健康以及痛苦的评价问题，还没有一个科学、合理的评价方法。人力资本法认为，人过早得病或死亡的社会效益损失是有社会劳务的部分或群补损失带来的，它等于一个人丧失工作时间的劳动价值和预期的收入限制。即：

$$L_3 = \sum_{i=x}^{\infty} \frac{(p_x^n)_1 (p_x^n)_2 (p_x^n)_3}{(1+i)^{n-x}} \times F_{n-x} \tag{3-17}$$

式中：L_3——人力资本发的损益值；

$(P_x^n)_1$——年龄 x 的人活到年龄 n 的概率；

$(P_x^n)_2$——年龄 x 的人活到年龄 n，并且具有劳动能力的概率；

$(P_x^n)_3$——年龄 x 的人活到年龄 n，并且具有劳动能力且仍然在工作的概率；

i ——贴现率；

F_{n-x}——年龄 x 的人活到年龄 n 的未来预期收入。

（4）环境保护投入费用评价法。在许多情况下，对环境质量变化造成的影响做出经济价值的评价是困难的。但是环境保护措施的费用较易计算，由此可以根据环境保护措施的投入费用来估算环境质量下降带来的基本经济损失和由于采取环保措施环境质量得到改善的经济效益。

①防护费用法：防护费用法是根据环境质量的情况，以及人们愿意为消除或减少环境有害影响而愿意采取防护措施等承担相关费用而进行的经济分析方法。

②恢复费用法：恢复费用法是指因环境受到破坏而使生产性资产和其他财产受到损害，为使其恢复或更新所需的费用。

③影子工程法：影子工程法是恢复费用法的一种特殊形式。它是指某环境遭到破坏，拟用人工建造另一个环境来替代原环境的作用，而用这个人工环境所需的费用来估算其经济损失及替代环境度量的方法。

2．替代市场法

环境质量的变化，有时不会导致产品和劳务产出的量变，但是有可能影响商品的其他替代物和劳务的市场价格与数量。这样就可以利用市场信息，间接估算环境质量的价格之和以及效益的改变。

（1）资产价值法是指固定资产的价值，如土地、房屋的价值。资产价值法把环境质量看作影响资产价值的一个因素，也就是资产周围的环境质量的变化会影响资产未来的经济收益。

（2）工资差额法是利用不同环境质量条件下劳动者的差异工资来估算环境质量变化造成的经济损失或经济收益的方法。影响的因素有很多，如工作性质、技术水平、风险程度等。

（3）旅行费用法是根据消费者为了获得娱乐享受或消费环境商品所花费的旅行费用，来评价旅游资源和娱乐性环境商品的效益的分析方法。

四、数学规划方法

数学规划方法是指利用数学规划最优化技术进行环境规划决策分析的一类技术方法。从决策分析的角度看，这类决策分析方法的使用，需要根据规划系统的具体特征，结合数学规划方法的基本要求，将环境系统规划决策问题概化成在预定的目标函数和约束条件下，对由若干决策变量所代表的规划方案，进行优化选择的数学规划模型。

目前，用于环境规划中的数学规划决策分析方法主要有：线性规划、非线性规划以及动态规划等。

（一）线性规划

线性规划是一种最基本、最重要的最优化技术。从数学上说，线性规划问题可描述为：①通过一组未知量（又称决策变量）表示规划的待定方案，未知量的确定值代表具体方案，通常要求未知量取值是非负的；②对于规划的对象，存在若干限制条件，限制条件均以未知量的线性等式或不等式约束来表达；③存在目标要求，目标由未知量的线性函数来表示。

线性规划的一般表达形式为

$$\begin{cases} \max(\min)f = cx \\ Ax \leqslant b \\ x \geqslant 0 \end{cases} \qquad (3\text{-}18)$$

式中：$x = (x_1, x_2, \cdots, x_n)^T$ 为由 n 个决策变量构成向量，即规划问题的备选方案；

$c = (c_1, c_2, \cdots, c_n)$ 为由目标函数中决策变量的系数构成的向量；

A——由线性规划问题的 m 个约束条件中关于决策变量系数组成的矩阵；

b——由 m 个约束条件中常数构成的向量。

任何决策问题被构造成线性规划模型时，其约束条件反映了一个决策问题中对决策变量的客观限制要求。此外，它也可作为对具有多目标的决策问题进行目标消减，实施简化处理的表达式。线性规划中的目标函数代表了规划方案选择的评价准则，集中体现了决策分析中最主要的决策要求。

一般线性规划问题采用单纯形法和两阶段法进行求解。对于某些具有特殊结构的线性规划问题，如运输问题等，还可用一些专门的有效算法。

（二）非线性规划

如果在规划模型中，目标函数或约束条件表达式中，至少存在一个关于决策变量的非线性关系式，这种数学规划问题称为非线性规划问题。

线性规划的一般表达形式为

$$\begin{cases} \max(\min)f(x) \\ g_i(x) \geqslant 0 \qquad i = 1, 2, \cdots, m \end{cases} \qquad (3\text{-}19)$$

式中：$x=[x_1, x_2, \cdots, x_n]^T$ 代表一组决策变量；

$\quad g_i(x)$——决策向量 x 的函数，且其中存在决策变量 X 的非线性关系。

一般地，非线性关系复杂多样，使得其求解比线性规划问题求解要困难得多。因而非线性规划不像线性规划那样存在普遍适用的求解算法。目前，除在特殊条件下通过解析法进行非线性规划求解外，绝大部分非线性规划采用数值法求解。数值法求解非线性规划的算法大体分为两类：一是采用逐步线性逼近的思想，即通过一系列非线性函数线性化的过程，利用线性规划方法获得非线性规划的近似最优解；二是采用直接搜索的思想，即根据非线性规划的部分可行解或非线性函数在局部范围内的某些特性，确定迭代程序，通过不断改进目标值的搜索计算，获得最优或满足需要的局部最优解。

（三）动态规划

动态规划是系统分析中一种常用的有效方法。动态规划法是 20 世纪 50 年代由贝尔曼（R. Bellman）等人提出，用来解决多阶段决策过程问题的一种最优化方法。所谓多阶段决策过程，就是把研究问题分成若干个相互联系的阶段，由每个阶段都做出决策，从而使整个过程达到最优化。

动态规划的实质是分治思想和解决冗余，动态规划是一种将问题实例分解为更小的、相似的子问题，并存储子问题的解而避免计算重复的子问题，以解决最优化问题的算法策略。因此，许多实际问题利用动态规划法处理，常比线性规划法更为有效，特别是对于那些离散型问题。实际上，动态规划法就是分多阶段进行决策，其基本思路是：按时空特点将复杂问题划分为相互联系的若干个阶段，在选定系统行进方向之后，逆着这个行进方向，从终点向始点计算，逐次对每个阶段寻找某种决策，使整个过程达到最优，故又称为逆序决策过程。

五、多目标决策分析方法

客观世界的多维性或多元化，使得人们的需求具有多重性，因而绝大多数决策问题都具有不同程度的多目标特征。环境规划的某些决策问题，虽然可经概括、简化，一定程度上将其处理为单一目标的数学规划问题，并以相应的优化方法求解，进行规划方案的选择确定，但基于多目标决策的方法将能更好地体现环境系统规划决策问题多目标的本质特征，支持环境规划决策问题的分析过程。

（一）决策问题的多目标体系

环境问题涉及经济、社会、环境等方面，是一个多目标问题。多目标决策分析与传统单目标优化的最大区别在于其决策问题中具有多个互相冲突的目标。通常多目标决策问题中，一组意义明确的多个冲突目标可表达为一个递阶结构，或称目标体系（见图3-3）。

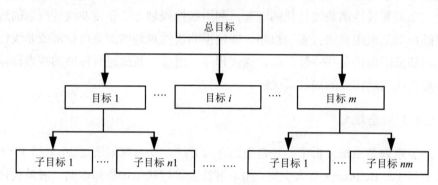

图 3-3　多目标递阶结构

（二）决策方案的多目标评价选择

在图 3-4 中，就方案①和②来说，①的目标值 f_2 比②大，但其目标值 f_1 比②小，因此无法确定这两个方案的优与劣。在各个方案之间，显然：③比②好，④比①好，⑦比③好，⑤比④好。而对于方案⑤、⑥、⑦之间则无法确定优劣，而且又没有比它们更好的其他方案，所以它们就被称之为多目标规划问题的非劣解或有效解，其余方案都称为劣解。所有非劣解构成的集合称为非劣解集。

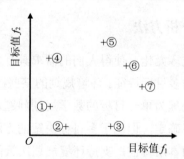

图 3-4　多目标规划的劣解与非劣解

　　所以多目标决策分析，就是运用种种数学（包括计算机）支持技术，来处理以下两个问题：

　　（1）根据所建立的多个目标，找出全部或部分非劣解。

　　（2）设计一些程序识别决策者对目标函数的意愿偏好，从非劣解集中选择"满意解"。

　　在解决上述两方面问题的实践中，多目标决策分析技术并非全都将其处理为两个独立顺序的求解过程，许多方法是将两部分内容结合起来，即在非劣解求解过程中已注入反映决策者意愿偏好的因素。各种多目标决策分析技术，可依有限方案与无限方案分为两类。有限方案条件下的决策分析技术，在环境规划中使用更为普遍。

【思考题】

1. 环境预测与评价方法有哪些？不同的方法应如何应用？
2. 社会经济结构预测与评价方法有哪些？
3. 环境规划指标选取的原则及类型有哪些？
4. 什么是环境规划的决策分析？常用的环境决策分析方法有哪些？

第四章 3S 技术在环境规划中的应用

【本章导读】

环境规划涉及环境构件、社会、经济等因素的空间分布信息和时间演变信息，对于这些时空信息和属性信息的获取，传统手段主要依靠纸质地形图和有限的统计资料。然而，纸质地形图所负载的时空信息为模拟信息，在信息的容量、质量等方面存在极大局限，不能进行信息处理与分析，严重影响了环境规划的科学性。因此，把先进的信息管理技术 3S 应用到环境规划中来，已成为一种新的必然趋势。

本章重点介绍了遥感影像特征、3S 集成技术、3S 技术在环境规划中的应用等基础问题。

第一节 3S 技术基本原理

一、遥感影像特征

遥感影像特征可以从空间分辨率、光谱分辨率、时间分辨率和温度分辨率四方面来归纳。空间分辨率指遥感图像上能够详细区分的最小单元的尺寸或大小，用像元大小来表示。光谱分辨率指传感器所选用波段数量的多少、各波段的波长位置、波段间隔大小。间隔越小，波谱分辨率越高。时间分辨率是指对同一目标重复探测时，相邻两次的探测间隔。温度分辨率指热红外传感器分辨地表热辐射（温度）最小差异的能力。根据不同的遥感应用目的，采用不同的时间分辨率和空间分辨率（见表 4-1 和表 4-2）。

表 4-1　各种遥感应用目的对空间分辨率的要求

遥感应用	空间分辨率/m	遥感应用	空间分辨率/m	遥感应用	空间分辨率/m
Ⅰ巨型环境特征		森林清查	400	森林火灾预报	50
地壳	10 000	山区植被	200	森林灾害探测	50
成矿带	2 000	山区土地类型	200	港湾悬浮质运动	50
大陆架	2 000	海岸带变化	100	污染监测	50
洋流	5 000	渔业资源管理与保护	100	城区地质研究	50
自然地带	2 000	Ⅲ中型环境特征		交通道路规划	50
生长季节	2 000	作物估产	50	Ⅳ小型环境特征	
Ⅱ大型环境特征		作物长势	25	污染源识别	10
区域地理	400 000	天气状况	20	海洋化学	10
矿产资源	100 000	水土保持	50	水污染控制	10～20
海洋地质	100 000	植物群落	50	港湾动态	10
石油普查	1 000	土种识别	20	水库建设	10～50
地热资源	1 000	洪水灾害	50	航行设计	5
环境质量评价	100	径流模式	50	港口工程	10
土壤识别	75	水库水面监测	50	鱼群分布与迁移	10
土壤水分	140	城市、工业用水	20	城市工业发展规划	10
土壤保护	75	地热开发	50	城市居住密度分析	10
灌溉计划	100	地球化学性质、过程	50	城市交通密度分析	5

　　遥感数据根据遥感平台可分为：地面遥感、航空遥感和航天遥感三类。目前常用的是航天遥感，遥感数据主要有：美国的 landsat，World View-1，World View-2，Qiuckbird，IKonos，GeoEye-1，Orbview 卫星；法国的 SPOT 卫星；日本陆地卫星 ALos；印度 IRS-P5，IRS-P6 卫星等。另外有我国的中巴资源卫星 CBERS，高分 1、2 号。主要参数见表 4-2。

表 4-2　几种常用的遥感卫星及其遥感器参数

卫星传感器	波段/μm	空间分辨率/m	幅宽/km	周期/d	适宜成图比例尺
Landsat TM	0.45～0.52	30	185	16	1：100 000
	0.52～0.60	30			
	0.63～0.69	30			
	0.76～0.90	30			
	1.55～1.75	30			

卫星传感器	波段/μm	空间分辨率/m	幅宽/km	周期/d	适宜成图比例尺
Landsat TM	10.4～12.4 2.05～2.35	120 30	185	16	1∶100 000
SPOT-HRGs	0.50～0.59 0.61～0.68 0.78～0.89 1.58～1.75 0.48～0.71	10 10 10 10 2.5 或 5	60	26	1∶15 000
IKONOS	0.45～0.52 0.52～0.60 0.63～0.69 0.76～0.90 0.45～0.9	4 4 4 4 1	11	14	1∶10 000
GeoEye-1	0.45～0.51 0.51～0.58 0.655～0.690 0.78～0.92 0.45～0.8	1.65 1.65 1.65 1.65 0.41	15	2～3	1∶5 000
QuickBird	0.45～0.52 0.52～0.66 0.63～0.69 0.76～0.90 0.45～0.90	2.44 2.44 2.44 2.44 0.61	22	1～6	1∶5 000
WorldView-1	0.45～51 0.51～58 0.63～0.69 0.77～0.89 全色	2 2 2 2 0.5	300	6	1∶5 000
ALos	0.42～0.5 0.52～0.6 0.61～0.69 0.76～0.89 0.52～0.77	10 10 10 10 2.5	70	2	1∶15 000
Orbview	450～520 520～600 625～695 760～900	4 4 4 1	2 800	1	1∶10 000

卫星传感器	波段/μm	空间分辨率/m	幅宽/km	周期/d	适宜成图比例尺
IRS-LISS4	0.52～0.59	23	70.3	24	1∶15 000
	0.62～0.68	23			
	0.77～0.86	23			
	0.62～0.68	5.8			
CBERS-CCD	0.52～0.59	19.5	113	26	1∶100 000
	0.63～0.69	19.5			
	0.7～0.89	19.5			
	0.5～0.73	19.5			
CBERS-HR	0.5～0.8	2.36	27	104	1∶10 000
GF-1	0.45～0.52	8	60	4	1∶5 000
	0.52～0.59	8			
	0.63～0.69	8			
	0.77～0.89	8			
	0.45～0.90	2			
GF-2	0.45～0.52	4	45	5	1∶5 000
	0.52～0.59	4			
	0.63～0.69	4			
	0.77～0.89	4			
	0.45～0.90	1			

二、3S 集成技术系统基本原理

　　3S 集成技术是将遥感系统、全球定位系统、地理信息系统融为一个统一的有机体的新技术。在 3S 技术集成系统中，RS 和 GPS 相当于人的两只眼睛，负责获取海量信息及其空间定位；GIS 相当于人的大脑，对所得的信息加以管理和分析。RS、GPS 和 GIS 三者的有机结合，构成了整体上的实时动态对地观测、分析和应用的运行系统，为科学研究、政府管理、社会生产提供了新一代的观测手段、描述语言和思维工具。

　　3S 集成的方式可以在不同的技术水平上实现。低级阶段表现为通过互相调用一些功能来实现 3S 系统之间的联系；高级阶段表现为 3S 系统之间不仅仅相互调用功能，而且直接共同形成有机的一体化系统，对数据进行动态更新，快速准确地获取定位信息，实现实时的现场查询和分析判断。目前，开发 3S 集成系统软件的技术方案一般采用栅格数据处理方式实现与 RS 的集成，使用动态矢量图层方式实现与 GIS 集成。

GIS、RS 和 GPS 三者集成利用，构成为整体的、实时的和动态的对地观测、分析和应用的运行系统，提高了 GIS 的应用效率。在实际的应用中，较为常见的是 3S 两两之间的集成，如 GIS/RS 集成，GIS/GPS 集成或者 RS/GPS 集成等。

1. GIS 与 RS 的结合

地理信息系统和遥感是独立发展起来的支撑现代地学的空间技术工具。其中地理信息系统用于管理与分析空间数据，遥感技术用于空间数据采集和分类，它们的研究对象都是空间实体，两者关系十分密切。例如，通过 GIS 与 RS 的结合，一方面可利用遥感影像数据，另一方面可以利用经过处理过的电子地图、矢量地图等提取必要的信息，以此更加全面地分析城市水环境的规划情况。

2. RS 与 GPS 的结合

从 GIS 的角度看，GPS 和 RS 都可看作为数据源获取系统。然而 GPS 和 RS 既分别具有独立的功能，又可以互相补充完善对方，这就是 GPS 和 RS 结合的基础。

GPS 的精确定位功能弥补了 RS 定位困难的问题。在没有 GPS 以前，地面同步光谱测量、遥感的几何校正和定位等都是通过地面控制点进行大地测量才能确定的，这不但费时费力，而且当无地面控制点时更无法实现，从而严重影响数据实时进入系统。而 GPS 的快速定位可使 RS 数据及地面同步监测数据之间实现实时、动态配准。

利用 RS 数据还可实现 GPS 定位遥感信息查询。将 GPS 定位信息与遥感影像相结合，可实现具体某一地物的遥感信息查询。

3. GPS 与 GIS 的结合

GPS 和 GIS 的结合，不仅能取长补短使各自的功能得到充分的发挥，而且还能产生许多更高级功能，从而使 GPS 和 GIS 的功能都迈上一个新台阶。

通过 GIS 系统，可使 GPS 的定位信息在电子地图上获得实时的、准确的、形象的反映及漫游查询。通常，GPS 接收机所接收信号无法输入底图，如果把 GPS 的接收机同电子地图相配合，并利用实时差分定位技术和相应的通信手段，就可以开发各种电子导航和监控系统，广泛用于交通、公安侦破、车船自动驾驶、科学种田和海上捕鱼等方面。

GPS 可为 GIS 及时采集、更新或修正数据。例如在外业调查中通过 GPS 定位得到的数据，输入给电子地图或数据库，可对原有数据进行修正、核实、赋予专题图属性以生成专题图。

总之，3S 集成技术，将使测绘、遥感、制图、地理和管理决策科学相融合，因此已经成为快速实时空间信息分析和决策支持的强有力的技术工具。

第二节 3S 技术在环境规划中的综合应用

3S 以其各类信息的数字化、大容量的数据存储设备和高效智能的处理系统，为科学环境规划提供了丰富的信息和技术手段。通过对遥感影像的光谱分析，环境规划人员可以准确适时地获得所需的地形、地质、水文、气象等资料，建立起环境数据库与模型库。通过环境数据库提供的环境定量数据，应用系统论、信息论及控制论的观点分析区域环境的变化过程，再以环境数学模型为基础，对海量环境信息进行分析和处理，并给出决策级的辅助信息，可使环境规划的决策过程更加直观和高效。

一、环境基础数据调查

环境规划的初始阶段就是现状调查，往往要耗费大量的人力、物力、财力，又难以做到实时、准确。运用 RS 技术可以迅速进行城市地形地貌、湖泊水系、绿化植被、景观资源、交通状况、土地利用、建筑分布的调查。

在环境规划中，需要真实、直观、实时地了解区域的地形地貌及环境状况，因而对数字高程模型、数字景观模型和正射影像等数据的需求日益增多，利用遥感技术进行此类数据的生产，在技术上已经十分完善。实践中人们认识到，应用航空遥感技术进行生成数字高程模型（DEM）所需要平面坐标（X, Y）及高程（Z）的数据集的采集，比地面测绘或其他方式更为经济和快速。

随着无人飞机技术的成熟，结合遥感技术，在城市局部规划中，可以实时、准确地提供正射影像资料，减少了实地测量所带来的人力、物力和财力上的过度浪费，同时也为规划和决策者节约了大量的时间。同比地形图数据，更直观地反映了局部特征，可及时地进行微观调整，避免了不必要的重复劳动和损失。

二、环境基本数据编辑与管理

运用 GIS 技术能将大量的基础信息和专业信息进行数据建库，实现空间信息和属性信息的一体化管理与可视化表现，提供方便的信息查询和统计工具，克服 CAD 辅助制图的局限性，为规划决策及图件制作奠定基础。

通过遥感技术、野外观测（以 GPS 为支持）和地面监测等信息获取途径，在 GIS 系统中可建立起地理信息数据库，其内容可包括在规划中涉及的地理信息，包括行政区划、地势、交通、河流、湖泊、山脉等。地理信息系统提供的具体功能有：将环境信息输入数据库系统，进行编辑和维护；快速查询；将环境数据变成直观的环境专题图和统计地图；从环境目标之间的空间关系中获取派生的信息和知识；多媒体演示以及基于多介质的环境信息输出。

环境规划中环境信息的输入内容可包括点、线、面三种。点：规划提取的一些点源信息包括排污口、环境监测点、地理特征点、人文景观点等，对不同类型的点源可通过赋予不同的属性值来区分。线：环境规划中河流、街道、排污管渠等信息都以线的形式表示。这些线的粗、细虽然可表示河流、公路的宽窄，但线的主要作用还是表示该信息的空间位置，如长度、走向、污染程度等。面：规划中的大多数信息以面的形式来表征，例如环境功能区的划分、植被类型图、土壤类型图、土地利用现状图等。

三、现状评价与空间分析

在建立地理信息数据库的基础上，对各种环境现状（如土地利用现状、水气声渣污染现状、环境功能区分布现状、污染物处理点的分布等）进行充分研究，再结合利用 GIS 技术所可获得的环境治理效益最优分析图，便可获得基于 GIS 综合分析上的环境规划。

利用 GIS 软件可发挥点源的空间分析功能，选择属性满足条件的点以获得需要空间分析的点源，再指定缓冲区分析的范围，便可得到这类点源的影响区域，并将点源信息转变为面源的信息。依据现有的点源分布情况，确定最佳治理点的空间位置，以获得最优环境治理效能比。在环境规划综合分析图上叠加线信息后，可以在 GIS 系统中以设定缓冲区的办法来得到线型污染源的分布及面积。例如，我们设定某一街道两边 50 m 范围内 NO_x 污染严重，是环境治理的重点区域，50～100 m 范围内 NO_x 污染比较严重，是环境治理的次重点区域。根据每条街道的实际情况设置街道两边的 NO_x 污染区范围，就可以获得 NO_x 重点治理区域。

如在生态适宜度分区规划中，先确定生态适宜度的各个影响因子的权重，然后分成 50 m×50 m 的小栅格，用 GIS 的软件计算各个小栅格的生态适宜度数值，再把生态适宜度在同一级别的相邻栅格合并，就可得到合理的生态适宜度区划。

四、成果表现

成果展现表现在二维图件和三维景观的制作。利用遥感、摄影测量和虚拟现实（VR）技术可以建立环境规划蓝图的动态模型，重现历史，展示未来，加强环境规划的宣传性。图件制作除基础性的自然地理（地形、地貌、地质、土壤、植被、水系、气象等）、社会经济（行政边界、人口密度、交通运输、市政管网、名胜古迹等）等图形制作以外，环境规划中专题图件，如污染源分布图、区域污染现状图、区域污染评价图、环境功能区划图、城镇布局最优设计图等均可采用 GIS 制作。

五、信息发布与公众参与

利用计算机网络可以进行规划方案的信息发布、网上公示、意见征集和动态查询，在互联网上开展公众参与，变"闭门造车"的传统模式为多方参与、重在过程的开放模式，提高环境规划的法律基础和群众基础。

六、3S 技术在环境规划中的应用展望

虽然 GIS、RS 和 GPS 地结合在解决环境规划问题上显示了强大的技术优势，但目前在该领域上应用还存在很多问题有待进一步研究和解决。

（一）GIS、RS 和 GPS 一体化还有待加强

GIS、RS 和 GPS 三者集成利用，构成为整体的、实时的和动态的对地观测、分析和应用的运行系统，提高了 GIS 的应用效率。但在实际的应用中，在不同阶段，实际应用中较为常见的是"3S"两两之间的集成，如 GIS/RS，GIS/GPS 或 RS/GPS 集成等，但是在该领域同时集成并充分发挥 3S 技术的应用实例则较少，虽然有 3S 集成的基础平台，但是平台的应用还远远没有达到预期的效果，怎样解决 3S 基础在环境规划中的实际应用是未来需要努力研究的地方。

（二）加强基于 3S 技术的专业模型库研究

常规的专业研究模型已经不能满足基于 3S 技术特别是以 GIS 为核心具有较强空间特性平台研究的需要。即使已有的很多模型研究只是利用数字高程模型，还不是真正的数字水文模型。充分利用 3S 技术的空间特性，找到专业模型的物理

运行机制，更好地满足解决实际问题的需要，还有待进一步研究。

综上所述，3S 技术的最终方向在于三种技术的完美结合，同时满足多维空间的多尺度展示和分析功能。我们要根据现今 3S 技术的发展情况，来运用最新科技手段使其有机地结合在一起，相信未来的 3S 技术将会在环境规划中得到更广泛的应用，做出更大的贡献。

【思考题】

1. 什么是 3S 技术？
2. 目前在环境规划中常用的遥感数据有哪些？
3. 3S 技术在环境规划中有哪些应用？

第五章 环境规划决策支持系统

【本章导读】
　　环境规划是环境保护体系的重点，常伴随有大量结构化、半结构化、非结构化并存的决策问题，需要通过环境规划决策支持系统来解决。环境规划决策支持系统是环境规划的现代化手段，符合环境规划科学性、合理性、动态性的要求。
　　本章重点介绍了环境信息系统、管理决策系统和在此基础上产生的环境规划决策支持系统，以及环境规划决策系统的设计与开发等问题。

第一节 环境规划决策支持系统概述

　　环境规划决策支持系统（Environmental Planning Decision Support System，EPDSS）是用来解决环境规划中存在的需要决策的问题的计算机软件系统，是决策支持系统在环境规划上的一个应用。

一、建立 EPDSS 的必要性

（一）建立 EPDSS 是环境规划科学性的要求

　　环境规划是人类为使环境与经济社会协调发展而对自身活动和环境状况所制订的时间和空间的合理安排，可用来指导未来一段时期内区域环境保护工作。因此，环境规划必须具有科学性和合理性。但是，环境规划中的决策问题多为半结构化和非结构化问题，仅仅依靠规划人员的主观判断是很难保证环境规划的科学性。而决策支持系统正是以辅助半结构化或非结构化决策为特征的，在环境规划中可以发挥重要作用。

　　EPDSS 可以扩大和增强规划人员处理问题的范围和能力，决策过程中可以充分利用计算机资源和有价值的分析工具以帮助规划人员做出科学、合理的决策。

(二)建立 EPDSS 是环境规划动态性的要求

区域环境是一个极其复杂的动态变化系统，其中存在着许多不确定因素。因此，人们对于未来社会发展做出的预测总是存在着或大或小的偏差。在环境规划的实施过程中，需要不断地将规划状态与实际环境状况进行比较，然后进行决策，提出相应的对策。当偏差较大时，必须及时根据实际情况对环境规划进行修订，保证环境规划的科学性。因此，环境规划的制订、实施是一个动态的过程。

环境规划的动态性对环境规划的实施者——环境管理人员提出了较高的要求。考虑到我国中小城市环境管理人员队伍的现状，提高环境规划可操作性，使之易于实施，便于修订就成为一个亟待解决的问题，EPDSS 可以辅助规划人员制定科学的规划，使环境规划便于实施和控制。管理人员通过人机交互，将实际环境状况和扰动随时输入计算机中，在 EPDSS 的辅助下将实际状况与规划状况进行比较，并利用模型对扰动造成的环境影响进行预测、评估，提出有效的对策。而且，管理人员还可依靠 EPDSS 对环境规划在必要时进行修订建立 EPDSS 是环境规划手段现代化的要求。

规划手段现代化是世界环境规划发展的趋势之一，而计算机技术应用是规划手段现代化的最主要的表现。我国环境规划工作起步较晚，规划手段较为落后，今后需加强 EPDSS 的研究工作。EPDSS 是在环境信息系统、决策支持系统和环境决策支持系统的基础上产生的。

二、EPDSS 的产生与发展

环境决策支持系统是将随着环境信息系统和决策支持系统结合在一起而产生的，EPDSS 是随着环境决策支持系统在环境规划上的应用而产生的。

(一)环境信息系统的产生与发展

环境信息系统（Environmental Information System，EIS）是以环境空间数据库为基础，在计算机硬件的支持下，对空间数据进行采集、管理、操作、分析、模拟和表达，并采用空间分析和模型分析等方法，适时提供多种空间的、动态的环境信息，为资源环境管理、研究和决策服务而建立起来的计算机技术系统。1960年加拿大渥太华航空测量公司的 Tomlinson 将从加拿大和非洲测量森林得到的数据输入到计算机，并进行特性分析。20 世纪 70 年代，由于数据库技术的发展，使环境数据的存储、管理、查询可借助于数据库技术的支持。20 世纪 80 年代，随着计算机技术的发展，商用 EIS 得到推广和应用，使得 EIS 受到广泛的社会关注，EIS 逐步走向成熟。20 世纪 90 年代至今，3S 技术相互配合完善了 EIS 中数据输入、数据校正、实时定位等问题，特别是实现了 EIS 数据共享。由于当时计算机数据中非结构化数据（数据库）比结构化数据（包括视频、音频、图片、图像、文档、文本等形式。）更难处理，而环境信息中存在大量的这类非结构化数据，因此将其共享的意义重大。

我国 EIS 起步于 20 世纪 80 年代。1980—1990 年我国初步建成了一些研究型 EIS，如国家水质管理信息系统、国家环境信息系统，以及一些地方环境管理信息系统，包括吉林市环境管理信息系统、常州市环境管理系统等。此外，配合一系列环境管理制度的要求，国家环境保护局组织开发、审查、推广了一些应用软件，如环境质量监测数据软盘传输软件、重点工业污染源动态数据库系统、环境统计系统等，并在 EIS 建设的理论、方法和技术上做出了有益的探索。1990 年后，我国在环境信息领域得到了很大的发展，各地环境保护部门为了各自管理上的需要，将先进的信息技术应用于日常环境管理中。1994 年，由江苏省环境保护局和清华大学环境工程系合作开发完成了我国第一个基于用户服务器体系结构，应用于 EIS 方面做出了有益的探索。2000 年后，国家环境信息化进展较快，取得了一定成效，不仅建立了国家级 EIS，同时也建立了一批省市级、区县级 EIS 和流域专题 EIS，为提高我国环境管理的现代化水平起了很大的推动作用。

（二）决策支持系统的产生与发展

决策支持系统（Decision Support Systems，DSS）是 20 世纪 70 年代中期 Keen 和 Scott Morton 在《管理决策系统》（1971）一书中提出的。目的是对管理者做决策提供技术支持。

决策是人类社会发展中时时处处存在的一种社会现象。任何行动都是相关决策的一种结果，但是许多决策需要考虑复杂的因素，因此人们一直致力于开发一种系统，来辅助或支持决策，以便提高决策的效率与质量。现代信息技术和人工智能技术的发展和普及应用，有力地推动了 DSS 的发展。

简要来说，DSS 大致经历了这样几个发展历程：20 世纪 60 年代后期，面向模型的 DSS 诞生，标志着 DSS 这门学科的开端；20 世纪 80 年代，出现了金融规划系统以及群体 DSS（Group DSS）、主管信息系统、联机分析处理（OLAP）系统等，而且史忠植提出发展智能决策支持系统（IDSS）的设想；到了 20 世纪 90 年代以后，由于互联网技术的革命性发展和应用的逐渐普及，人们开始关注和开发基于 Web 的 DSS，基于分布式的、支持群体网络化和远程化协同的情报分析与综合 DSS 逐步浮出水面并开始走向应用。随着人工智能技术的不断发展，DSS 的智能化程度越来越高，对人们决策的支持能力也越来越强大。

（三）环境决策支持系统的产生与发展

环境决策支持系统（Environmental Decision Support System，EDSS）于 20 世纪 80 年代逐步发展起来的，是 DSS 与 EIS 相结合的一门科学技术，是以计算机处理为基础的人机交互式信息系统。EDSS 在 EIS 的支持下，通过对空间数据库、数据库管理系统和模型库、模型库管理系统等的集成，能够对单纯的 EIS 所不能解决的复杂的结构化和非机构化的空间问题进行求解和决策。因此，EDSS 不仅可以提供空间信息和数据支持，还可以为决策者提供多种实质性的决策方案。

（四）EPDSS 的产生与发展

近年来，人们将环境规划与 EDSS 结合起来，成为 EPDSS。目前我国已开发了国家环境管理辅助决策支持系统和省级 EDSS。EPDSS 实现了更有效的环境规划决策，是今后的发展方向。

第二节　环境信息系统概述

一、EIS 的研究对象

EIS 的研究对象是环境数据和信息。环境数据是环境信息的载体，环境数据经过加工才能成为有效的环境信息。环境信息是对环境现象的反馈，其表现形式多种多样，环境信息包括环境背景信息、环境质量信息、污染源信息和生态环境信息等。

环境信息具有以下特点：①区域性和整体性，各个地区同一类环境因素所表达的信息都是在一定的限度内，代表该环境因素的特性；②随机性和相关性，环境信息受各种因素的影响，因此有一定的随机性和相关性，如每天风力大小不同，会影响大气污染物浓度的变化。

环境信息的主要来源是环境监测部门。以污染源信息为例，其来源主要是重点污染源监督监测数据、环境统计范围污染源（一般污染源）上报数据、排放收费数据以及污染物排放申报数据。

环境信息处理主要包括数据整编、统计分析、预测预报、相关报告书编制等，也包括信息的存储、综合和输出等方面。

二、EIS 分类

EIS 是对各种各样的环境信息及其相关信息加以系统化和科学化的信息体系，按核心技术不同，可将 EIS 分为环境管理信息系统和环境地理信息系统，前者核心技术是数据库，后者核心技术是地理信息系统和遥感。

三、EIS 结构和功能

（一）结构

EIS 基本结构包括环境信息系统数据库、环境信息应用系统、环境模拟系统、环境信息系统平台四部分。

环境信息系统数据库：由多个子系统组成，数据库为系统提供数据支持。

环境信息应用系统：对数据进行处理和分析。

环境模拟系统：主要在数据的处理和分析的基础上对环境问题的各种现象之间的相互关系进行分析和模拟。

环境信息系统平台：为系统提供地理信息系统的基本功能和开发环境。

（二）功能

（1）数据采集、检验与编辑。数据采集和输入是把现有资料按照统一的参考坐标系统、统一的编码、统一的标准和结构组织转换为计算机可处理的形式，输入到数据库中的过程。数据的检验和编辑，保证环境信息系统数据库中的数据在内容与空间上的完整性（即所谓的无缝数据库），使得数据值逻辑一致、无错等。

（2）数据格式化、转换、概化，即数据操作。

（3）数据的存储与组织。空间数据组织方式有栅格模型、矢量模型或栅格和矢量混合模型；属性数据的组织方式有层次结构、网络结构与关系数据库管理系统。

（4）查询、统计和空间分析。

（5）显示与输出，包括 EIS 的地图可视化功能。

（6）空间分析功能。空间分析是 EIS 的核心和生命力，其内容包括：对目标物的坐标、周长、面积、体积、方位、形状、空间变化等空间信息做出量测；空间信息表达与变换；基于属性、图层、图形的操作；数字地形模型分析；空间内插分析；基于知识的分析；多维信息分析等。

四、EIS 开发

EIS 开发需要充分利用先进的 GIS 技术、数据库技术、网络通信技术、分布式计算技术。其开发步骤包括 EIS 总体规划、EIS 分析、EIS 设计、EIS 实施、EIS 测试和 EIS 运行、维护与评价六部分。

（一）系统总体规划

一要落实必备条件。例如领导重视、管理基础好、专业技术队伍、管理人员积极参与、必要的软硬件支持。

二要确定系统目标。通过进行现行系统概况、组织机构、业务流程、报表、数据处理、问题、新系统的功能与目标等方面调查，确定系统目标。

三要进行可行性研究。可行性分析要在对现行系统调查分析的基础之上，对开发研制 EIS 的需求做出预测与分析，研究系统开发的必要性和可能性，制订出几套方案，并对经济可行性、技术可行性和运行可行性等方面进行分析，然后对几个方案进行比较，得出结论性建议，编制可行性报告。

（二）系统分析

系统分析是 EIS 建设的第二阶段，也是最重要、最困难的阶段，需要回答"做什么"这个关键性问题。主要工作包括系统详细调查、功能需求分析、数据分析、新系统逻辑方案设计、系统分析报告编制等工作。

（三）系统设计

系统设计是在经过审批的系统分析报告的基础上，进行系统的物理设计。系统设计的任务是实现系统分析阶段确定的逻辑模型所规定的系统功能，即建立系统的物理模型。

（四）系统实施

系统实施主要内容包括物理系统的实施、程序设计与调试、项目管理、人员培训、数据初始准备、系统转换和评价等。在系统正式实施开始之前，需要制定周密的计划，确定出系统实施的方法、步骤、所需的时间和费用，并监督计划的执行，做到既有计划又有检查，以保证系统实施工作的顺利进行。

（五）系统测试

系统设计好后，需进行反复测试、检验。测试的目的是为了发现程序的错误。

（六）系统运行、维护与评价

系统运行、维护与评价需对系统运行的一般情况，系统的使用效果，系统的性能及系统的经济效益等方面做出分析与评价。

第三节　决策支持系统概述

凡能对决策提供支持的计算机系统，均可称为 DSS。这个系统充分运用计算机技术，针对半结构化或非结构化的决策问题，通过人机交互方式帮助和改善管理决策的有效制定。

一、DSS 的特点

自从 1971 年 Scott Morton 在《管理决策系统》一书中第一次指出计算机对决策的支持作用以来，DSS 已经得到迅速的发展，成为系统科学、管理科学、人工智能等领域十分活跃的研究课题。DSS 的基本特点可以归纳为 5 方面：

（1）针对的是上层管理人员经常面临的结构化程度不高、说明不充分的问题。

（2）把模型或分析技术与传统的数据存取技术及检索技术结合起来。

（3）易于为非计算机专业人员以交互会话的方式使用。

（4）强调对环境及用户决策方法改变的灵活性及适应性。

（5）支持但不是代替高层决策者制定决策。

DSS 的决策过程包括确定目标、设计方案、评价方案三个基本阶段，这三个基本阶段又分别称为理解、设计、选择活动。

二、DSS 的系统结构

迄今为止，DSS 的组成已有几种认同的框架结构。按库的种类和个数，DSS 的框架结构有以下类型：

二库结构系统：包含数据库和模型库。这是 1980 年 Sparguc 提出的，是 DSS 的基本结构。此后所有其他结构框架均是在此基础上发展起来的。二库结构的 DSS 适用于一些特定的应用领域，如财务计划、销售利润、成本、投资等。

三库结构系统：包含数据库、模型库、方法库。它是将二库 DSS 中模型库的决策分析方法分离出来，组成方法库。还有一种三库结构是由数据库、模型库和信息库组成。

四库结构系统：包含数据库、模型库、文本库和规则库。这是 1985 年 Belew 提出的智能决策支持系统（以下简称 IDSS）的一种结构，Belew 称之为演进链。演进链可用来支持用户的学习过程和问题的识别过程。我国学者提出的另一种四库结构包含数据库、模型库、方法库和知识库。

五库结构系统：包含数据库、模型库、方法库、知识库和文本库。这是姚卿达等在四库结构的基础上于 1988 年提出的一种 IDSS 的框架结构。五库子系统之间有一种层次顺序联系，即文本库—数据库—模型库—方法库—知识库，这一顺序反映了信息结构化和精炼化程度的提高，这种联系用演进链表示。除演进链外，五库之间还有信息的提取关系、调用关系等。

二库、三库结构是基于数值分析和数值判断的，是 DSS 发展的初级阶段，又叫传统 DSS。四库、五库结构是 DSS 发展的高级阶段。

三、DSS 的发展趋势

从目前 DSS 的发展及未来需求趋势来看，大致反映出了这样一些明显的发展动向：

（1）不断强化知识管理的功能，提升系统的知识管理与知识综合应用能力。例如具有知识学习能力的 IDSS 的智能主要体现在系统能利用专家知识辅助决策，并能够随着决策环境的变化改变自己的行为，这就要求其知识处理系统能随环境变化学习新知识、更新知识库。另外，将知识管理理论与方法应用于 DSS 的实现中，可以实现专家经验（隐性知识）的分享，提高系统的决策支持水平与能力。

（2）日益强调多种数据和知识的综合、集成运用。在技术不断更新的条件下，准确的数据信息和高效率的工具是科学决策的前提与保证。因此，在 DSS 的设计与开发中充分考虑对众多数值数据资源、事实数据资源、先验知识、推理知识等的综合、集成运用，构建丰富的数据仓库、机构知识仓储等，并配置和开发众多的数据挖掘和知识发现及分析工具。丰富的资源基础保证了系统支持决策的效率与水平。

（3）在支持一般决策的基础上，引进和集成电子商务平台的功能，形成与电子商务的集成、融合发展的态势。电子商务是信息时代和网络环境下越来越流行的一种商业运作模式，是商务电子化和信息化的结果。电子商务的发展不仅强烈冲击着传统的管理模式和商务运作模式，同时也产生了许多新的管理决策问题。所以 DSS 的设计与开发越来越多地考虑电子商务这一重要应用背景，向决策者提供多种分析模型和多种分析角度，在市场—客户—产品等多种条件下进行多维度分析。例如目前开发的基于 Web 的 DSS 和基于 GIS 的 DSS 都面向这类应用提供支持。

（4）不断谋求技术及应用上的突破，关注和重视对决策过程中不确定信息的组织和处理。为了有效地解决现实世界中普遍存在的不确定性问题，专家们发展了"软计算方法"，主要包括模糊逻辑、神经计算、概率推理、遗传算法、混沌系统、信任网络及其他学习理论。现有的人工智能技术主要致力于以语言和符号来表达、模拟人类的智能行为，软计算方法则通过与传统的符号逻辑完全不同的方式，解决那些无法精确定义的问题决策、建模和控制。软计算方法已在很多领域的决策问题中得到应用。

（5）重视客户端界面的设计与优化，使之越来越友好。用户向系统输入参数或请求信息时，IDSS 支持图形用户界面，同时系统的响应速度加快，维护和管理愈加简化。

总之，DSS 是一个融多种学科知识和技术于一体的集成系统，随着管理理论、行为科学、心理学、人工智能科学等相关学科的不断发展，尤其是计算机技术、网络技术等现代信息技术的不断发展，DSS 的应用研究将不断深入，逐步向着高智能化、高集成化和综合化方向发展，并将深入到社会生活的各个领域，成为人们决策活动中不可缺少的有力助手。

第四节　EPDSS 的设计和开发

一、EPDSS 的组成

EPDSS 是由规划决策者、EIS、DSS 软件（包括数据库及其管理系统、模型库及其管理系统、方法库及其管理系统）、DSS 硬件（包括计算机主机、数字化仪、扫描仪、打印机和绘图仪等）和用户系统界面 5 部分组成。其中规划决策者是最活跃、最本质的要素。

二、EPDSS 的设计

EPDSS 对环境规划的全过程提供辅助和决策支持，因此需要按照环境规划编制来对 EPDSS 的结构和功能进行设计。

（1）EPDSS 应具有数据和信息的输入、处理的功能，为环境规划的前期基础工作提供辅助。为此需要建立数据库，其中数据库系统应包括：①区域自然环境特征数据库；②区域社会环境特征数据库；③区域污染源数据库；④区域生态环境数据库；⑤区域环境质量数据库；⑥环境标准数据库；⑦环境地理图形库（如地形图、污染源分布图、环境质量现状和评价图、人口分布图和其他社会经济信息图等）。

（2）EPDSS 应具有污染源现状评价、环境质量现状评价的功能，以提高环境规划前期基础工作的效率。EPDSS 评价模型库应包括：①排污分担率计算模型；②污染现状评价模型；③区域环境质量综合评价模型。

（3）EPDSS 应具有环境质量预测的功能。规划者可以通过人机交互选择或构造环境质量预测模型，迅速完成环境质量预测工作。EPDSS 预测模型库应包括环境污染预测模型、生态环境变化趋势预测模型、环境影响综合分析模型，而方法库应包括多种预测方法，如回归分析方法、马尔科夫方法、趋势外推方法等。

（4）EPDSS 应具有辅助规划人员确定规划目标和规划方案，并对方案优化和选择提供决策支持的功能。为此，优化模型库中一般要包括以下模型：①投入产出模型；②数学规划模型；③动态规划模型；④层次分析模型；⑤系统动力学模型；⑥费用效益分析模型等。

（5）EPDSS 应具有强大的图形功能，以辅助规划人员进行环境功能区划分。

EPDSS 主要通过生成和处理环境地理图和环境统计图来辅助规划者进行环境功能区划分。

（6）在规划实施阶段，EPDSS 应具有辅助环境管理人员进行管理和控制的功能。为此，EPDSS 要有友好的人机接口系统，便于规划者将实际环境状况录入，与规划状态进行对比分析。方法库应提供将实际状况与规划状况进行对比分析的数学方法和图形方法。

三、EPDSS 的开发

（一）EPDSS 的开发步骤

1. 制定计划

制定计划阶段最重要的两项工作是确定系统目标和界定系统范围。本阶段的成果是系统需求说明书。确定目标和界定范围有助于研制者和用户就功能和性能达成基本的一致性，并可以在验收阶段逐一确认。由于 DSS 及其所处理问题的不确定性，确定目标和范围尤其具有重要的意义。它是整个开发工作的基础。

2. 系统分析

系统分析阶段要解决的是"做什么"的问题，需要对整个系统的功能和数据流进行统一的考虑。这个阶段应该初步确定数据库、模型库的外部模型。形成人机界面规范。如果要实施知识库，还应该着手整理、抽取知识。这一阶段的成果是系统分析报告。

3. 系统设计

DSS 的开发没有严格的规范，并且极度依赖和用户的沟通，因此通常采用原型法进行。原型法开发缩短了系统与用户见面的时间，并且形成了可讨论的基础。方便用户及时地提供修改意见。通过反复地与用户交流，不断地修改原型，从而明确数据库、模型库的逻辑结构和相互调用关系，并在此基础上确定知识的表示和推理的方式。

4. 系统实施

根据已经形成的系统设计方案，研制者着手构建或引入 DSS 的底层结构，包括数据库表、模型计算工具库、方法库及推理机的建立。这一阶段也需要和用户不断地交流，但不涉及根本性的改动，主要是人机界面上的优化，使之更加利于决策者的使用。

到目前为止，已有许多开发 DSS 的方法问世，如适应设计、发展设计、启发式设计和中间出发等。大量实践证明，这些方法都是行之有效的。尽管这些方法各有所侧重，但本质上都有许多共同特征。

从本质上看，这些方法的基本思想是：决策者和开发者在一个小而重要的问题上取得一致意见，然后开发和设计一个原始的系统以支持所需要的决策。在使用一个短时期后，对系统进行评价、修改，并增加、扩展，这样循环几次，直至发展成为一个相对稳定的系统，该系统能对一组任务的决策起支持作用，这就是说将典型的系统开发过程中的最重要的几步（分析、设计、实施、运行）合并成一个反复修改的过程。

（二）EPDSS 的开发要点

从一般方法论的角度来看，DSS 开发方法具有以下要点：

（1）交互设计：DSS 开发方法突破了系统开发生命周期的概念。强调分析和设计的动态性，即系统随着决策环境和决策者的观念而不断修改、扩展、求精，反过来，开发过程又可能促进决策者的思维方式、决策风格的改变。

（2）用户的参与：在 DSS 开发中，"用户的参与"这个概念有了新的拓展，即用户不仅是参与者，而且还应该是系统的主要设计者和管理者。

（3）综合决策风格：DSS 开发方法应注意结合决策者的风格。决策风格涉及模型的构造、用户接口的设计等，决策风格因人而异，这就要求 DSS 系统具有相当的灵活性。

（4）开发时间：DSS 的开发时间对于 DSS 的成功是至关重要的。开发时间的延误可能使决策者错过良机，更可能使决策者失去信心。所以，交互设计的每一次的循环时间要尽可能缩短。

（5）基于生成系统的积木式设计：要满足快速、多变的特点，必须有一个较好的软件环境作为基础。DSS 生成器（DSSG）正是支持快速、灵活开发 DSS 的软件，目前，国外多数 DSS 都是在 DSS 生成器基础上开发的。

（6）学习和创造：对于半结构化和非结构化的决策问题，决策者和开发者都需要学习，在学习中寻找新的更好地解决问题的途径。因此，DSS 开发方法注重决策者和开发者交互过程中的学习以及 DSS 系统的辅助学习能力。

四、EPDSS 的发展方向

环境目标的确定、工业的合理布局、工业结构的调整等问题往往依靠专家的经验和知识来解决。因此,EPDSS 的智能化将成为 EPDSS 的发展方向。智能 EPDSS 中具有依靠有关领域专家的经验和知识建立起来的知识库和模拟专家思维方式的推理机,它不仅具有定量的计算功能,而且具有定性的知识推理功能,并将两者有机地结合起来,这样就大大加强了其辅助决策的有效性。一旦拥有了智能 EPDSS,环境规划的制定和实施都将更为简单、方便、高效,环境规划的科学性也将大为提高。

【思考题】

1. 什么是 DSS?它是如何产生的?
2. DSS 的特点和结构是什么?
3. EPDSS 的开发步骤和要点是什么?

第二篇　环境要素规划篇

第六章　水环境规划

【本章导读】

水是一种重要的环境要素，也是人类社会的重要基础资源之一，对国民经济发展起着重要的支撑作用。在过去的近30年里，由于经济的飞速发展，一方面人们对水量、水质的需求越来越高，而另一方面水资源却日益枯竭，水污染日趋严重，用水矛盾越来越尖锐。因此，水环境规划作为协调经济发展和水环境保护关系的重要途径与手段，受到了普遍的重视，并成为环境规划的重要组成部分。

本章重点介绍了水环境规划的内容、工作程序，特别是有关水环境功能区划分、水污染控制单元划分、水环境容量计算、水资源供需平衡分析、规划模型优选等环境规划所涉及的关键问题。

第一节　概述

一、基本概念

（一）水环境

水环境是指围绕人群空间、可直接或间接影响人类生活和发展的水体以及保证其发挥正常功能的各种自然因素和相关社会因素的总体。简言之，水环境就是指能够影响人类生产生活的水体及其属性、特征，如水量、水质、水能、水循环等。通常按照水体所处的地理空间位置来称谓水环境，例如大气水环境、地表水环境和地下水环境。而地表水环境又可分为湖泊水环境、海洋水环境、河流水环境等；地下水环境又可分为浅层地下水环境、深层地下水环境。大多情况下，水环境规划的对象是地表水环境。

水环境能够反映水体中可利用的水量以及水体防御灾害的能力状况，包括自然作用和人工改造形成的能力状况，即自然水环境状况和社会水环境状况。自然水环境状况主要由四种指标来衡量：径流量（可供社会使用的水资源供给能力）、水生态（水质自然状况与水质恢复的自然能力）、水空间（在自然地势条件下连续水体所涉及的区域空间及水体聚集深度，是反映水体作为航运、养殖、娱乐条件的能力）、水能源（水体因自然地势条件差异而所具有的能量，是反映可供社会利用能量的能力）。社会水环境状况主要由两种指标来衡量：水安全（主要反映社会治理水体防止灾害的能力，包括防御洪水和排除内涝）、水景观（由水及岸线自然地貌、人文设施所形成的景观，是反映城市滨水环境及文化内涵的能力）。

人类社会经济的发展，一方面依赖于水环境，另一方面又强烈影响着水环境。这种影响存在直接和间接两种影响途径：向水环境中直接排入生产生活废弃物、废水和取水活动等直接影响；还有一些与取水、用水无关的其他人类活动对水循环要素进行了干扰，从而对水环境系统产生了影响，可以称为间接影响，比如土地利用活动对入渗条件的改变、采矿挖掘对地下水流路径的改变或对地下水的污染。

近些年，地下水超采、跨流域调水、水库修建、农业灌溉等活动规模逐渐加大，在局部甚至区域范围内均可能导致水环境恶化、生态失衡、环境问题凸显，影响人们生产和生活。目前，主要的水环境问题表现在水资源短缺、水体污染和次生水环境问题。次生水环境问题包括土地退化、水生物锐减、地面沉降、海水入侵等。

（二）水资源

水资源的概念应用非常广泛，但对于其内涵的认识却并不统一，原因在于：水类型繁多；水具有运动性；各种水体可以相互转化；水的用途广泛，而且各种用途对水量和水质均有不同的要求；水资源所包含的"量"和"质"在一定条件下可以改变。更为重要的是，水资源的开发利用受经济技术、社会和环境条件的制约。但综合各种观点，水资源可以理解为：人类长期生存、生活和生产活动中所需要的、具有数量要求和质量前提的水量。一般认为，水资源概念具有广义和狭义之分：广义的水资源是指自然界任何形态的水，包括气态水、液态水和固态水；狭义的水资源是指可供人类直接利用且能不断更新的天然淡水，主要指陆地上的地表水和地下水。通常以淡水的年补给量作为水资源的定量指标，如用河川年径流量表示地表水资源量，用含水层补给量表示地下水资源量。

（三）水污染

在水的循环过程中，当进入水体中的污染物量超过了水体自净能力而使水体丧失规定的使用价值时，称为水体污染或水污染。水环境可受到多方面的污染，其中主要污染源有：大气降水及地面径流污染；农业面源污染；向自然水体排放的各类污水或废水；垃圾、固体废物及其渗出液；船舶废水、固体废物及船舶漏油。其中最主要的污染源为降雨、农业面源污染以及排放的各类污水或废水。

凡使水体的水质、生物质、底质质量恶化的各种物质均可称为水体污染物或水污染物，即水中使水体物理、化学性质或生物群落组成发生变化并超出临界值的盐分、微量元素或放射性物质等各种物质。水体中的污染物种类很多，根据污染物性质可分为无机污染物、致病微生物、植物营养素、耗氧污染物和重金属离子；根据污染物来源可分为工业污染物、农业污染物、生活污染物；根据对环境危害的不同可分为固体污染物、生物污染物、需氧有机污染物、富营养性污染物、感官污染物、酸碱盐类污染物、有毒污染物、油类污染物、热污染物等；根据污染物在水环境中的运移、衰减特点，又可将水污染物分为持久性污染物（包括在水环境中难降解、毒性大、易长期积累的有毒有害物质）、非持久性污染物、酸碱污染物（以 pH 值表征）、热污染物；根据污染物属性又可分为物理污染物、化学污染物、生物污染物。物理污染物主要影响水体的颜色、浊度、温度和放射性水平等，如机械污染物、热污染物等化学污染物主要影响水体的化学性质，如无机无毒物质（酸、碱、无机盐类等）、无机有毒物质（重金属、氰化物、氟化物等）、耗氧有机物及有机有毒物质（酚类化合物、有机农药、多环芳烃、多氯联苯、洗涤剂等）；生物污染物主要是指排入水体中的有害微生物，生活污水、制革废水、医院废水中都含有相当数量的有害微生物，如病原菌、炭疽菌、病毒及寄生性虫卵等。

（四）水环境规划

水环境规划是针对某一时期内的水环境保护目标和措施所做出的统筹安排和设计。水环境规划的目的是在发展经济的同时保护好水质，合理地开发和利用水资源，充分发挥水体的多功能用途，在达到水环境目标的基础上，寻求最小的经济代价或最大的经济和环境效益。因此，水环境规划需要提出对前文所述的径流量、水生态、水空间、水能源、水安全、水景观六类水环境因素进行保护和利用的方案与措施。为此，水环境规划应首先对水环境系统进行综合分析和诊断，合理确定水体功能以及水质和水生态保护目标，进而对水的开采、供给、使用、处理、排放等各个环节做出统筹安排和决策，从而确保规划的系统性、全面性、科学性、实用性、可操作性和前瞻性。在此背景下，水环境规划的研究范围需要从以往单纯的污染防治转为对水环境、水资源和水生态系统的统一规划。

二、水环境规划的类型与层次

（一）水环境规划的类型

有关水环境规划研究内容，目前存在不同的认识。

一种观点认为：水环境规划分为两种类型：一是以水体为保护对象、实现水体功能要求的环境规划，通常被称为水污染控制系统规划或水质管理规划、水质控制规划；二是以合理利用水、防治水害为目的水资源系统规划，也称为水资源利用规划，兼顾水环境保护。所以前者是环保部门的任务，后者则一般由水利部门来制定。但是在此认识下的水环境规划，存在水质和水量脱节的现象，以至于难以全面综合研究区水资源开发利用情况，不能科学分析其可能发生的变化和对区域水环境质量的影响。

另一种观点认为：水污染控制系统规划、水资源利用规划应是水环境规划的有机组成部分，两部分内容的研究目的都是水环境保护，前者是水环境规划的基础，后者是水环境规划的落脚点。

事实上，由于水质和水量是水环境最基础的要素，它们决定着水空间、水生态、水安全、水景观等其他要素的状态。另外，水质和水量是同一事物的两种属性，它们之间既相互关联，又相互影响、相互制约，构成矛盾的统一体。撇开水环境的"质"研究水资源的"量"是毫无意义的，因为水量的任何利用方式均需"质"作保证；同样，水环境的"质"也需要"量"来保证，否则水环境的自净能力就等于零。因此第二种观点更符合现代水环境规划理念，不过实际工作中会根据具体情况有所侧重。

（二）水环境规划的层次

1. 水污染控制系统规划

水污染控制系统规划是 20 世纪 60 年代以后，随着系统工程方法和计算机技术的发展而提出来的。由于水污染控制系统包括污染物的产生、处理、传输及其在水体中迁移转化等各种过程和影响因素，因此水污染控制系统规划就是以国家或地方颁布的法规和标准为依据，识别水环境问题，以水污染系统控制的最佳综合效益为目标，统筹考虑污染发生与防治以及污水排放、污水处理、水质控制与经济条件、技术水平、管理水平等之间的关系，通过系统地调查、监测、评价、预测、模拟和优化决策，寻求最佳的污染控制方案。由此可见，水污染控制规划是一个多变量、多目标、多层次的复杂系统，是协调环境、社会和经济所构成的复杂系统的一种寻优过程。

水污染控制系统一般可分为三个结构层次：流域系统、城市或区域系统以及单个企业系统。与之相对应，水污染控制规划也可分为三个层次：即流域水污染控制规划、区域水污染控制规划、水污染控制设施规划。

无论是哪一个层次的规划，一般都可分为规划目标、建立模型、模拟优化和评价决策等几个阶段。在规划过程中，这几个阶段常根据需要相互穿插进行，然后得出多个可能的方案，通过反复论证和协调，最终优化出一个最佳方案。一个付诸实施的规划方案，应该是整体与局部、局部与局部、主观与客观、现状与远景、经济与环境、需要与可能等各方面的统一，而这些问题在实际工作中又往往表现为社会各部门、各阶层之间的协调统一问题，因此可以说整个规划过程实际上是协调上述矛盾从而达到统一的过程，是寻求一个最佳的技术与管理的折中方案的过程。

近年来，我国对水污染防治工作十分重视，2014 年颁布的《环境保护法》规定，未达到国家环境质量标准的重点区域、流域的有关地方人民政府，应当制定限期达标规划，并采取措施按期达标；2015 年出台的《水污染防治计划》（被称为"水十条"）要求，未达到水质目标要求的地区要制定达标方案，将治污任务逐一落实到汇水范围内的排污单位，明确防治措施与达标时限。于 2016 年 3 月制定了《水体达标方案编制技术指南》，本指南是未达到水质目标要求的地区，制定未达标水体达标方案，开展水污染防治工作的重要技术支撑。

2．水资源利用规划

水资源利用规划是指以水资源利用、调配为对象，在一定流域或区域内为开发水资源、防治水患、保护生态环境、提高水资源综合利用效益而制定的在更高系统层次上的定量分析和综合集成。它是以水文学、经济学、工程学、环境学、运筹学等学科为基础，进行水资源量与质的计算与评估、水资源功能的划分与协调、水资源的供需平衡分析与水量科学分配、水资源保护与灾害防治规划以及相应的水利工程规划方案设计及论证。水资源利用规划的最终目的是向用水户供给可以接受的水质和充分的水量，以及为社会、环境、防灾减灾等提供公共服务。

考虑到水资源利用规划对象的时空范围和规模不同，遇到的和需要解决的问题性质的差异以及采用的方法不尽相同，因此根据水资源利用规划对象尺度不同可将其分为宏观层次（包括流域水资源规划、跨流域水资源规划）、中观层次（比如地区水资源规划）、微观层次（专门水资源规划）三个不同的层次。

（1）宏观层次的水资源利用规划（流域水资源规划）。宏观层次水资源利用规划的研究对象是一个国家或区域、大江大河的流域等相对较大的地区范围。规划应以该范围内经济、社会发展对水资源的需求为前提，以资源、环境的承载能力为限度，通过社会经济发展方向、规模、产业结构和资源环境数量、质量、分配、使用的过程分析，识别制约社会经济发展的环境、资源要素，找出经济、社会与资源、环境协调发展的主要矛盾和解决途径，从而制定具有指导意义的宏观水资源利用和水环境保护的基本战略措施和政策。

（2）中观层次的水资源利用规划（地区水资源规划）。研究空间相对宏观而言要小一些，一般指中等河流流域、行政区或经济地区、其他自成单元的地区。根据地区自然、社会特点，中观层次水资源规划除全面考虑、综合规划水资源开发治理和保护环境的措施外，重点要放在探讨社会经济发展与资源环境的利用与保护的协调关系和关键措施上，从资源环境的自然分布和地区生产力布局入手，应用生态经济规律进行资源配置，切实促进生产与环境的良性循环。

中观层次水资源持续利用规划，要尽可能地从满足社会经济发展对水和环境的需要出发，以水资源承载能力和环境容量分析计算作为规划的主要技术方法，在拟定水的开发治理方案的同时，要从区域经济发展的角度，对可能产生的环境污染物迁移扩散进行分析，制定污染区域总量控制方案和治理规划。在评价优选方案时，不仅要评价工程方案及其对环境的影响，而且要对区域环境污染进行预测和评价，综合考虑选出最佳方案，以期实现环境与资源的持续利用，促进社会经济的可持续发展。

（3）微观层次的水资源利用规划（专业水资源规划）。微观层次水资源利用规划指的是中观层次水资源综合利用规划中某项专业任务或某行业部门的水资源规划，如有关防洪除涝、农业供水、城市工业、居民供水、发电、航运、环境保护和治理以及综合利用枢纽或单项工程等任务的规划。因此，微观层次的水资源规划一般是在上述两个层次规划的基础上进行，并成了其组成部分。本层次规划中，具体工程措施和运行管理策略制定后，应针对关键措施和策略进行综合评价，并反馈给宏观、中观层次进行协调，寻求全部规划的可行"最佳"方案，供决策者参考。本层次规划涉及的技术包括水资源工程技术和环境保护、防洪治理技术，最佳方案评选方法一般采用考虑经济、社会、环境效益三统一的费用—效益分析方法。

第二节　水环境规划的工作程序与内容

水环境规划是在分析水环境污染现状和发展趋势的基础上，划分功能区和污染控制单元，确定规划目标，设计规划方案，并对规划方案进行模拟优化与决策。据此，水环境规划的主要工作程序包括：明确水环境主要问题、确定水环境规划目标、选定规划方法、拟定规划措施、规划方案制定与优选、规划实施六个步骤（见图 6-1）。具体到不同层次的水环境规划，具体的工作内容有所区别。

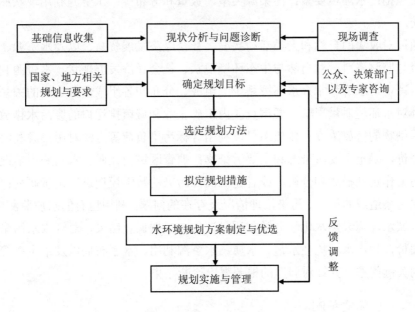

图 6-1　水环境规划的一般工程程序

一、明确水环境问题

（一）水环境现状调查与评价

根据规划区域或城市特点，收集区内自然环境信息、社会经济发展信息、水环境与水资源系统信息及其管理信息，以及国家和地方相关的规划及发展要求等。特别是以下技术资料：①地形、水文、气候、生态、地质等自然状况，包括河流分段情况、水系景观分布格局等；②规划范围内水体的水文与水质现状和用水现状数据；③污染源数据，包括排入各段水体的污染源一览表（最好以重要性顺序排序）、各排污口位置、排放方式、污染物排放量、治理现状和规划，以及非点源污染的一般情况，评价污染源强度和污染源组成，识别主要污染物和污染类型等；④流域水资源规划、流域范围内的土地利用规划和经济发展规划等有关的规划资料；⑤可考虑采用的水污染控制方法及其技术经济和环境效益分析的相关资料；⑥给排水系统与污水处理情况。还应根据需要补充现场调查和监测资料。调查内容主要包括：水环境要素；污染源类型、数量和分布等；水资源利用现状；给排水系统。

通过对收集的自然和人类活动状况、社会经济发展资料，以及水资源、水环境调查与监测资料，对自然与生态环境现状、社会经济发展现状、水资源利用现状进行评价，了解和掌握水环境系统的组成、分布和各组成部分之间的关系。特别是针对水环境质量现状，要调查区内工矿企业和城镇排污口的废污水排放量及其中污染物的排放浓度和排放总量，利用等标污染负荷等方法对污染源和污染物进行评价，确定主要污染源和主要污染物；调查区域内化肥、农药施用情况，对面源污染作定性描述和分析，或者建立面源污染的数学模型进行定量研究；调查历年水污染造成的损失、污染治理情况及存在的问题；利用已有的水质监测资料，进行区域水环境天然水化学分类和质量评价。根据调查结果，对区内水污染现状进行评价，找出水环境在水量、水质、水资源利用、水系布局以及水生态等方面存在的关键问题，并针对问题的根源得出诊断结果。

（二）水环境预测

在区域水环境现状调查、评价的基础上，根据区域社会经济发展规划及科技发展水平，建立区域水环境—经济预测模型，预测区域内社会经济发展对水环境的影响及其变化趋势。水环境预测包括对区域水资源开发利用状况、污染源及区域水环境质量状况的预测。另外，区域水环境预测还应包括从总体上对拟建的水利工程进行环境影响评价，以掌握这些工程对河川径流调节及水环境质量可能产生的影响。

（三）主要水环境问题诊断与识别

根据水环境现状调查分析与评估结果，全面分析未达标水体面临的主要问题和成因，识别当前亟须解决的症结问题。一般可从五个方面进行分析：一是兼顾点源和面源，从工业、城镇生活、农业农村和船舶港口等各类污染控制措施分析系统治理力度与差距；二是从产业结构和空间布局分析环境压力；三是从内源、河（湖）滨岸带、湿地和涵养林等水生态空间各要素分析生态环境综合治理现状；四是从自然环境条件分析水资源与水环境的客观限制、节水效率和生态流量保障力度；五是从水环境管理现状分析责任分工落实情况、环境监管能力建设情况与差距。

本阶段工作是规划方案制定的重要基础。

二、确定水环境规划目标

（一）水环境规划目标

结合国民经济和社会发展要求，在分析水环境现状和查明水环境问题的基础上，根据不同水环境功能分区的要求（有关水环境功能分区的内容见本章第三节），从水质、水生态、水量三方面确定水环境规划目标。其中水污染控制目标包括水质目标和总量削减。水质目标是基本目标，按水体功能区划来确定；总量控制目标是为达到水质目标而规定的便于实施和管理的目标，根据水污染控制单元的污染物排放去向和水体的水质要求来确定。

规划目标是经济与环境协调发展的综合体现，是水环境规划的根本出发点。因此经济目标和水环境质量目标一起构成了水环境规划阶段中寻优的主要目标，而地区发展和社会福利目标也需要考虑。在规划目标最终确定前要先提出几种不同的目标方案，经过具体措施的反复论证后才能确定。

（二）建立指标体系

在规划总目标确定的前提下，为指导规划方案的制定、实施与效果评估，需要将目标转化为评价准则或指标，提出规划指标体系。水环境规划指标按其表征对象、作用及其在规划中的重要程度或相关性，大致可分为环境质量指标、污染物总量控制指标、环境规划措施与管理指标等三类。根据选定的指标，列出规划基准年的现状值，并分阶段提出预期可达到的目标值。

不过，在实际规划中，由于规划的层次、目的、要求、范围、内容等不同，规划指标体系也不尽相同。例如，城市水环境规划的指标体系可以包括水资源利用指标、水质指标、污染排放控制指标和管理行动指标四类。根据主要水环境问题和城市功能对水资源的需求，可以筛选出城市水环境保护规划的详细指标体系，表 6-1 为城市水环境规划常用的指标。

表 6-1　城市水环境规划指标体系

目标	主题层	指标层
水资源利用目标	供水	城市自备水源供水量、城市供水厂供水量
	用水	规模以上企业工业用水、工业用水量、市区社会用水量（生产运营用水量、公共服务用水量、居民家庭用水量、消防及其他用水量）
	排水	截流进入污水处理厂的水量、未截流河沟的实测排水量
水质目标	地表水	城市水环境功能区水质达标率、各类断面水质类别及达标情况、各类断面水质主要污染指标、集中式饮用水水源地水质达标率
	地下水	水质达标率
排放控制目标	基础情况	城市 GDP、工业或农业生产总值、流域总人口或城镇人口或农村人口基础情况
	排放指标	工业点源污水年排放量、城市生活污水年排放量、垃圾填埋场等其他点源污水排放量、目标河段或河流污染物入河量、城市河流断面污染物通量、工业废水处理率或重复利用率、生活污水集中处理率、城市污水管网覆盖率、生活垃圾无害化处理率、万元 GDP 耗水量
管理行动目标	决策	公众参与程度
	监测	工业点源入河排污口连续监测比例、城市各类河流断面水质自动监测比例、城市各类河流断面水质监测频率
	行动	城市水环境保护投资占城市 GDP 的比例、水环境监测能力建设投入
	信息	水环境信息公开程度
	评估	公众对水环境质量的满意度

三、选定规划方法

水环境是一个复杂的大系统，必须用系统工程的方法对其进行研究。目前，国内外进行水环境规划的方法，可以分为两类：一类是用于方案比较的模拟规划方法，另一类是优化规划方法。具体有以下几类：

（1）系统模拟法。该方法是在对区域水环境规划系统进行充分认识和分析的基础上，把所研究的各种水环境和社会经济要素或过程及其相互关系和作用以图像或数学关系式表示出来，运用环境系统模拟技术来模拟水环境系统的变化过程。

通过选取合适的变量及灵敏度分析等方法，把社会经济系统的开发活动和水环境系统结合起来，形成用于水环境规划和对策分析的社会经济—水环境系统模型。通过模拟分析，提出满意的水环境规划方案。

在水环境规划中，应用模拟法的优点是十分明显的：该方法可以把开发活动对水环境的影响表示出来，并给出定量的分析结果；该方法可以引入对策分析，拟定出较好的规划方案。

（2）数学规划法。数学规划问题一般由目标和约束两个部分组成。数学规划法是水环境规划中应用比较广泛的一种方法。根据水环境系统的实际情况，构造目标函数和约束条件，建立水环境系统数学规划模型。这些模型一般均有商业软件用于求解。

（3）投入产出法。水环境投入产出模型，是由给定基准年的综合数据推导出来的。通过建立模型，可以对区域的经济和自然系统以及它们之间的相互关系进行评价，并可以用它来模拟不同经济发展前景的水消耗和水污染情况。通过改变模型中的最终需求方式和结构关系，能够产生对经济发展、水环境状况有不同影响的方案，供决策者选用。应用投入产出法时需要在收集资料上花费大量的时间和精力。对于已编制经济投入产出表的区域，或按行政区划定的区域，采用此方法效果较好。

（4）系统动力学法。系统动力学方法是一种定性与定量交融的建模技术，是一门连续仿真的方法论科学。用系统动力学方法进行规划研究，更加注重各子系统之间的影响关系，而对历史数据的依赖性较小，较适合我国目前水环境监测数据缺乏的现状，但必须注意其人为因素，尤其是建模者的主观性会对模型的客观代表性产生较大影响。

（5）大系统分解协调法。该方法的基本思路是将系统分解为一些低级的子系统，分别进行局部最优化，然后在较高级系统对低级各子系统进行协调，以达到整个系统的最优。该方法的优点在于：系统维数显著降低；计算简捷；系统结构清楚；更符合真实系统的特性。它很适合于解决区域水环境规划这样的多因素、多层次的大系统问题。

（6）多目标规划法。水环境规划问题，常常是一个涉及多目标、多层次、多因素的复杂问题，是一个由多部门、多决策者参加的决策问题。由于各部门、各决策者利害关系的不同，因此对规划的要求和提出的目标各异，这就要求对各个目标进行全面考虑，综合评价，从而制定最佳协调方案。

（7）随机规划和模糊系统理论规划法。水环境规划中，存在着许多不确定的因素，如河流水质受河流水文条件等不确定因素的影响，是随机变化的；又如经济发展、水污染预测等均带有很大的不确定性。因此，在规划中用稳态确定性模型是不太恰当的，而采用随机规划的方法会使区域水环境规划的研究更符合实际。

另外，在区域水环境规划系统研究中，往往由于缺乏与系统有关的实际资料，而且由于对水环境系统行为过程机制缺乏深入的了解和认识，使得研究中存在着许多模糊特征。而模糊系统理论方法，为我们提供了一条解决规划中模糊现象的途径。

以上几种在区域水环境规划中常见的方法各有所长，也各有所短，但它们之间并非相互独立，而是相互交叉、相互结合的。在实际工作中，针对水环境规划问题的不同特点，采取不同的规划方法，同时还要注意多种方法的结合。

四、拟定规划措施

要实现确定的水环境目标，途径和措施有很多，但是经济性、可行性是关键，前者指的是最小费用，后者指的是符合实际，具有可操作性。可供考虑的措施包括：调整经济结构和工业布局、实施清洁生产工艺、提高水资源利用率、充分利用水体的自净能力和增加污水处理设施等。即从过去的尾端治理思路转变为生产全过程控制的思路，要从产业结构和产业布局、生产工艺过程来考虑，促进采取有利于环境的产业结构、技术装备和管理政策。为此，要将环境因素介入生产过程，采取节能、低耗、少污染的工艺，提高能源资源利用率。对于进入环境中的污染物，要通过合理利用环境的自净能力来消纳；对于水环境不能消纳的污染物，要采取无害化处理。

五、规划方案的制定与优选

本阶段主要任务是根据确定的规划目标和指标体系，寻求最小费用的方案。目前，在水环境规划中，多采用全过程污染控制办法，即从有利于环境的角度出发，优化产业结构、产业布局，改进技术流程和装备，完善管理制度与政策，将环境因素介入生产过程，采取节能、低耗、少污染的工艺，提高资源利用率。对于进入水环境中的污染物，则要通过合理利用环境自净能力来消纳。对于环境自净能力无法消纳的污染物，要采取无害化处理。

在上述指导思想下，首先确定污染控制和水资源合理利用的规划措施，在此基础上根据问题诊断、基础研究以及专项研究的结果，提出可供选择的实施方案。一般来说，水环境规划方案通常包括：污水处理与资源化方案、水资源保护与开发利用方案、水环境监测与管理方案。对城市水环境规划来说，制订城市水系生态修复与景观建设方案，或者城市水系建设与保护方案也很必要。

为了检验和比较各种规划方案的可行性和可操作性，可通过费用—效益分析、方案可行性分析和水环境承载力分析，对规划方案进行综合评价，从而为最佳规划方案的选择提供科学依据。目前，国内外水环境规划的方法可以分为两类：一类是用于方案比较的模拟规划方法，如系统模拟法；另一类是优化规划方法，如数学规划法。水环境是一个复杂的大系统，因此常常针对污染源的治理方案、污水处理与水资源回用系统，选择系统分析原理建立相应的数学规划模型，求出系统的最佳方案。在不具备最优规划的条件下，可应用规划方案的模拟优选方法，从可行方案中找出较好的方案。不同的水环境规划方法各有所长，但并非相互排斥。在实际工作中，针对水环境规划问题的不同特点，应采取不同的规划方法。同时，还要注意多种方法相互结合，灵活运用，使水环境规划方案更科学、更符合实际。

由于除环境目标之外，同时存在着政治、经济和技术等条件约束，因此利用数学规划和数学模拟得出的最优方案并不一定是一个可以付诸实施的方案。所以，需要将最优方案与其他各种因素或目标进行统一、协调，在建立水环境—经济规划模型的基础上，概算各种总体方案所需的投资，评价其对社会经济发展的影响，拟订投资计划，最后才能确定最佳的实用方案。

此外，在制订方案时需要注意以下几个问题：①要保证饮用水水源的水量和水质；②要充分考虑到区内水环境（含水量、水质、水生态）的影响因素，包括人口和土地增长、工农业结构变化等；③要用系统性原则处理好研究区域的上下游、左右邻区的水环境关系，不能采取污染转移的措施解决研究区的水环境问题；④不同层次的规划方案应相互匹配、互不抵触，低层级规划应符合高层级的规划要求。

六、水环境规划的实施与管理

水环境规划方案的价值与作用，不仅在于规划方案是否科学合理、符合实际，而且在于方案的实施与否、实施程度。因此编制水环境规划时，需要撰写分期实施方案并计算分期效益，要考虑建立实施规划的监督、反馈与适应性管理机制，确定不同机构职能部门的职责范围，提出保证规划实施的政策保障措施。由于规划的实施要依靠排污许可证制度，因此有关排污许可证的配套政策和监督管理制度也应列入实施方案中。

第三节　水环境规划的基础问题

水环境规划是一个复杂的系统工程，需要协调众多因素，解决水资源科学、合理、高效利用的问题，其中水环境功能区划、水污染控制单元划分、水环境容量计算、规划方法的选择、规划效益评估等是关键性问题，直接关系到水环境规划的优劣与成败。水环境规划方案的制定要建立在对水环境系统全面分析的基础之上，因此在进行水环境规划时，往往会涉及一些与规划紧密相关的问题，如水环境容量的核算、水环境功能区划和水污染控制单元的划分、社会经济发展预测以及水环境规划模型的选择等问题。这些问题对于确保规划目标的实现以及规划方案的有效实施将起到极为重要的作用。

一、水环境功能区划

水环境功能区划是水环境规划的基础性工作。通过区划，可以把复杂的规划问题分解为单元问题来处理，可以将区域污染控制、环境目标管理责任、环境规划目标评价指标分解落实到各个水污染控制单元和各具体的污染源上。

（一）水环境功能区的分类

水环境功能区划的对象主要是针对具有一定使用功能的地面水域。针对地面水域的不同功能，相应的水质要求也不同，因此对水域按不同功能进行划分需要执行相应的水质标准。我国的水环境功能区划工作主要依据是《地表水环境质量标准》（GB 3838—2002），并参照相关的水质标准执行。按照保护目标，将地表水域分为以下几类水环境：

1. 自然保护区及源头水（地表水环境质量标准Ⅰ类）

（1）国家、省、市法定的自然保护区；

（2）源头水。

2. 生活饮用水水源区（地表水环境质量标准Ⅱ、Ⅲ类及生活饮用水卫生标准）

（1）必须是城镇居民生活饮用水的集中取水点；

（2）取水点是自然水域（河流、湖（库）、运河等）和人工蓄水单元。

3. 水产养殖区（地表水环境质量标准Ⅱ、Ⅲ类及渔业水质标准）

（1）珍贵鱼类及主要经济鱼类的产卵、索饵、洄游通道；

（2）历史悠久或新辟人工放养和保护的渔业水域。

4. 旅游区（地表水环境质量标准Ⅱ、Ⅲ类、海水水质标准）

（1）旅游功能区：自然水域，长期使用（或季节使用）；

（2）景观功能区：自然水域，长期使用（或季节使用）；

（3）划船功能区：自然水域与人工构筑单元（非人体接触）。

5. 工业用水区（地表水环境质量标准Ⅳ类）

一般工矿企业生产用水的集中取水点。

6. 农业灌溉区（地表水环境质量标准Ⅴ类、农灌用水标准）

（1）灌溉对象：粮食、蔬菜、水果等食用性作物；

（2）自然水域（包括运河）。

7. 排污口附近混合区（带）（不执行地表水环境质量标准）

（1）污染物能进行初始稀释；

（2）排污口附近有限水域。

当然，依据研究目的的不同，也可以按照《地表水环境质量标准》（GB 3838—2002）中的保护目标，将地表水域划分为Ⅰ、Ⅱ、Ⅲ、Ⅳ、Ⅴ共五类水环境。

（二）水功能区划分的原则

（1）优先保护原则。饮用水水源地直接关系到人们的健康与生存，因此在《地表水环境质量标准》（GB 3838—2002）中规定的五类功能区中，饮用水水源地是优先保护的对象。在保护重点功能区的前提下，可兼顾其他功能区。

（2）现状功能原则。划分水域功能，一般不得低于现状功能。不经技术经济论证且未报上级，不得任意将现状使用功能降低或改变水域范围。对于一些水资源丰富、水质较好的地区，在开发经济、发展工业、制定规划功能时，应经过严格的经济技术论证并报上级批准。

（3）优水优用原则。即统筹考虑专业用水标准要求，做到优质水优用、低质水低用。如卫生部门划定的集中式饮用水取水口及其卫生防护区、渔业部门划定的渔业水域、排污河渠的农灌用水，均执行相应的专业用水标准。对于具有多功能的水域，按最高功能划分水质类别。

（4）宏观控制原则。从宏观性、系统性出发，划分功能区不得影响潜在功能的开发、下游功能的保障，不得影响地下水饮用水水源地。在功能区划分中，对于可以被生物富集的、环境累积的有毒有害物质造成的环境影响，应予以充分考虑。

（5）因地制宜原则。水环境容量可以看作一种可以开发的资源，因此功能区划时需要因地制宜地合理利用水环境容量，比如改变污染排放方式、调整功能区、划分混合区、利用水文条件的季节特征等均为合理利用水环境容量的技术措施，也是保证水环境功能区目标实现的配套措施。

（6）合理布局原则。应将水域功能区划分与陆地上工业布局相结合，与城市发展规划相结合。从整个流域到各个局部水域，再到取水口和排污口，对功能区的划分要层次分明，突出污染源的合理布局。

（7）可行实用原则。水环境功能区划分方案不但要满足各取水用水部门对水质的要求，与现行的环境管理制度和管理方法相结合，有利于强化目标管理，而且应具有经济上和技术上的可行性，方便且实用。

（三）水环境功能区划分的方法与步骤

1．水环境功能区划的方法

水环境功能区划是针对水环境这个复杂系统，在研究污染源、水环境质量与社会经济发展之间的对立关系，通过模型化和最优化来协调系统各要素之间的关系，寻求最佳污染防治体系，以达到环境效益、经济效益和社会效益最优化。这一过程就是系统分析过程。

系统分析方法是指把要解决的问题作为一个系统，对系统要素进行综合分析，找出解决问题的可行方案的咨询方法。系统分析能在不确定的情况下，确定问题的本质和起因，明确咨询目标，找出各种可行方案，并通过一定标准对这些方案进行比较，帮助决策者在复杂的问题和环境中做出科学抉择。

系统分析的基本过程是分解和综合。分解是研究和描述组成系统各要素的特征，以掌握要素的变化规律，即模型化；综合是研究各要素之间的联系和有机组合，达到系统的总目标最优，即最优化。系统分析方法的一般步骤包括：限定问题、确定目标、建立模型、提出备选方案和评价标准、综合分析并提出可行性方案。

2．水环境功能区划的步骤

（1）确定目标。通过对研究区社会经济条件、水环境状况等分析评价，初步划分功能区，提出预想的环境目标；然后编制达到目标的方案；接着论证方案的可行性，当存在可行性问题时，又返回去修改目标和达标方案；最后确定目标。

（2）定性判断。由于不同功能区要执行不同的水质标准，因此需要把功能区和确定的环境目标具体化为水环境质量评价标准。

在本阶段，应在分析水体现状使用功能、评价水环境现状的基础上，确定水体的主要污染源、污染物和污染特点、污染规律和控制途径，提出水体的规划功能及其相应的水质标准，预测污染物排放量的增长与削减。

定性判断而不必确定水质目标与污染源之间的定量关系，只是以相应的水质标准为依据，对水体现状污染情况分析，初步确定水环境功能区划分的一种或多种方案，指明哪些水体能够实现使用功能，哪些则难以维持。

（3）定量计算。在水环境功能区划分过程中，有许多问题需要定量描述，诸如为达到规划目标的允许排污量、污水削减量、排污口附近的混合区范围等计算问题，又如不同划分方案运行后受纳水体的水质变化等模拟预测问题等。这些问题中，建立能够反映排污状况与水质状况之间定量关系的水质模型，是进行功能区划分定量分析的基础；建立能够进行选择技术、经济、环境的最佳组合方案的最优化数学模型，是功能区划分合理科学的核心。最优化目标函数通常采用一个费用函数来描述，即投入最小者为最优方案。

（4）评价决策。经过上述过程得出的最优方案只是以水质目标作为核心问题的解决方案，因此最后还需要协调社会目标、经济目标和技术目标等，对水环境功能区进行综合评价，确定切实可行的区划方案，并拟定分期实施方案。

在功能区划分过程中，上述步骤并非一成不变，而是根据需要相互穿插、反复进行的，也可以简化步骤。例如，即使设定的目标在理论上完全可行，但若行政决策另有考虑，则仍需要修改目标，重复整个过程；又如，当水体功能明确而且没有替代方案时，可以不经定量计算，由定性分析就可以确定功能区并直接进入评价决策阶段。

二、水污染控制单元

水污染控制是指在保证实现水质目标的前提下，对污染物的最大允许排放量做出合理安排，提出较为细致的、在经济技术上可行的水污染管理方案。水污染控制的主要工作是水污染控制单元划分以及在此基础上进行的水污染控制单元解析归类。

（一）水污染控制单元的划分

水污染控制单元由源和水域两部分组成，其中水域是根据水体不同的使用功能并结合行政区进行划定，而源则是排入相应受纳水域的所有污染源的集合。水污染控制单元划分的依据是水环境功能区划、功能变化及环境目标、水域特征、污染源分布特点、污染源处理设施，同时考虑行政区划、经济发展、投资能力与管理水平等。

通过水污染控制单元的划分，区域问题将落实于一个个水污染控制单元，环境目标责任制可分期落实于一个个水污染控制单元。

水污染控制单元的划分需要遵循以下原则：

（1）单元独立性原则。即划分的每个单元，都可以单独进行环境评价和污染控制。

（2）目标对应性原则。划分的水污染控制单元要对应于一定的水污染控制目标，即针对不同控制目标和不同污染物，可以有多种单元划分方案。

（3）资料完整性原则。每个单元内，应尽可能保证污染物排放清单齐全、水域控制断面的水质监测资料齐全。

（4）定量表达性原则。单元之间的相互影响，可以通过污染物的输出或输入关系定量表达。

（二）水污染控制的方法

目前，我国在水环境管理上推行三种水污染控制方法：浓度控制、总量控制、前二者相结合的双轨控制。具体采用哪种控制方法，要根据控制单元内的环境质量状况、当地的技术水平、经济条件和管理能力等来决定。

1. 污染物排放浓度控制

制定污染物排放的浓度标准，以此限制污染排放。这是我国多年来采取的污染控制方法。其优点是直观、简单，容易检查和管理，缺点是污染控制效果有限。因为即使污染排放的浓度达标了，但总排放量却仍可能超出环境容量，从而导致水环境恶化。不过，考虑到浓度控制法简单易行，如果满足下列情况之一的，仍可实行浓度控制：

（1）实施浓度控制排放标准，可以控制水污染，实现水环境目标。

（2）对于国家综合污水排放标准Ⅰ类污染物，在污水排放口已经得到控制。如总汞、总镉、总铬、总铝、总镍、烷基汞、苯并[a]芘等重金属和难分解有机物。

（3）已经制定地方标准，对污染源实行浓度排放标准管理，可达到水环境保护目标。

（4）尚无技术水平或管理能力来实施总量控制。

2. 污染物排放总量控制

总量控制是将某一控制区域（行政区、流域、环境功能区等）作为一个完整的系统，为实现既定的环境目标，采取措施将排入这一控制区域的污染物总量控制在一定的数量之内的污染控制方法。它从环境质量的要求出发，根据水环境容量确定污染物允许的总排放量，并由此决定污染物现有排放水平基础上的削减量，进而将削减量分配到各污染源。总量控制将污染源与环境质量结合起来考虑，以水环境质量达标为目的，而不是以污染物排放浓度达标为目的。

对于某一水域来说，若属于下列情况之一时可以实行总量控制：

（1）水体已被污染或实施浓度控制时仍不能实现环境目标。

（2）重要水体保护区内存在无法关、停、并、转的老污染源。

（3）开展行业或重点企业技术改造，需确定环境、技术、经济效益俱佳的优先治理方案。

（4）区域或上下游之间，污染控制要求及保护标准矛盾较大，需要协调。

（5）实行集中控制的区域。

（6）有实施总量控制的技术、经济和管理能力。

3. 双轨控制

将浓度控制与总量控制相结合的一种污染控制方法。属下列情况之一者，可实行双轨控制：

（1）统一实施浓度控制时不能实现环境目标。但若对少数主要污染源实施总量控制而其余污染源实施浓度控制时就可以实现环境目标。

（2）可以集中有限的治理资金完善浓度控制系统，对重点污染源实行总量控制。

（3）不同季节有不同环境目标的情况下，可以实行双轨控制。

（三）水污染控制单元的解析归类

水污染控制单元的解析归类工作，是在水污染控制单元划分的基础上，对各单元进行系统地分析评价，然后依据投资能力，按照环境目标、水污染控制单元特点，确定优先实施控制单元的顺序，最后制定水污染控制路线。水污染控制单元解析归类的内容包括：

（1）分析说明各水污染控制单元的主要功能。包括单元控制范围内的主要功能区所在位置和范围，以及各功能区的水质标准等。

（2）分析说明单元控制范围内设立的控制断面及水质情况。

（3）分析说明单元控制范围内的排放情况和主要污染源。包括源的位置、排放方式、排放强度和排放量、不同污染物的主要污染源，以及水体污染现状，确定各单元间的排放情况。

（4）进行水质现状评价。以地表水水质标准为依据对控制单元水质状况进行评价，分析各控制单元的主要水环境问题。

（5）进行排污量和水质预测。分析预测年控制单元范围内污染物的排放情况和设计水文条件下控制断面的水质。

（6）水污染控制方法的确定（控制路线的制定）。即对不同水污染控制单元的控制方法进行归类：水域功能能满足的控制单元、归入浓度控制类；以控制第一类污染物为目标的控制单元，归入浓度控制类；欲通过行政手段加强管理的控制单元，归入浓度控制类；因技术和资金等原因不要求治理措施的控制单元，归入浓度控制类；其余控制单元，均归为总量控制类。

（7）确定允许排放量。在设计条件下，根据各控制断面控制因子应达到的标准值，计算单元内各排放口排入受纳水域的容许纳污量。

三、水环境容量

（一）水环境容量的概念

水环境容量，即纳污能力，是指水体在一定的规划设计条件下的最大允许纳污量。水环境容量随规划设计目标的变化而变化，反映了特定水体水质保护目标与污染物排放量之间的动态输入响应关系。

水环境容量是水环境目标管理的基本依据，是环境规划的主要约束条件，也是污染物总量控制的关键技术支持。因此，水环境容量的核定具有严格的程序：首先确定主要污染控制指标和相应的功能区划；再根据河段的水文条件、水力学参数和主要净化机理等选择适当的水质模型，模拟水体中污染物的稀释、扩散、迁移和降解规律；最后根据环境要求的水质目标计算出各河段所能容纳的最大污染负荷值即环境容量。

理论上，水环境容量是水体自然特征参数和社会效益参数的多变量函数，可表达为

$$W_C = f(Cp, S, D, Q, Q_E, t) \tag{6-1}$$

式中：W_C——水环境容量或允许纳污量，用污染物浓度乘水量表示，也可用污染物总量表示；

Cp——水体中污染物的背景浓度；

S——水质标准；

D——距离；

Q——水体流量；

Q_E——污染排放量；

t——时间。

（二）水环境容量的影响因素

式（6-1）反映水环境容量的大小与水体特征、水质目标、污染物特性和污染排放方式有关。

1．水体特征

水体的自然特征决定着水体对污染物的稀释、降解、扩散能力，从而决定着

水环境容量的大小。这些自然特征包括一系列自然参数,比如几何特征(岸边形状、水底地形、水深或体积)、水文特征(流量、流速、降雨、径流等)、水化学特征(pH 值、Eh 值、离子浓度、矿化度、硬度、水化学类型等)以及水体物理自净能力(挥发、扩散、稀释、沉降、吸附)、化学自净能力(氧化、水解等)、生物降解(光合作用、呼吸作用)等作用。

2. 环境功能要求

水体的用途或使用功能不同,水质目标也不同。不同功能区划,对水环境容量的影响很大:水质要求高的水域,水环境容量小;水质要求低的水域,水环境容量大。我国各地自然地理条件、社会经济和技术发展水平差异很大,因此各地应从实际出发,建立符合当地的合理的水质目标。可见,由于水质目标具有很强的社会性,因此水环境容量也具有社会性。

3. 污染物特性

一方面,污染物的物理、化学性质及其在水体中的浓度,会影响其在水体中发生的物理和化学变化的速率、方式、程度,从而影响污染物的自净能力;另一方面,不同污染物的毒性或有害性也不同,对人体和水生生物的影响程度、影响方式也不同,所以相同条件下不同污染物具有不同环境容量。

4. 排污方式

一般来说,在其他条件相同的情况下集中排放的环境容量比分散排放小,瞬时排放比连续排放的环境容量小,岸边排放比河心排放的环境容量小。因此,限定的排污方式是确定环境容量的一个重要因素。

(三)水环境容量的分类

1. 按水环境目标进行分类

(1)自然水环境容量,以污染物在水体中的背景值为水质目标,反映水体以不造成对水生生态和人体健康不良影响时的容许纳污量。自然水环境容量不受社会因素影响,具有客观性。

(2)管理水环境容量,以污染物在水体中的标准值为水质目标,反映水体以满足人为规定的水质标准为约束条件时的容许纳污量,受社会因素和自然因素双重影响,因而具有主观性。

2. 按照污染物性质进行分类

(1)耗氧有机物或易降解有机物水环境容量,即能被水中的氧、氧化剂或微生物氧化分解变成简单无毒物质而净化的耗氧污染物的水环境容量,其数值较大,为通常所说的水环境容量。

(2)有毒有机物或难降解有机物水环境容量,即人工合成的毒性大、难降解有机物的水环境容量。

(3)金属、重金属水环境容量,即金属、重金属可被水体稀释到阈值以下而具有的水环境容量。

3.按照污染物降解机理进行分类

(1)稀释容量,即污水与天然水体中的水混合而显示出的天然水体对污染物所具有的一定的稀释纳污能力。

(2)自净容量,是指水体自身通过沉降、生化、吸附等物理、化学、物理化学、生物作用,对污染物产生降解或无害化的自净能力,从而表征出来的容纳污染物的量。它是水环境容量中最重要的组成部分。

无论按哪种依据进行分类,总水环境容量都是各类容量之和。比如:水环境容量(W)=稀释容量($W_{稀释}$)+自净容量($W_{自净}$)。

(四)水环境容量的计算

1.水环境容量计算的步骤

(1)基础资料调查与评价:收集水域水文资料(流速、流量、水位、体积等)、水域水质资料(多项污染因子的浓度值)、收集水域内的排污口资料(废水排放量与污染物浓度)、支流资料(支流水量与污染物浓度)、取水口资料(取水量,取水方式)、污染源资料(排污量、排污去向与排放方式)等基础资料,并进行数据一致性分析,形成数据库。根据规划和管理需求,分析水域污染特性、入河排污口状况,确定计算水域纳污能力的污染物种类。

(2)水域概化:将天然水域(河流、湖泊水库)概化成计算水域,再选择控制点(或边界),把水域划分为若干较小的水环境容量计算单元。根据水环境功能区划和水域内的水质敏感点位置,分析确定水质控制断面的位置和浓度控制标准。如存在污染混合区,则需根据环境管理的要求确定污染混合区的控制边界。

控制断面的选取要注意以下几个问题:①断面不要设在排污混合区内(由排放浓度过渡到功能区标准的排污混合区或过渡区);②断面一定要反应敏感点的水质,如取水口(饮用水、工业用水、农业用水)或鱼类索饵、产卵活动区等敏感点;③断面要保证出境水质达标。

（3）确定水环境容量计算的设计条件：理论上水环境容量的大小与水体特征、水质目标及污染物特性等有关，在实际计算中则受污染源概化、设计流量和流速、上游本底浓度、污染物综合衰减系数等设计条件和参数的影响。水环境容量的设计条件是根据已经出现过的各种自然（水文）条件和污染条件，考虑各种可预测到的未来变化范围，提出此条件下的环境目标条件和其他约束内容，为水环境容量的计算提供条件与参数，因此会直接影响水环境容量的计算精度。

（4）建立水质模型：选择零维、一维或二维水质模型，并确定模型所需的各项参数。

（5）容量计算分析：应用设计水文条件和上下游水质限制条件进行水质模型计算；利用试算法（根据经验调整污染负荷分布反复试算，直到水域环境功能区达标为止）或建立线性规划模型（建立优化的约束条件方程）等方法确定水域的水环境容量。

（6）环境容量确定：在容量计算分析基础上，扣除非点源污染影响部分，则为实际环境管理可利用的水环境容量。

2．水环境容量计算的设计条件

（1）设计水文条件。一般情况下，水文条件的年际、月际变化非常大。各流域一般可选择 $10Q_{30}$（近 10 年最枯月平均流量）作为设计流量条件，选择 $10V_{30}$（近 10 年最枯月平均库容）作为湖（库）的设计库容。对于海河、黄河等北方各流域来说，由于枯水月流量太小或可能断流，此时可同时选择 $10Q_{30}$ 或 $10V_{30}$ 作为参考设计水文条件。而对于长江、珠江等干流河面较宽（＞200 m）的河流来说，污染物扩散一般仅在岸边进行，不影响到河流对岸，此时设计水文条件可选择 $10Q_{30}$ 或 $10V_{30}$，然后根据环境管理的需求确定混合区范围，进行岸边环境容量计算，以混合区水环境容量作为可以实际利用的水环境容量数据。

对于丰、平、枯水期特征明显的河流，或者按照最枯流量计算没有水环境容量的河流，建议按照分水期进行水环境容量的计算（需要注明对应的水期月份），汇总得到全年的水环境容量。

（2）设计边界条件。①控制因子：COD 和氨氮为主要控制因子，湖（库）则增加总磷、总氮和叶绿素 a 指标。②断面水质标准：省界断面水质标准以国家制定的流域规划确定的目标和省界功能区水质目标为依据；省内断面水质标准以水环境功能区划为水环境容量计算的依据；跨市、县界的功能区协调方案由各省解决。需要国家协调省际水环境功能区目标差异和目标水质的，可以提交环境保护部并提出技术指导组解决。③设计流速：河流的设计流速为对应设计流量条件下的流速。④本底浓度：参考上游水环境功能区标准，以对应国家环境质量标准的上限值（达到对应国家标准的最大值）为本底浓度（来水浓度）。对于跨界水环境功能区本底浓度需要考虑国家和省（直辖市、自治区）政府部门规定的出、入断面浓度限值。⑤水质目标值：确定水环境功能区相应的环境质量标准类别的上限值，作为水质目标值。⑥时间条件：水环境容量计算的时间单位一般指一年。最枯月或最枯季的环境容量应换算为全年，作为功能区的年环境容量。由于排放质量浓度单位为 mg/L，流量采用 m³/s，计算结果是瞬时允许污染物流量（mg/s），因此需换算成"年容量"。

（3）设计排污方式。排污口可以适当简化。若排污口距离较近，可把多个排污口简化成集中的排污口。但是当排污口污水排放流量较大时，必须作为独立的排污口处理。

排污口概化的重心计算：

$$X=（Q_1C_1X_1+Q_2C_2X_2+\cdots+Q_nC_nX_n）/（Q_1C_1+Q_2C_2+\cdots+Q_nC_n） \quad (6\text{-}2)$$

式中：X——概化的排污口到功能区划下断面或控制断面的距离；

　　　Q_n——第 n 个排污口（支流口）的水量；

　　　X_n——第 n 个排污口（支流口）到功能区划下断面的距离；

　　　C_n——第 n 个排污口（支流口）的污染物浓度。

距离较远并且排污量均比较小的分散排污口，可概化为非点源入河，仅影响水域水质本底值，不参与排污口优化分配计算。

3．水环境容量计算的水质模型

（1）河流水环容量计算方法：

①河道类型。采用数学模型计算河流水域纳污能力，应根据污染物扩散特性，结合我国河流具体情况，按计算河段的多年平均流量 Q 划分为三种类型：$Q\geq150\text{m}^3/\text{s}$ 的为大型河段；$15<Q<150\text{m}^3/\text{s}$ 的为中型河段；$Q\leq15\text{m}^3/\text{s}$ 的为小型河段。

②河道简化。采用数学模型计算河流水域纳污能力，可按下列情况对河道特征和水力条件进行简化：

- 断面宽深比大于等于 20 时，简化为矩形河段；
- 河段弯曲系数小于等于 1.3 时，简化为顺直河段；
- 河道特征和水力条件有显著变化的河段，应在显著变化处分段。

③河流水质模型：

a. 河流零维模型　适用条件：水网地区的河段，当受纳水体的流量与污水流量之比为 10～20，或者不需考虑污水进入水体的混合距离时，其环境问题可概化为零维问题。零维问题视水体水质为完全均匀混合类型，即不考虑空间方向上的浓度梯度。

污染物在零维水体中的自净过程十分微弱，主要是稀释过程，因此零维水域的允许纳污量计算实质上就是稀释容量的计算。

当污染物进入河流时，对于完全均匀混合后的水质浓度、水域允许纳污量，可以利用平衡原理来推求，即流入某断面或区域的水量（或物质量）总和与流出该断面或区域的水量（或物质量）总和相等。据此河水、污水稀释混合方程为

$$C = \frac{C_p \cdot Q_p + C_E \cdot Q_E}{Q_p + Q_E} \tag{6-3}$$

式中：C——完全混合后的污染物质量浓度，mg/L；

Q_p——初始断面入流流量，m³/s；

C_p——初始断面污染物质量浓度，mg/L；

Q_E——污水设计流量，m³/s；

C_E——与设计污染物排放质量浓度，mg/L。

根据式（6-3），可以推导出零维问题中排污口与控制断面之间水域的允许纳污量计算公式为

$$W_C = (C_S - C_P)(Q_P + Q_E) \tag{6-4}$$

式中：W_C——水域允许纳污量，g/L；

C_S——控制断面污染物目标质量浓度标准值，mg/L；

其余符号同前。

式（6-4）只适用于单点源排放情况。

由于污染源作用可以线性叠加，因此根据式（6-4）可以很容易得出多点源排放时，最上游排污口（第一个点源排污口）与控制断面之间水域的允许纳污量计算公式。

b. 河流一维模型　适用条件：污染物在横断面上均匀混合的中、小型河段（流量小于 150 m³/s）。一维模型中，假定污染物浓度仅在河流纵向上发生变化。

在忽略离散作用时，描述一维稳态衰减规律的方程为

$$C = C_0 \cdot e^{-Kx/u} \tag{6-5}$$

式中：u——设计流量下河流断面平均流速，m/s；

　　　x——沿程距离，km；

　　　K——污染物综合衰减系数，1/s；

　　　C——流经 x 距离后的污染物质量浓度，mg/L；

　　　C_0——初始断面的污染物质量浓度，mg/L。

其中，综合衰减系数 K 的确定方法有多种，各地可根据本地实际情况选择。通常采用的确定方法有三种：

一是借用法。根据计算水域以往工作和研究中的有关资料，经过分析检验后可以进行采用。无资料时，可借用水力特性、污染状况及地理、气象条件相似的邻近河流的资料。

二是实测法。选取一个顺直、水流稳定、无支流汇入、无入河排污口的河段，分别在其上游（A 点）和下游（B 点）布设采样点，监测污染物浓度值和水流流速，按下式计算 K 值：

$$K = (u / \Delta X)\ln(C_A / C_B) \tag{6-6}$$

式中：ΔX——上下断面之间距离，m；

　　　C_A——上断面污染物质量浓度，mg/L；

　　　C_B——下断面污染物质量浓度，mg/L；

　　　其余符号意义同前。

三是经验公式法。通常采用怀特经验公式：

$$K = 10.3Q^{0.49} \tag{6-7}$$

式中符号意义同前。

c. 河流二维模型　适用条件：流量大于等于 150 m³/s 的大型河段。当水中污染物浓度在一个方向上是均匀的、其余两个方向是变化的情况下，一维模型不再适用，必须采用二维模型。

对于顺直河段，忽略横向流速及纵向离散作用，且污染物排放不随时间变化时，其二维对流扩散方程为

$$u\frac{\partial C}{\partial x}=\frac{\partial}{\partial y}\left(Ey\frac{\partial C}{\partial y}\right)-KC \qquad (6\text{-}8)$$

式中：E_y——污染物的横向扩散系数，m²/s；

　　　y——计算点到岸边的横向距离，m；

　　　其余符号意义同前。

式（6-8）可用解析法求解，也可用数值法求解，详细计算方法可参照《水域纳污能力计算规程》（GB/T 25173—2010）进行，在此不再详述。

（2）湖（库）水环境容量计算方法：

①湖（库）类型。不同类型的湖（库）应采用不同的数学模型计算水域纳污能力。湖（库）类型划分依据有多种，如按规模划分、按营养状态划分。

湖（库）规模类型划分标准是枯水期的平均水深和水面面积。平均水深≥10 m时：水面面积＞25 km² 为大型湖（库），水面面积 2.5～25 km² 为中型湖（库），水面面积＜2.5 km² 为小型湖（库）。平均水深＜10 m 时：水面面积＞50 km² 为大型湖（库），水面面积 5～50km² 为中型湖（库），水面面积＜5 km² 为小型湖（库）。

对不同营养状态的湖（库），当综合营养状态指数≥50 时，宜采用富营养化模型计算湖（库）水环境容量。关于综合营养状态指数的计算方案见《湖泊（水库）富营养化评价方法及分级技术规定》（总站生字[2001]090 号）。

珍珠串型湖（库）可分为若干区（段），各分区（段）分别按湖（库）或河流计算水域纳污能力；而对于狭长形湖（库），可按河流计算水域纳污能力。

②湖（库）水质模型：

a. 湖（库）均匀混合模型。污染物均匀混合的湖（库），可采用均匀混合模型计算水域纳污能力。均匀混合模型主要适用于中小型湖（库），湖（库）中污染物平均质量浓度按下式计算：

$$C(t)=\frac{m+m_0}{K_hV}+\left(C_h-\frac{m+m_0}{K_hV}\right)\exp\left(-K_ht\right) \qquad (6\text{-}9)$$

式中：$K_h=\dfrac{Q_L}{V}+K$ ——中间变量，1/s；

　　　C_h——湖（库）现状污染物质量浓度，mg/L；

　　　$m_0=C_0Q_L$——湖（库）入流污染物排放速率，g/s；

　　　V——设计水文条件下的湖（库）容积，m³；

　　　Q_L——湖（库）出流量，m³/s；

　　t——计算时段长，s；

　　$C(t)$——计算时段 t 内的污染物质量浓度，mg/L。

　　当流入和流出湖（库）的水量平衡时，小型湖（库）纳污能力计算公式如下：

$$M = (C_S - C_0)V \tag{6-10}$$

式中：V——设计水文条件下的湖（库）容积；

　　　　其余符号同前。

　　b. 湖（库）非均匀混合模型。污染物非均匀混合的湖（库），应采用非均匀混合模型计算水域纳污能力。非均匀混合模型主要适用于大中型湖（库），当污染物入湖（库）后，污染仅出现在排污口附近水域。非均匀混合模型水域纳污能力计算公式为

$$W_C = (C_S - C_P)\exp\left(\frac{K\phi h_L r^2}{2Q_P}\right)Q_E \tag{6-11}$$

式中：h_L——扩散区湖（库）平均水深，m；

　　　　r——计算水域外边界到入河排污口的距离，m；

　　　　ϕ——扩散角，由排放口附近地形决定。在开阔的岸边垂直排放时，$\phi = \pi$；

　　　　　　湖（库）中排放时，$\phi = 2\pi$。

　　c. 湖（库）营养化模型。富营养化湖（库）主要计算湖（库）氮、磷的水域纳污能力，一般采用狄龙模型计算：

$$P = \frac{L_p(1 - R_p)}{\beta h} \tag{6-12}$$

式中：P——湖（库）中氮磷平均质量浓度，g/L；

　　　　L_p——年湖（库）氮磷单位面积负荷，g/(m^2·a)；

　　　　β——水力冲刷系数，1/a，$\beta = Q_a/V$，其中 Q_a 为湖（库）年出流水量，m^3/a；

　　　　R_p——氮、磷在湖（库）中的滞留系数，1/a，$R_p = 1 - W_{出}/W_{入}$，其中 $W_{出}$、

　　　　$W_入$ 分别为年出、入湖（库）的氮、磷量（t/a）。

　　湖（库）中氮或磷的水域纳污能力按下式计算：

$$M_N = L_s \cdot A \tag{6-13}$$

$$L_s = \frac{P_s h Q_a}{(1 - R_p)V} \tag{6-14}$$

式中：M_N——氮或磷的水域纳污能力，t/a；

    L_s——单位湖（库）水面积的氮或磷的水域纳污能力，mg/（m²·a）；

    A——湖（库）水面积，m²；

    P_s——湖（库）中磷（氮）的年平均控制质量浓度，g/L。

对于水流交换能力较弱的湖（库）湾水域，宜采用合田健模型计算：

$$M_N = 2.7 \times 10^{-6} C_s \cdot H(Q_a / V + 10 / Z) \cdot S \tag{6-15}$$

式中：C_s——水质目标值，mg/L；

    H——湖（库）平均水深，m；

    Z——湖（库）计算水域的平均水深，m；

    $10/Z$——沉降系数，1/a；

    S——不同年型平均水位相应的计算水域面积，km²。

四、水资源供需平衡分析

水资源供需平衡分析是在一定研究范围内，就水资源的供求和余缺关系所进行的分析研究。通过水资源供需分析，可以揭示水资源的供需矛盾，提出解决措施。这一工作是编制国土整治规划、流域规划、地区水利规划、城镇供水和工农业发展规划的主要内容，也是水环境规划的基础内容。

水资源供需平衡过程表现为水资源供求随社会经济、土地利用和用水方式的不同变化而发生的动态变化，实质上是水资源大系统内的社会、经济、环境等子系统相互响应的过程。不同研究区域内，自然环境、社会经济发展状况、用水需求情况等差异较大，虽然水资源平衡分析的大思路都是计算水资源量的供求关系，但针对不同研究区域的计算过程，需要根据水资源系统分析来确定。下面以城市水资源系统为例，说明水资源供需平衡分析方法。

（一）水资源平衡系统分析

城市水资源系统可以分为 5 个子系统：人口与生活需水子系统、工业服务业需水子系统、农业需水子系统、城市生态环境需水子系统和水资源供给子系统。其中工业服务业需水子系统和农业需水子系统可以合并为生产需水子系统。各子系统所包含的具体元素及其相互关系根据城市特点具有明显的差异，但是各个子系统之间的约束关系多具有共同性。图 6-2 给出了在子系统间及其内部具有代表性的一些约束关系。

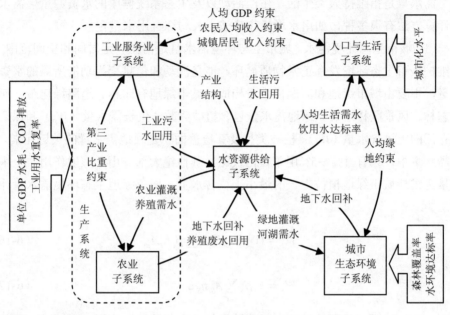

资料来源：徐志新等，2007。

图 6-2　城市水资源系统模型概化

1. 水资源供给

本地天然水资源（包括地表水、地下水资源，扣除相互转化的重复水量）是城市水资源供给的基本保障。可供水量是不同水平年、不同保证率或不同频率条件下通过工程设施可提供的符合一定标准的水量，包括来自当地的地表水、地下水和其他的可利用水资源。地表水可利用量为地表径流量减去河道内生态需水量与河道难控制利用弃水量，并扣除两者间重复计算量；地下水可利用量为可以被开采的地下水，对于地下水已经超采的地区，需减去超采部分的水量；其他可利用水包括中水回用、跨流域调水、海水利用、雨水利用等。缺水地区更应重视"三生"（生产、生活、生态）用水的各种形式回用，以缓解水资源短缺对"三生"系统发展的限制。

可供水量的影响因素有：来水条件、用水条件、工程条件、水质条件。总之，可供水量不同于天然水资源量，也不等于可利用水资源量。一般可供水量小于天然水资源量，也小于可利用水资源量。

2. 水资源需求

需水量是指维持人类生活、生产活动以及生态系统健康的水资源量。需水量的计算方法有很多种，如用水增长趋势法、人均综合用水量定额法等。

（1）城市生态环境需水。城市生态环境需水量是指在一定时间和空间范围内，为维护城市生态环境发挥正常物质循环、能量流动和信息交换功能所需的水资源总量，主要由城市绿地和河湖需水量构成。城市绿地有园林、道路绿化带、河岸生态林、风景区林地等。绿地需水量包含植被蒸散、生长需水量（W_p）和保证植被存活的土壤含水量（W_s）。植被类型及其覆盖面积是绿地需水量的关键元素。植被需水量中，只有 1%～5%用于体内代谢，其他绝大部分用于蒸散作用。土壤需水量为维持城市绿地植被生长的最小土壤含水量。城市绿地生态环境需水量计算方法为

$$W_p = (1+1/99)k_1 \sum_{i=1}^{n} \beta_i E_i A_{pi} \tag{6-16}$$

$$W_S = k_2 \rho_S \sum_{i=1}^{n} A_{Si} h_{Si} \xi_i \tag{6-17}$$

式中：B_i——不同类型植被的实际蒸散量与潜在蒸散量的比例，%；

E_i——不同类型植被年平均潜在蒸散量，mm；

A_{pi}——不同类型植被的覆盖面积，hm^2；

A_{si}——不同类型植被覆盖的土壤面积，hm^2；

ρ_s——土壤容重，g/cm^3；

h_{is}——不同类型植被可利用的土壤深度，m；

ξ_i——土壤含水系数，%；

k_1、k_2——单位换算系数；

n——植被类型数。

城市河湖需水量取决于水系面积、水深、下垫面条件、气候和河道基流等要素，其中水系面积最为关键。为同时满足河流基流和输沙功能，河流需水量（W_r）是河流基流（W_b）和输沙需水量（W_t）两者中的较大值。河流基流采用最枯月平均流量法计算，输沙需水量采用河流汛期输沙需水量计算方法。

$$W_r = \max\{W_b, W_t\} \tag{6-18}$$

$$W_b = \frac{T}{n} \min \sum_{i=1}^{n} Q_{ij} \tag{6-19}$$

$$W_t = \frac{nS_t}{\sum_{i=1}^{n} \max C_{ij}} \tag{6-20}$$

式中：Q_{ij}——第 i 年第 j 个月的月均流量，m^3/s；

T——换算系数，T=31.536×10^6 s；

S_t——多年平均输沙量，10^4 t；

C_{ij}——第 i 年第 j 个月的月平均含沙量，kg/m^3；

n——统计年数。

湖泊需水量（W_1）包括存在需水量（W_{1b}）和换水需水量（W_{1f}）。存在需水量是发挥湖泊栖息地和景观娱乐基本功能的前提，而换水需水量是用于人工换水，改善湖泊水质所需要的水量。消耗需水量（W_c）包含水面蒸发需水量和渗漏需水量，是地表水体水分向大气蒸发和渗漏补给地下水的消耗项，其计算方法为

$$W_1 = W_{1b} + W_{1f} = k_3 \beta_1 A_1 H_1 (1 + 1/T) \tag{6-21}$$

$$W_c = A_w (k_4 E_w + k_5 \omega) \tag{6-22}$$

式中：β_l——湖泊水面面积占湖泊面积的比例，%；

A_l——不同湖泊的面积，m^2；

H_l——不同湖泊的平均水深，m；

T——湖泊换水周期，a；

A_w——河湖水面面积，hm^2；

E_w——水面蒸发量，mm；

ω——渗漏系数，m；

k_3、k_4、k_5——单位转换系数。

城市生态环境需水量 W_e 的计算公式为：

$$W_e = W_p + W_S + W_r + W_1 + W_c \tag{6-23}$$

（2）人口与生活需水。影响城市生活需水量（W_{li}）的因素很多，如城市的规模、人口数量、所处的地域、住房面积、生活水平、卫生条件、市政公共设施、水资源条件等，其中最主要的影响因素是人口数量和人均综合用水定额（可从相

关水利部门获得）。城市生活需水量可用相关法进行计算和预测。

$$W_{1i} = P_0(1+r)^n k_i \qquad (6\text{-}24)$$

式中：P_0——基准年份人口数量，人；

　　　r——城市人口计划增长率，%；

　　　K_i——第 i 水平年拟订的用水综合定额，$m^3/$（人·a）；

　　　n——从基准年到第 i 水平年的年数。

（3）生产需水。生产需水包括工业服务业与农业生产需水，受城市经济发展水平、城市规模、工农业结构、水资源重复利用率等多种因素的影响。常用的计算方法为用水系数法，主要指标为行业总产值及相应耗水系数、农田灌溉面积及耗水系数、畜禽数量及其用水定额（各行业用水定额可从水利部门获取）。但是工业生产需水预测有一定难度，原因是原先采取的确定万元产值需水量定额法存在明显缺陷。因此，相对合理的方法是采用人均综合用水定额法预测城市用水需求时，要依据城市现状用水情况对规划规定的定额指标做适当修改。

3. 供需平衡研究

水资源供需平衡指数是某一保证率下需水量与供水量的比值。若平衡指数小于或等于 1，则表明水资源供需处于平衡状态；若平衡指数大于 1，则表明该区域水资源需求大于供给，处于缺水状态。平衡指数越大，缺水越严重。平衡状态下，应优化供水与需水系统，进行技术经济分析，寻求经济有效的用水与供水方式。失衡状态下，应适当增加供水，大力加强需水管理，提高用水效率，保证社会经济良性、可持续发展。

在供需平衡分析时，应通过分析子系统内元素之间的约束关系以及关键因素随时间演进的动态变化过程，识别水资源对区域水环境的作用机制，研究水资源的供需平衡状况，并以此为基础制定合理的水资源开发与保护战略。

五、水环境规划的主要措施

水环境规划措施包括水污染控制和水资源开发利用措施两类。

（一）水污染控制措施

1. 减少水污染物产生量与排放量

（1）调整工业结构，推行清洁生产工艺；

（2）优选水污染治理技术，进行污水处理及污水回用；

（3）加强节水农业灌溉工程建设，减少面源污染。

2．合理利用水体自净能力

（1）人工复氧。它是借助于安装增氧器来提高水体中的溶解氧浓度。在溶解氧浓度很低的河段使用这项措施尤为有效。人工复氧的费用可表示为增氧机功率的函数。我国对开展河内人工复氧的研究和实践还处于起步阶段。

（2）污水调节。在水体自净能力和纳污容量低的时期（枯水期）用蓄污池把污水暂时蓄存起来，待河流的纳污容量高时释放，从而改善枯水期水质。

（3）水量调控。利用现有的或新建的水利工程，控制河流枯水流量造成的损失。新建流量调控工程除了控制水质方面的效益外，还同时具有防洪、发电、灌溉和娱乐等效益。

总之，各地应结合实际情况和改善水质要求，因地制宜地设计污染控制措施。例如，对于水质未达到低目标要求的集中式饮用水水源地，应按饮用水水源地保护区规范化建设要求提出隔离、污染整治、水源涵养、生态修复与保护等任务；对于地下水型饮用水水源地，应提出补给区范围内污染源监管清单，识别防渗改造具体区域，提出改造方案；针对沿海地级及以上城市，应提出总氮总量控制措施。

（二）水资源保护与开发利用措施

1．建立多途径的水资源供给体系

（1）广开水源。这是实现水资源可持续利用的基本保障，包括科学利用河川径流水；合理开采地下水；积极开发海洋水；重视污水资源化。

（2）调配水源。我国水资源分布不平衡，存在着较大的季节性差异和区域性差异，这是当前我国水资源可持续利用面临的现实问题，必须通过水源的合理调配来解决。尤其是大的规划区域，可以考虑增建蓄水调节工程，对水资源进行季节性的调配，或者兴建跨流域调水工程，对水资源进行区域性调配。

（3）涵养水源。通过改善生态环境、改良区域小气候、控制水土流失，来提高土壤的蓄水、保水能力，包括河湖生态修复重建、湿地生态工程、耕作改造等措施。

2．形成节约型的水资源利用方式

（1）农业节水。农业节水可分为工程节水和农艺节水，主要措施包括：加强灌溉工程建设，提高输配水效率；改进灌溉技术和制度，提高用水效率；调整农作物布局和农业结构，发展节水旱作农业等。

（2）工业节水。工业生产要大力推行节约用水，主要措施包括：调整产业结构和工业布局，避开水资源约束；改进工艺更新设备，降低水消耗，提高重复利用率，等等。

（3）生活节水。可采取的措施包括：加强用水管理和实行计划用水；加快节水型用水器具和计量仪表的研制和推广；重视生活污水处理和回收利用；推行水价改革，等等。

六、水环境规划方案的优选

总量控制负荷分配包含两层含义：一是根据排污地点、数量和方式，对各控制区域不均等地分配环境容量资源；二是根据每一污染源排污总量削减的优先顺序和技术、经济可行性，不均等地分配技术、经济投入，即规划方案的优选问题。

（一）环境容量的优化分配

1. 非数学优化分配方法

已知目标削减量或水环境容量，但对各点源或各种削减措施进行投资效益分析时存在困难，可采用非数学优化分配方式。一般有等比例分配、加权分配等方法。

（1）等比例分配。所有参加排污总量分配的污染源，以现状排污量为基础，按相同的削减比例分配容许排污量。

（2）排污标准加权分配。考虑各行业排污情况的差异，以《污水综合排放标准》以及各行业污水排放标准为依据，按不同权重分配各行业容许排放量。同行业则按等比例法分配容许排污量。

（3）分区加权分配。综合考虑污染源所处的水污染控制单元或控制区域的水环境目标要求、排污现状、治理现状与技术经济条件，确定出各污染控制单元或控制区域的削减权重，将排污总量按确定的权重分配到各单元或各控制区域。区域内容则可以按等比例或排污标准加权分配法，将总量负荷指标分配至各个污染源。

2. 数学优化分配方法

已知目标削减量或水环境容量，而且能对各区域、各点源、各种削减方案进行投资效益分析时，须按区域投资最小、污染物削减量最大的原则，进行数学优化分配。

（1）线性规划法。以单项污染物削减或排放费用函数为目标函数，将污染源的排放量与环境目标的输入响应关系作为约束方程。当费用函数、约束条件均为线性时，就可以采用线性规划方法来进行总量负荷优化分配。以排放费用函数为目标函数的数学模型如下：

$$\begin{cases} 目标函数：\min Z = \sum_{j=1}^{n} C_r r_j \\ 约束函数：\sum_{j=1}^{n} A_{ir} x_j \leqslant (\geqslant) B_i, \quad i = 1, 2, \cdots, m \end{cases} \quad （6\text{-}25）$$

式中：Z——整个区域污染物排放总费用，万元；

C——第 j 个污染源每单位排放量费用，万元/（mg/L）或万元/（mg/m³）；

x_j——第 j 个源的污染物排放量，mg/L 或 mg/m³；

A_{ij}——第 j 个单位源在第举止控制点上的输入响应系数；

B_i——第 i 个控制点的环境目标值或标准值，mg/L 或 mg/m³。

这一模型也可描述为污染物削减费用函数为目标函数的线性规划模型，即令 Z 为削减总费用，则 C_j、x_j 分别为第 j 个污染源的单位削减费用、削减量。

（2）非线性规划法。当费用函数、约束条件至少有一个为非线性问题时，上述线性规划模型就变成了非线性。

非线性问题求解比较复杂：当约束条件为非线性问题时，可采用消元法、拉格朗日乘子法等方法将其化为无约束问题来解决；当约束条件为线性而目标函数为非线性时，则可对目标函数进行线性化或分段线性化处理，从而将非线性问题转化为线性规划问题，再进行求解。

此外，数学规划方法还有整数规划法、动态规划法、离散规划法等多种。

（二）规划方案的优选

对于水污染控制单元总量削减方案进行技术、经济评价后，还需要结合技术、经济条件进行行政决策。当地政府部门从实际出发，组合各控制单元的优化方案后形成满足不同目标的若干方案，最终确定的方案是一个以优化为基础、可供实施的方案。

如果这些方案不存在复杂的优化问题，则可以直接做出决策。如果这些方案无法直接做出决策，应依据控制单元分布特征、水环境目标特点、投资费用和效益分析，按照优化决策的具体目标，汇总方案，选择合适的优化方法进行计算分析，最终做出决策。

有关优化决策的数学方法非常丰富，常用的有以下几种：

（1）系统模拟法。该方法是在对区域水环境规划系统进行充分认识和分析基础上，把水环境和社会经济的各种要素及其相互关系用图形或数学关系式表示出来，模拟水环境系统的变化过程，形成了用于水环境规划和对策分析的社会经济——水环境系统模型。通过模拟分析，提出满意的水环境规划方案。

系统模拟法可以描述人类活动对水环境的影响，并给出定量的分析结果，还可以引入对策分析，拟定出较好的规划方案。

（2）投入产出法。该方法是通过建立模型来模拟不同经济发展前景的水消耗和水污染情况的一种方法。通过改变模型中的最终需求方式和结构关系，能够产生对经济发展、水环境状况有不同影响的方案，供决策者选用。投入产出法的主要缺陷是在收集资料上需花费大量的时间和精力。对于已编制经济投入产出表的区域或按行政区划定的区域，用此方法效果较好。

（3）系统动力学法。该方法是一种定性与定量交融的建模技术，它注重各子系统之间的影响关系，而对历史数据的依赖性较小，较适合我国水环境监测数据缺乏的现状，但必须注意建模者的主观性会对模型的客观代表性有较大影响。

（4）大系统分解协调法。基本思路是将系统分解为一些低级的子系统，分别进行局部最优化，然后在设置的较高级对低级各子系统进行协调，以达到整个系统的最优。该方法的优点在于，系统维数显著降低，计算简捷，系统结构清楚，更符合真实系统的特性。适合于解决区域水环境规划这样的多因素、多层次的大系统问题。

（5）多目标规划法。区域水环境规划问题，是一个涉及多目标、多层次、多因素的复杂问题，是一个由多部门、多决策者参加的决策问题。由于各部门、各决策者利害关系的不同，因此，对规划的要求、提出的目标各异。这就要求对各个目标进行全面考虑，做出综合评价，从而制定出最佳协调方案。在区域水环境规划中，所追求的目标可以归结为区域经济发展、水环境目标、社会福利。

此外，还有学者尝试将模糊系统理论、混沌理论等应用到水环境规划方案决策工作中。

【思考题】

1. 水环境规划可分为哪几种类型？
2. 论述水环境规划中所需的哪些基础资料和规划的基本内容？
3. 水环境功能区如何划分？如何确定水污染控制单元？
4. 试述水环境规划方案中可以考虑采取哪些技术措施？
5. 评估水环境规划方案的可行性时，应从哪些方面入手？
6. 计算题：某河段上有三个污染源向河水中排放苯污染物，污染源上游河水中苯的质量浓度为 0.2 mg/L，河流流量为 500 000 m³/d。三个排放源每天排放苯的量分别为 1 000 kg、1 000 kg 和 1 600 kg，质量浓度为 10 mg/L、20 mg/L、8 mg/L，排放的污水量为 100 000 m³/d、50 000 m³/d、200 000 m³/d。污染源②至污染源①的距离为 10 km，污染源③至污染源②的距离为 15 km。假定苯的水环境标准为 1 mg/L，已知苯在河水中的降解速度常数是 $k=0.03 \text{ km}^{-1}$。污染源①排放后下游断面距离 L 处的浓度为 $C_L = C_0 \mathrm{e}^{-kL}$，每 1 000 m³ 污水中去除苯的费用为 $50x$ 元（x 为苯去除率）。为了保持整个河段的质量浓度不超标（≤1 mg/L），试用线性规划方法确定苯的最优处理方案。要求写出建立模型的详细过程，列出线性规划的标准型。

第七章 大气环境规划

【本章导读】
　　大气环境是人类赖以生存的基本要素之一。恶劣的大气环境会直接危害人体的舒适、健康和福利，从而影响人类社会、经济的可持续发展。伴随着工业化进程的加速，我国大气环境质量恶化现象日益严重。大气环境规划是为了解决一定时期内某一区域大气环境出现的问题，对大气环境保护目的和治理措施所做出的统筹安排和设计。其目的是控制污染物过度排放、提高大气环境质量，协调地区大气环境与社会、经济之间的关系。
　　本章首先讲解大气环境规划的基础知识，包括正确理解大气环境系统、了解大气环境规划的内容、类型和步骤。然后详细讲解大气环境规划的主要内容，包括大气环境现状调查与评价、大气环境功能区划、大气环境预测、大气环境规划目标、大气污染物总量控制、大气污染物综合防治措施等。

第一节　大气环境规划基础

一、大气环境系统

　　按照国际标准化组织的定义，大气是指地球环境周围所有空气的总和，密度随高度增加而迅速减少。本书所用的大气环境除在讨论大气的组成和结构时表示所有空气的总和外，其余部分指与生物活动密切相关的下层空气。
　　大气环境是一个复杂的系统，由大气环境过程子系统、大气污染物排放子系统、大气污染控制子系统及区域生态子系统组成。

1．大气环境过程子系统

大气环境过程基本上是一个自然系统，主要受自然条件的限制，受人类活动的影响极为有限。大气环境过程决定污染物在大气中的输送和稀释扩散能力，其主要参数可以通过实验和历史资料的分析得到。

2．大气污染物排放子系统

大气污染物排放形式主要有点源、线源、面源和体源，污染物排放直接影响大气环境质量，进而影响区域生态子系统。

3．大气污染控制子系统

大气污染控制的主要目的是减少大气污染物的排放，不仅要对已产生的污染进行治理，而且要通过清洁生产，采用少污染或无污染的工艺或技术、节约燃料或原料、提高装置整体性能等措施减少污染物的产生量和排放量。

4．区域生态子系统

区域生态环境好坏的具体表现是大气环境质量，良好的自然生态环境有利于大气污染物的净化和达到更好的环境质量。而大气环境质量下降，又会对区域生态环境造成损害。

大气环境规划需要通过建立各子系统之间的关系，充分利用大气的自净能力，对污染源进行控制，以最小的污染治理费用，达到最优的大气环境质量，以满足区域生态系统的需要。

二、大气环境污染

按照国际标准化组织的定义，大气污染通常是指由人类活动和自然过程引起某些物质进入大气中，呈现出足够的浓度，达到了足够的时间，并因此而危害了人体的舒适、健康和福利，或危害了环境。

通常把释放污染物到大气中的装置，称为大气污染源或排放源。大气污染物质产生于人类活动或自然过程，因此大气污染源可以概括为人为大气污染源和自然大气污染源两类。按照污染源的几何形状，可分为点源、线源、面源和体源；按污染源的运动特性可分为固定源和流动源；按污染源的几何高度可分为高架源、中架源和低架源；按污染源排放污染物的时间长短，可分为连续源、瞬时源和持续有限时间源；按污染源排放形式可分为有组织排放源和无组织排放源；按一次污染物和二次污染物的特征，可将污染源分为一级污染源（即原生污染源）和二级污染源（即继发污染源）。

大气污染物是指由大气污染源排入大气并对环境或人类产生危害的物质。根据其存在特征可以分为气溶胶状污染物和气体状态污染物两类。

三、大气环境规划

大气环境规划是为了解决一定时期内某一区域大气环境出现的问题，对大气环境保护目的和治理措施所做出的统筹安排和设计。其目的是控制污染物过度排放、提高大气环境质量，协调地区大气环境与社会、经济之间的关系。

（一）大气环境规划的主要内容和步骤

大气环境规划的主要内容应该包括大气环境现状调查与评价、大气环境功能区划、大气环境预测、大气环境目标与指标、大气污染防治等。

制定大气环境规划的具体步骤为：①通过区域现状调查，分析区域大气环境特征和能流过程，根据污染物产生、排放特点以及已采取的治理措施及环境变化趋势，找出规划区主要大气环境问题；②根据区域环境功能、土地利用、产业布局等方面的现状和规划要求，制定大气环境功能区划；③在大气环境现状分析和环境功能区确定的基础上，分析环境质量与源强之间的响应关系，根据规划区气象条件和规划期内经济社会发展要求，进行源强变化预测和区域环境质量预测；④根据各大气环境功能区要求，确定合理的大气环境质量目标、总量控制目标以及规划指标体系；⑤根据规划目标和区域现状，采用系统分析和数学规划模型方法，确定大气污染综合防治的规划方案；⑥为实现规划目标，提出多个大气环境规划方案，然后对其进行比较和反复论证，最后选定最优方案；⑦方案确定后，需制定管理政策和监督措施，以保证方案的实施，达到环境规划目标。

具体技术路线如图 7-1 所示。

（二）大气环境规划的类型

根据不同属性，大气环境规划可分为不同的类型。根据时间跨度不同，可分为近期、中期和长期大气环境规划。根据行政区划范围不同，可分为国家、省、市、县等大气环境规划。根据规划层次不同，可分为国家、区域、部门等大气环境规划。根据规划内容的不同，可分为大气环境质量规划和大气污染控制规划两类。

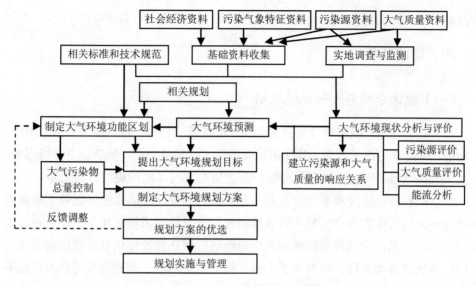

图 7-1　大气环境规划技术路线

1．大气环境质量规划

大气环境质量规划是根据规划区总体布局，以国家和地方大气环境质量标准为依据，通过规定不同功能区主要大气污染物的浓度限值，确保规划区内不同环境功能区的环境质量达标。它是城市大气环境管理的基础，也是城市建设总体规划的重要组成部分。制定大气环境质量规划的关键是建立污染源排放和大气环境质量之间的相互响应关系。

2．大气污染控制规划

大气污染控制规划是实现大气环境质量规划的技术与管理方案。

对于新建或污染较轻的区域，制定大气污染控制规划就是要根据规划区的大气环境特征、发展方向和规模、产业和产品结构、能源使用状况和大气污染最佳适用控制技术，结合规划区总体规划中其他专项规划，对规划区进行合理布局。一方面为规划区的产业发展提供足够的环境容量，另一方面提出可实现的大气污染物排放总量控制方案。

对于已经受到污染或部分污染的区域，制定大气污染控制规划的目的主要是寻求实现区域大气环境质量规划的简捷、经济和可行的技术方案和管理对策。

制定大气环境污染控制规划的关键是建立在设计气象条件下，污染源排放与大气环境质量的响应关系。设计气象条件是指综合考虑气象条件、环境目标、经济技术水平、污染特点等因素后，确定的较不利气象条件。

四、能流分析

（一）能流分析与大气环境规划

在生态系统中，能源可分为自然能和辅助能两大部分。自然能主要指太阳能、生物能、风能等可再生资源，其使用不会产生大气环境污染；辅助能主要指煤炭、石油、天然气等不可再生的矿物能源，其使用是大气环境污染的重要来源。

目前的社会经济发展系统存在着"发展经济和提高生活水平→燃料型能源消费增加→大气污染物质产生量和排放量增加→大气环境质量恶化"这样一种连锁反应关系。可见，大气污染问题的产生与经济发展和能源使用有着密切的关系。不同区域能源种类不同、消费水平不同、技术背景不同，因此大气污染的特征不同，为此有必要了解区域能源使用的情况。

通过区域能流分析，一方面可以更深入地了解区域大气环境污染过程及原因；另一方面还可以在现状能流系统基本参数的基础上，采用一定的数学方法，按照规划目标的要求，制定区域能流优化方案，为规划方案的决策提供重要依据。

（二）能流分析的概念

能流分析是针对能源的输入、转换、分配和使用全过程的系统分析。能流分析的方法主要是通过构建能流网络图（见图 7-2），找出能源的产地、种类及用能方向，分析得出大气污染物的产生、排放及治理的规律，寻求主要环境问题，找出解决问题的最佳方案。

（三）能流分析的基本内容

1. 能流过程分析

能流过程分析的主要目的是了解支撑区域社会经济活动的能源有哪些，它们是如何被利用的？

能流过程从四个方面来分析，即能流输入、转换、分配和使用的过程。能流输入过程重点分析能源来源、总量、结构和污染物含量；能流转换过程重点分析转换的形式、总量、比例、成本及效益；能流分配过程重点分析能流分配合理性；终端使用过程重点分析使用部门、总量、结构和对大气环境的危害。

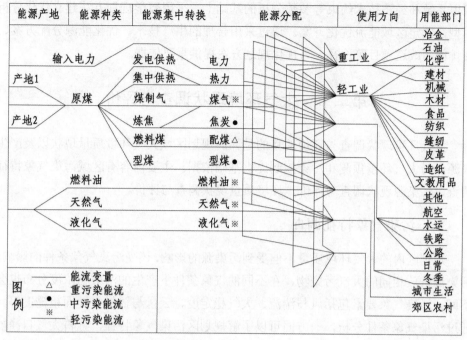

资料来源：丁忠浩，《环境规划与管理》，2006。

图7-2 能流网络图

目前，中国大部分地区的大气污染以煤烟型为主，其次是燃油污染，主要污染物为二氧化硫、烟尘、氮氧化物和有机废气等。因此，应着重分析能源的使用和转换过程，其使用量和转换效率反映了区域能源利用的总体水平。

现状的能流过程分析，有助于了解区域大气环境污染的过程及原因。当然也可以根据大气环境规划目标优化现状能流过程，为制定污染综合治理方案提供科学依据。

2．能流平衡分析

按照物质守恒定律，能流在各阶段的输入量应该等于输出和流失量之和，从物质内容分析应包括能量和污染物量两个方面。污染物一般作为流失量存在，其中包括排放量和治理量，两者比例的大小反映了区域能源使用水平的先进程度和对污染的控制能力。

3．能流过程优化分析

能流过程优化分析是根据规划目标，在现状能流转换效率、排污系数、投资费用系数和经济技术约束等参数分析的基础上，采用数学规划方法建立优化分析模型，制定区域能流优化方案。通过采用合理的生产技术、优化能源分配方案、安排能源改造项目等途径，为优化规划方案提供重要依据。

第二节　大气环境现状调查与评价

大气环境现状调查与评价的目的是弄清规划区域大气环境质量现状以及产生来源，为大气环境预测和污染控制提供基础依据。主要内容有区域污染气象特征调查、污染源现状调查与评价、环境质量现状调查与评价。

一、污染气象特征调查

规划区内的大气环境质量不但受到污染源的影响，还受污染气象条件的影响。污染源排放相同的大气污染物，在不同的气象条件下产生的污染物浓度分布也会不同。污染气象要素包括风与湍流、大气稳定度、云量与辐射、地面粗糙度等。通过污染气象条件分析，一方面可以了解规划区污染气象特征，分析大气自净能力的强弱，掌握不利于污染扩散的气象条件；另一方面可以为建立大气环境质量模型提供气象参数。

1. 风与湍流

大气运动的状况是决定污染物扩散稀释的直接原因，大气运动的主要因素包括风和湍流。空气的水平运动形成风，风是矢量因子，既有大小，又有方向。风的方向用风向表示，决定了污染物的输送方向；风的大小用风速表示，决定了污染物的扩散能力。风通过影响污染物与空气混合过程而影响空气中污染物的浓度。在空气的运动过程中，时常伴随有垂直和水平各个方向的摆动，大气的这种不规则的运动称为大气湍流。湍流作用使排入大气中的污染物进行无规则的分散，从而得到稀释。在风速大和湍流强时污染物扩散、稀释的速度快，污染物浓度降低的速度也快。

2. 大气稳定度

大气稳定度是指整层空气的稳定程度，即大气受到垂直方向扰动后，大气层结（温度和湿度的垂直分布）使该空气团具有返回或远离原来平衡位置的趋势和程度。大气的稳定程度影响着湍流活动的强弱，当大气处于不稳定层结时，湍流活动加强，有利于污染物扩散；反之，当大气处于稳定层结时，湍流受到抑制，扩散稀释能力减弱。

3. 大气混合层高度

大气低层是湍流混合强烈，污染物能够充分稀释、扩散的气层。由于动力或热力湍流的作用，此大气层内上下层之间产生强烈的动量或热量的交换，通常把出现这一现象的大气层称为混合层。混合层向上发展时，常受到位于边界层上边缘的逆温层底部的限制，与此同时也限制了混合层内污染物的再向上扩散，此交界面称混合层顶，其高度称为混合层高度。混合层越厚，污染物稀释、扩散的范围越大，在排放同等数量的污染物时，污染物浓度越低。混合层厚度是进行大气污染估算的主要参数。

二、污染源调查与评价

污染源调查和评价的目的是弄清规划区域内现有的主要污染源和污染物，为大气环境污染预测和控制提供依据。主要内容是调查现有污染源的类型、数量、排放特征、相对位置和治理现状以及所产生污染物的种类、浓度和数量，分析和估算其影响对象、范围和影响程度，确定规划区域的主要污染源和主要污染物。

（一）调查内容与方法

1. 调查内容

根据能流分析可知，在大气环境系统中大气污染物的来源主要是工业产品生产、居民生活耗能和交通运输耗能，因此大气污染源调查包括工业污染源调查、生活污染源调查和交通污染源调查。

（1）工业污染源调查。工业生产过程中排放到大气中的污染物种类多、数量大，是区域大气污染的主要来源。不同工业企业由于使用不同种类的能源和原材料，排放的废气种类也不同，例如石油化工企业主要排放二氧化硫、硫化氢、二氧化碳、氮氧化物等；有色金属冶炼工业主要排放二氧化硫、氮氧化物及含重金属元素的烟尘等；钢铁工业在炼铁、炼钢、炼焦过程中排出粉尘、硫氧化物、氰化物、一氧化碳、硫化氢、酚、苯类、烃类等。总之，工业生产过程排放的污染物的组成与工业企业的性质密切相关。

工业污染物调查应该包括规划区内排污工业企业的名称、位置、生产工艺、规模、能源结构、污染治理措施、污染物排放种类、数量、排放方式等。如有近期的工业污染源调查资料，一般可以直接选用。

（2）生活污染源调查。居民日常生活中烧饭、取暖、洗浴等活动都需要消耗能源，应调查能源构成、来源、成分、消耗量、供应方式等。生活污染源来自于每家每户，其排放有量大、分布广、高度低、危害大等特征。生活污染排放量与区域内居民人口现状直接相关，因此生活污染源调查内容应该包括规划区内居民人口、户数、流动人口、人口构成、密度等人口资料。

（3）交通污染源调查。目前我国各种机动车的发展速度很快，机动车尾气已成为大气环境污染的另一个重要来源，一些大城市大气污染正在从燃煤型向交通型转变。交通污染源调查应包括各主要交通干道的车流量、车型，折合出大气污染物的排放量。

2．调查方法

调查的方法主要包括资料收集法、实地调查法和现场监测法。在进行现状调查时，应首先收集现有资料，主要从环保和统计部门获得，另外还应该到气象、工业、农业和交通等部门收集相关资料。在现有资料不足时，可进行实地调查和现场监测。实地调查主要是进行入户、大企业现场和道路现场等方面的调查。对于污染源的排放浓度和排放量等数据应该通过现场监测的方法获得。

3．绘制污染源分布图

各类污染源调查工作完成后，将调查内容绘制在图纸上，制成污染源分布图。污染源分布图主要分为单项污染物分布图和综合污染源分布图两种。高的、独立的排放源一般作为点源处理，需要逐一标出，标明排放源名称、废气排放烟囱的高度、排放量等；无组织排放源以及数量多、排放源不高、源强不大的排放源都视为面源污染，可划分成若干片，按片标明位置、能耗及排污量等；繁忙的公路、铁路、机场跑道一般按线源处理。

（二）污染物排放量计算方法

大气污染物调查工作不仅包括污染物种类的调查，而且需要调查每种污染物的数量。计算污染物排放量一般有五种方法。

1．实测法

实测法是对大气污染源进行现场测定，分别得到废气流量值和污染物的浓度值，然后相乘得出污染物的排放量。计算公式如下：

$$Q_i = Q_n \times C_i \times 10^{-6} \tag{7-1}$$

式中：Q_i —— 废气中第 i 类污染物的源强，kg/h；

　　　Q_n —— 废气体积（标准状态）流量，m³/h；

　　　C_i —— 废气中第 i 类污染物的实测质量浓度值，mg/m³。

2. 物料平衡法

根据物质守恒定律，在生产过程中，投入原料的物料量应该等于产出的产品物料量和流失量之和。对一些无法实测的污染源，可采用此方法计算污染物的源强。计算公式如下：

$$\sum Q_{原料}=\sum Q_{产品}+\sum Q_{流失} \tag{7-2}$$

式中：$\sum Q_{原料}$ —— 投入物料量总和；

　　　$\sum Q_{产品}$ —— 产出物料量总和；

　　　$\sum Q_{流失}$ —— 流失量。

物料平衡法既适用于整个生产过程总的物料衡算，也适用于某一个生产环节或生产设备的局部衡算。

3. 排污系数法

排污系数法也称经验估算法，它是根据生产过程中单位产品的经验排放系数和产品产量计算污染物排放量，计算公式为

$$Q=K\times W \tag{7-3}$$

式中：Q —— 污染物排放量；

　　　K —— 单位产品的经验排放系数；

　　　W —— 某种产品的单位时间产量。

目前，污染物排污系数可参考《第一次全国污染源普查产排污系数》。但是，由于各种污染物的排放系数产生于某些特定的生产条件，例如原料、生产工艺、生产设备、工人素质和操作技术等，而各地区、各单位由于生产条件的不同，污染物排放系数也不尽相同。因此，若选用有关文献给出的排污系数时，应根据实际情况予以修正。

4. 类比法

类比法是根据已建成投产的类似工程项目的污染物实际排放情况进行推算的方法。在资料缺乏的情况下可以使用此法，但应注意考虑对象与类比对象之间的相似性和可比性，如生产工艺、规模、设备条件、产品种类、操作与管理水平等

的差异。

5. 经验公式法

对于某些污染物排放量，可依据一些经验公式来计算。

（1）燃煤二氧化硫排放量计算：

$$Q_s=1.6BS（1-\eta）\qquad\qquad（7-4）$$

式中：Q_s—— 二氧化硫排放量，kg/a；

    B—— 耗煤量，kg/a；

    S—— 燃煤中全硫的含量，%；

    η—— 二氧化硫脱硫效率，%。

不同产地的煤含硫量不同，数据可由产地煤质分析报告得到。

（2）燃煤烟尘量计算：

$$Q_{烟}=BAd_{fh}（1-\varepsilon）\qquad\qquad（7-5）$$

式中：$Q_{烟}$—— 燃煤烟尘排放量，kg/a；

    B—— 耗煤量，kg/a；

    A—— 煤的灰分，%，不同产地的煤灰分不同，数据可由产地煤质分析报告得到；

    d_{fh}—— 烟气中烟尘占灰分的百分数，%，数据来源同灰分；

    ε—— 除尘系统除尘效率，%，若安装二级除尘器，$\varepsilon=\varepsilon_1（1-\varepsilon_1）（1-\varepsilon_2）$，$\varepsilon_1$ 为一级除尘率，ε_2 为二级除尘率。

（三）大气污染源评价

大气污染源评价是依据大气污染源调查的资料进行分析，确定出主要的污染源和主要的污染物，常用的评价方法主要是等标污染负荷法。

等标污染负荷法即把各种污染物的排放量进行标化计算，然后进行比较，从而确定出主要的污染源和主要污染物。一般情况下，等标污染负荷越大说明污染潜在危害越大。

1. 等标污染负荷法

（1）某污染物的等标污染负荷 P_i

$$P_i=Q_i/C_i\qquad\qquad（7-6）$$

式中：Q_i——污染物 i 的年（或日）排放量，t 或 kg；

C_i——污染物 i 的评价标准，mg/m³ 或 mg/L。

根据评价工作需要可取环境质量标准或污染物排放标准。

（2）某污染源的等标污染负荷 P_n

$$P_n = \sum_{i=1}^{n} P_i \tag{7-7}$$

某污染源的等标污染负荷等于该污染源内各类污染物等标污染负荷之和。

（3）某区域的等标污染负荷 P_m

$$P_m = \sum_{n=1}^{m} P_n \tag{7-8}$$

某区域的等标污染负荷等于该区域内各污染源等标污染负荷之和。

（4）区域内某污染物的总等标污染负荷 $P_{i总}$

$$P_{i总} = \sum_{i=1}^{m} P_i \tag{7-9}$$

区域内某污染物的等标污染负荷等于该区域内各污染源产生某一种污染物的等标污染负荷之和。

（5）污染负荷比

某污染物占某污染源的污染负荷比：

$$K_i = \frac{P_i}{P_n} \times 100\% \tag{7-10}$$

区域内某污染源占全区域的污染负荷比：

$$K_n = \frac{P_n}{P_m} \times 100\% \tag{7-11}$$

区域内某污染物占全区域的污染负荷比：

$$K_{i总} = \frac{P_{i总}}{P_m} \times 100\% \tag{7-12}$$

2．主要污染物的确定

分别计算区域内各类污染物的等标污染负荷 $P_{i总}$，从高到低排列，然后计算各污染物占全区域的污染负荷比 $K_{i总}$，并计算累计百分比，将累计百分比大于 80% 左右的污染物列为该区域的主要污染物。

3．主要污染源的确定

分别计算区域内各污染源的等标污染负荷 P_n，从高到低排列，然后计算各污染源占全区域的污染负荷比 K_n，并计算累计百分比，将累计百分比大于 80%左右的污染源列为该区域的主要污染源。

三、大气污染源解析

区域大气污染物的来源广泛，仅仅通过对工业、生活和交通污染源的调查，不能全面反映其构成，应该还包括道路尘、扬尘、建筑尘等。而且由于大气具有扩散效应，区域的大气污染物可能不仅仅来源于区域内部，而且临近的其他区域也会对本区产生影响。因此弄清区域大气污染物的来源及各来源所占比例，成为环境管理和科学决策一个非常重要而又复杂的课题。目前用到的主要方法是源解析技术，即对大气污染物的来源进行定性或定量研究的技术。不仅可以定性地识别大气污染物的来源，还可以定量地计算出各个污染源对环境污染的贡献值。其结果可以直接指导大气污染防治规划方案的制定，对于确定污染治理重点，有着十分重要的指导意义。

目前大气污染物源解析技术主要有 3 种，包括排放清单、以污染源为对象的扩散模型和以污染区域为对象的受体模型。

1．排放清单

排放清单是指在特定地理区域、特定时间间隔内，各类大气污染源排放各种污染物的综合清单。一个完整的清单应当包括：清单需要的背景信息、地理区域的相关描述、各类污染源污染物排放量估算表格、各类污染源的详细描述及数据收集和估算的方法等。掌握环境空气中污染物的排放清单情况是解决大气环境的前提条件。大气污染物的排放清单包括排放污染物的排放源的基本情况（源的类型、位置、高度等）和排放量。建立大气主要污染物的排放清单是环境空气污染防治的基础工作，可以掌握污染物源的基本情况，为建立排放、输送等模式提供基础数据，为制定各种排放削减方案提供依据。一旦识别了主要污染源及其排放量，首先可以计算各个主要污染源对总排放量的贡献，其次可以输入大气扩散模型，模拟环境空气的污染现状或者预测未来的环境空气质量，为大量相关政策的制定提供决策基础。建立的排放清单需要准确、完整，如果不能考虑所有排放源，只能得到错误的结果，所制定的控制措施也就不能达到预期的目标。

2. 扩散模型

扩散模型是以污染源排放率和规划区气象资料为基础数据，估算某个污染源排放并扩散到采样点处的大气污染物对采样点处大气环境的影响，即已知影响采样点处大气污染物的污染源个数和方位，来估算这些污染源对采样点处大气污染物的贡献。

大气污染扩散模型主要有烟羽模型、箱体模型等，这些模型需要提供颗粒物扩散过程中详细的气象资料，包括粒子在大气中生成、消除和输送等重要特征参数。然而取得这些参数和把握参数的规律性是相当困难的，因此扩散模型的制定和使用具有复杂性和困难性。而且，扩散模型中的许多变量在时空上是随机的，彼此独立存在，并且利用扩散公式只能估算出近似值，无法准确描述颗粒物在大气中的扩散特征，因此扩散模型对污染物在受体处负载的计算十分粗略。

尽管如此，目前扩散模型仍是大气污染物源解析的基础方法之一，尤其适用于小尺度区域原生粒子的空间分布。

3. 受体模型

受体模型从以采样点处收集到的大气颗粒物着手，根据颗粒物的粒径、成分等特征分析这些颗粒物的来源，进而反推出产生这些颗粒物的污染源。

与扩散模型相比，受体模型不需要分析排放源的排放条件、气象、地形等信息，不用解析颗粒物的迁移过程，避免了应用扩散模型的困难，因而受体模型解析技术自 20 世纪 70 年代应用以来发展很快。

受体模型的技术方法是通过分析采样点颗粒物特征，计算污染源对颗粒物产生的贡献。颗粒物特征参数包括：粒子大小、粒子形状、粒子颜色、颗粒物粒径分布、化学组成（有机物、无机物、放射性核素）、组成成分的化学状态和浓度及其在时间和空间上的变化。其中可直接用于定量计算污染源贡献的参数，包括颗粒物类型、浓度组成，以及粒子数目和粒径大小等。研究方法大致可以分为 3 类：显微镜法、物理法、化学法，其中以化学法的发展最为成熟。

不管哪种方法最终都可以定性地识别大气污染物的来源，定量地计算出各个污染源对环境污染的贡献值。该污染源如果主要来自于区域内部，就要通过制定相应的污染防治措施控制污染排放，例如污染物来源主要是燃煤，就应该通过调整产业结构、改进燃煤技术、调整能源消费结构等措施，减少燃煤量和燃煤污染物产生量；如果污染物来源主要是道路扬尘就要通过道路绿化、运输车辆卫生管理、区域卫生管理等措施，减少道路扬尘的产生。该污染源如果主要来自于区域外部，其污染防治的措施中就不能只考虑区域内部的管理，需要加入区域协调方面的建议。

四、大气环境质量现状监测与评价

大气污染物进入区域大气系统后，在区域大气环境自然过程的影响下，形成大气污染物浓度的时空分布特征，即大气环境质量特征。大气环境质量的现状评价的目的是了解大气环境质量现状的优劣和环境质量的变化趋势，为建立污染源和大气环境质量的响应关系提供基础数据，也是确定大气环境规划目标、进行大气污染趋势分析、大气污染综合治理方案的重要依据。进行大气环境质量现状监测与评价的一般程序是首先选定污染物评价因子，然后获取参数监测数据，并进行统计分析，最后选用合理的评价方法进行评价。

1. 选定评价因子

人类向大气排放的污染物种类繁多，但带有普遍性的主要污染物只有颗粒物（如 TSP、PM_{10}、$PM_{2.5}$）、烟尘、二氧化硫、氮氧化物、挥发性有机物（以下简称 VOCs）、碳氧化物、光化学氧化剂等。在进行大气环境质量评价时，首先应根据本区域的环境特征和污染现状选择评价因子。一般会选择对本区域的大气污染有重要影响的污染物作为评价参数。如煤烟型污染选用 PM_{10}、$PM_{2.5}$、烟尘、二氧化硫等参数，交通型污染选用氮氧化物、VOCs、一氧化碳、光化学氧化剂等参数。

2. 常规检测数据的收集与分析

如规划范围内设有常规大气监测站、点，应尽可能利用现有例行监测资料。一般收集规划区近 1～5 年的环境监测数据，包括监测点位、污染物因子、污染物浓度等。例行监测数据具有从宏观角度分析区域大气环境质量总体水平和长期变化规律的价值。

如没有例行监测资料，则需要现场布点，专门进行大气环境质量现状监测，或借用邻近区域环境监测资料，但必须要进行可用性分析，只有在相关气象气候条件相同或相似且污染源较少的情况下才能借用。

3. 监测结果统计

统计分析之前应对监测数据进行严格的审核，依据《数据的统计处理和解释正态样本离群值的判断和处理》（GB/T 4883—2008）的有关规定，对少数极大、极小值要做出科学认真的分析，剔除异常值，对真实的极值要分析原因并做出说明。

以列表的方式给出各监测点大气污染物的不同取值时间的质量浓度变化范围，计算各取值时间最大质量浓度值占相应标准质量浓度限制的百分比，并评价其达标情况，如出现超标现象，应计算其超标率、最大超标倍数，分析超标原因及大气污染物质量浓度的日变化和大气污染物质量浓度与污染源排放、污染气象因素之间的关系。

4. 评价方法

目前多采用单项质量指数法进行环境空气质量现状评价，其公式为：

$$I_i = C_i / C_{0i} \qquad (7\text{-}13)$$

式中：C_i —— 监测值，mg/m^3；

　　　C_{0i} —— 评价质量标准限值，mg/m^3。

当 $I_i \geq 1$ 时为超标，$I_i < 1$ 为达标。

第三节　大气环境功能区划

大气环境功能区划以保护生活环境和生态环境，保障人体健康及动植物正常生存、生长和文物古迹为宗旨，将规划区大气环境划分成不同的功能区域，对不同的功能区实行不同的控制目标和对策。

一、大气环境功能区划分目的

1. 保证区域社会功能的正常发挥

根据社会功能的不同，区域可划分为工业区、商业区、居民区、文化区和旅游区等，不同的社会功能区域对大气环境质量有不同的需求，为了保证这些区域社会功能的正常发挥，国家划定了不同等级的大气环境功能区，各功能区分别采用不同的大气环境标准。

2016 年 1 月 1 日前主要执行《环境空气质量标准》（GB 3095—1996），将大气功能区分为三类，分别为一类区、二类区和三类区（见表 7-1）。2016 年 1 月 1 日后执行《环境空气质量标准》（GB 3095—2012），将大气功能区分为两类，分别为一类区和二类区（见表 7-2）。

表 7-1　大气环境功能区划分（1996）

功能区	范围	执行标准
一类区	自然保护区、风景名胜区和其他需要特殊保护的地区	一级
二类区	城镇规划中确定的居住区、商业交通居民混合区、文化区、一般工业区和农村地区	二级
三类区	特定工业区	三级

表 7-2　大气环境功能区划分（2012）

功能区	范围	执行标准
一类区	自然保护区、风景名胜区和其他需要特殊保护的区域	一级
二类区	居住区、商业交通居民混合区、文化区、工业区和农业地区	二级

2．充分利用区域地理条件

划分大气环境功能区时应充分利用规划区的地形、水文、气候和道路等地理条件。一方面可充分利用环境的界限（如山脉、河流、道路等）作为相邻功能区的边界线，尽量减少边界的处理。另一方面应特别注意风向的影响，一类功能区应放在最大风频的上风向，二类区应安排在下风向，以此最大限度地开发利用大气自净能力，达到既扩大区域污染物的允许排放总量，又减少治理费用的目的。

3．便于分区管理

划分大气环境功能区，有利用分区进行管理。可对不同的功能区制定不同的大气环境目标，实行不同的控制对策，能更有效地解决各区大气环境问题。

二、大气环境功能区划分的依据

（1）规划区总体规划。功能区划必须与规划区总体规划相一致，保证规划区总体功能的发挥。

（2）自然条件。功能区划分时应尽量依据地形地貌、气候、水文或环境单元的自然界限。例如山脉、河流及其岸带、海域及其岸带、自然保护区和风景旅游区等。

（3）环境的开发利用程度。不同功能区开发利用程度的要求不同，对环境质量的要求也不同，例如经济开发区、绿色食品基地和绿地等。

（4）社会经济现状和发展趋势。依据规划区社会经济现状、特点和未来发展趋势可划分工业区、居民区、科技开发、教育开发区和经济开发区等。

（5）行政区划。行政辖区往往不仅反映环境的地理特点，而且也反映某些经济社会特点。按层次的行政辖区划分功能区不仅具有经济、社会和环境的合理性而且便于管理。

（6）环境保护的重点和特点。依据环境保护的重点和特点划分功能区，一般可分为重点保护区、一般保护区、污染控制区和重点污染治理区等。

三、大气环境功能区划分原则

（1）应充分利用现行行政区界或自然分界线，便于界限的确定和功能区的管理。

（2）宜粗不宜细，严格限制二类区。一类功能区宜大不宜小，二类功能区宜小不宜大。一类、二类功能区边界适当放大一类区范围，缩小二类区范围。充分保证一类功能区环境空气质量的达标。

（3）既要考虑环境空气质量现状，又要兼顾城市发展规划。做到既符合实际又具有前瞻性，发挥区划的延续性。

（4）不能随意降低原已划定的功能区的类别，保障功能区环境空气质量不降低。

四、大气环境功能区划分方法

大气环境功能区划应在区域环境功能区（或城市性质）的基础上，根据环境空气质量功能区划分的原则以及地理、气象、政治、经济和大气污染源现状分布等因素的综合分析结果，按环境空气质量标准的要求将环境空气划分为不同的功能区域。其划分方法如下：

（1）分析区域发展规划，确定环境空气质量功能区划分的范围并准备工作底图。

（2）根据调查和监测数据以及环境空气质量功能区类别的定义、划分原则等进行综合分析，确定每一单元的功能类别。

（3）把区域类型相同的单元连成片，并绘制在底图上；同时将环境空气质量标准中例行监测的污染物和特殊污染物的日平均值等值线绘制在底图上。

（4）根据大气质量管理、区域总体规划和被保护对象对环境空气质量的要求，兼顾自然条件和社会经济发展，将已建成区与规划中的开发区等最终边界的区域功能类型进行反复审核，最终确定该区域的大气功能区划分的方案。

（5）对有明显人为氟化物排放源的区域，其功能区应严格按《环境空气质量标准》中的有关条款进行划分。

大气环境功能区划是一个复杂的问题，涉及的因素较多，采用简单的定性方法进行划分，不能很好地揭示出大气环境的本质在空间上的差异及其多因素间的内在关系。定量划分大气环境功能区的方法一般有：多因子综合评分法、模糊聚类分析法、生态适宜度分析法和层析分析法等。

五、大气环境功能区划分的要求

（1）一、二类功能区不得小于 4 km^2。

（2）二类区不应设在一类功能区的主导风向的上风向。

（3）一类区与二类区之间设置一定宽度的缓冲带。缓冲带的宽度根据区划面积、污染源分布、大气扩散能力确定，一般情况下宽度不小于 300 m。缓冲带内的环境空气质量应向要求高的区域靠。

（4）位于缓冲带内的污染源，应根据其对环境空气质量要求高的功能区的影响情况，确定该污染源执行排放标准的级别。

第四节　大气环境预测

大气环境预测的目的是了解规划期内，规划区大气环境的变化趋势，为规划区进行大气污染物总量控制和制定污染防治措施提供基础依据。大气污染预测主要包括大气污染源的源强预测和大气环境质量预测。在进行大气污染预测时，首先要确定主要大气污染物，以及影响污染量变化的主要因素；然后预测排污量变化对大气环境质量的影响。

一、大气污染源源强预测

源强是研究大气污染的基础数据，其定义就是污染物的排放速率。对于瞬时点源，源强是点源的一次排放的总量；对连续点源，源强是点源在单位时间里的排放量。

（一）源强预测的一般模型

$$Q_i = K_i W_i (1 - \eta_i) \qquad (7\text{-}14)$$

式中：Q_i —— 源强，对瞬时排放源以 kg 或 t 计，对连续稳定排放源以 kg/h 或 t/d 计；

K_i —— 某种污染物的排放因子；

W_i —— 燃料的消耗量，对固体燃料以 kg 或 t 计，对液体燃料以 L 计，对气体燃料以 100 m³ 计，时间单位以 h 或 d 计；

η_i —— 净化设备对污染物的去除放率；

i —— 污染物的编号。

（二）耗煤量预测

目前我国大气污染以煤烟型为主，因此污染源多为煤，下面重点介绍工业和民用耗煤量的预测方法。

1. 工业耗煤量预测

工业耗煤量的预测方法主要有弹性系数法、回归分析法、灰色预测等。以弹性系数法为例，其预测方法如下：

$$E = E_0 (1 + a)^{(t - t_0)} \qquad (7\text{-}15)$$

$$M = M_0 (1 + \beta)^{(t - t_0)} \qquad (7\text{-}16)$$

式中：E —— 预测年工业耗煤量，10^4 t/a；

E_0 —— 基准年工业耗煤量，10^4 t/a；

M —— 预测年工业总产值，10^4 t/a；

M_0 —— 基准年工业总产量，10^4 t/a；

t —— 预测年；

t_0 —— 基准年。

2. 民用耗煤量预测

$$E_s = A_s S \qquad (7\text{-}17)$$

式中：E_s —— 预测年取暖耗煤量，10^4 t/a；

A_s —— 取暖耗煤系数，t/m²；

S —— 预测年采暖面积，m^2。

（三）污染物排放量预测

煤烟型污染产生的大气污染物主要是二氧化硫和烟尘。计算方法详见本章第二节式（7-4）和式（7-5）。

二、大气环境质量预测

大气环境质量预测是为了了解未来一定时期的经济、社会活动对大气环境带来的影响，以便采取改善大气环境质量的措施。因此，大气环境质量预测的主要内容是预测大气环境中污染物的含量。目前大气环境质量的预测方法较多，常用方法有箱式和高斯两种模型。

（一）箱式模型

箱式模型是研究大气污染物排放量与大气环境质量之间关系的一种最简单的模式。利用箱式模型预测大气环境质量，主要适用于家庭炉灶和低矮烟囱分布不均匀的面源。其基本理念是将区域看作是一个箱子，通过箱体大气输入—输出关系，预测大气中污染物的浓度。其模型公式为

$$\rho_B = \frac{Q}{uLH} + \rho_{B0} \tag{7-18}$$

式中：ρ_B —— 大气污染物质量浓度预测值（标态），mg/m^3；

    Q —— 面源源强，t/a；

    u —— 进入箱内的平均风速，m/s；

    L —— 箱的边长，m；

    H —— 箱高，即大气混合层高度，m；

    ρ_{B0} —— 预测区大气环境背景质量浓度值（标态），mg/m^3。

在应用箱式模型时，对模型中的大气混合层高度 H，有两种确定的方法，一种是从预测地区气象部门直接获得，另一种是利用有关气象资料，通过绝热曲线法求解大气混合层高度，具体过程可参考有关资料。

（二）高斯扩散模型

高斯扩散模型认为仅是由于风使烟向下风方向移动，且在这一方向上没有扩

散，仅在与烟轴成直角的方向上才有扩散。这一模型假定烟流截面上的浓度分布为二维高斯分布。高斯扩散模型由于计算简单、形式简明，因此是目前常用的预测模型之一。若烟的有效排放高度为 H_e，排放的是气体或气溶胶（粒子直径约 20 μm），假设地面对烟全都反射，即没有沉降和化学反应发生时，在空间任一点 (x, y, z) 处的某污染物的浓度 C 可以用下式求出：

$$C(x, y, z) = \frac{q}{2\pi u \sigma_y \sigma_z} F(y) \ F(z) \tag{7-19}$$

$$F(y) = \exp\left(-\frac{y^2}{2\sigma_z^2}\right) \tag{7-20}$$

$$F(z) = \exp\left[-\frac{(z - H_e)^2}{2\sigma_z^2}\right] + \exp\left[-\frac{(z + H_e)^2}{2\sigma_z^2}\right] \tag{7-21}$$

式中：q —— 污染物排放源强，g/s；

C —— 污染物的质量浓度，mg/m³；

u —— 平均风速，m/s；

σ_y —— 用质量浓度标准偏差表示的 y 轴的扩散参数；

σ_z —— 用质量浓度标准偏差表示的 z 轴的扩散参数；

H_e —— 烟流中心线距地面的高度，即烟囱的有效高度。

上式适用于假定在烟流移动方向上忽略扩散。若排放是连续的，或排放时间不小于从源到计算位置的运动时间时，这种假设条件就可以成立，即可以忽略输送方向上的扩散。

第五节 大气环境规划目标和指标体系

一、大气环境规划目标

大气环境规划目标是根据区域社会、经济与环境协调发展的需要，以区域大气环境调查、评价和预测为基础，按照区域大气环境功能区划分的要求，为了解决规划期内主要大气环境问题而制定的。

（一）大气环境质量目标

大气环境质量目标是大气环境规划的基本目标，不同的地域和功能区，大气环境质量目标不同，由一系列表征环境质量的指标来实现。

（二）大气环境污染总量控制目标

大气环境污染总量控制目标是以大气环境功能区环境容量为基础的目标，将污染物控制在功能区环境容量的限度内，超出部分作为削减目标或削减量。

大气环境规划目标的决策过程一般是：首先初步拟定大气环境目标，编制达到该大气环境目标的规划方案；然后论证方案的可行性，当可行性出现问题时，重新修改大气环境目标和实现目标的方案；再进行综合平衡，经过多次反复论证；最后确定出最科学的大气环境目标。

二、大气环境规划的指标体系

大气环境规划的指标体系是用来表征规划区具体大气环境特征和质量的指标体系，是大气环境目标的具体化。目前，根据不同的规划目标，国内外已经有了一些被大家公认、统一的大气环境系统的指标体系。在大气环境规划中，作为大气环境指标体系要同时考虑环境质量、环境污染防治、环境建设等因素。

（一）大气环境规划指标

1. 气象、气候指标

气象、气候等指标是进行大气环境规划需要了解的大气基础资料，是分析大气扩散能力的重要依据。主要指标有：风向、风速、风频、气温、气压、大气稳定度和混合层高度等。

2. 大气环境质量指标

主要指标有：总悬浮颗粒物、烟尘、粉尘、二氧化硫、氮氧化物、碳氧化物、光化学氧化剂、臭氧、氟化物、苯并芘等的浓度。

3. 大气污染控制指标

主要有三大类，分别是废气排放量指标，例如废气排放总量和各类废气排放量（粉尘、烟尘、二氧化硫、氮氧化物、碳氧化物等的排放量；废气达标排放指标，例如工业尾气达标率和机动车尾气达标率等；废气的回收利用指标，包括废气总回收利用率和各类废气的回收利用率（烟尘及粉尘的去除率，二氧化硫、氮氧化物、碳氧化物等的回收率）。

4. 区域环境建设指标

主要有能源气化率、集中供热率、型煤普及率、绿地覆盖率和人均公共绿地等。

5. 区域社会经济指标

主要有国内生产总值、人均国内生产总值、工业总产值、各行业产值、总能耗、各行业能耗、万元工业产值能耗、人口总量、人口户数、人口密度及分布和人口增长率等。

（二）筛选大气环境规划指标的方法

大气环境规划属于综合性的环境规划，指标涉及面广，内容比较复杂。因此，必须在众多相关的统计和监测指标中筛选出科学的大气环境规划指标，方法主要有：综合指数法、层次分析法、加权平均法和矩阵相关分析法等。

第六节　大气污染物总量控制

大气污染物总量控制是指将某一控制区域（如行政区、流域、环境功能区等）作为一个完整的系统，采取一定的措施，将排入这一区域的大气污染物总量控制在一定范围之内，以满足该区域的环境质量要求或环境管理要求。总量控制的主要内容包括 3 个，分别为排放污染物的总质量、地域范围和排放时间范围。大气污染物总量控制必须在了解区域大气环境过程、大气污染源现状、大气环境质量现状以及大气污染源源强预测和大气环境质量预测等内容的基础之上完成。

随着我国大气环境质量的恶化和居民对优良大气环境的需求，大气污染物总量控制指标也在不断发生变化。"九五"和"十五"期间国家大气污染物总量控制指标有 3 个，分别是烟尘、工业粉尘和二氧化硫；"十一五"期间国家大气污染物总量控制指标只有二氧化硫 1 个；2010 年《国家"十二五"主要污染物总量控制规划编制技术指南》中规定"十二五"期间国家大气污染物总量控制指标有 2 个，分别是二氧化硫和氮氧化物；2013 年 9 月国务院印发的《大气污染防治行动计划》（国发〔2013〕37 号）中规定，要严格实施污染物排放总量控制，将二氧化硫、氮氧化物、烟粉尘和挥发性有机物（VOCs）排放是否符合总量控制要求作为建设项目环境影响评价审批的前置条件。2015 年 10 月环境保护部公布的《国家环境保护"十三五"规划基本思路》中指出，继续实施全国二氧化硫和氮氧化物排放总量控制，进一步完善总量控制指标体系，初步考虑，对全国实施重点行业工业烟粉尘总量控制，对挥发性有机物（VOCs）实施重点区域与重点行业相结合的总量控制，增强差别化、针对性和可操作性。

一、大气污染物总量控制类型

按照技术原理划分，总量控制可以分为容量总量控制、目标总量控制和行业总量控制。

（一）容量总量控制

容量总量控制是指把允许排放的污染物总量控制在受纳环境的环境容量范围之内。这里的环境容量是指在不超过受纳环境给定功能所确定的质量目标的前提下，环境中所能允许排放的污染物的最大量。容量总量控制以环境功能目标为导向，具有较强的科学性。

（二）目标总量控制

目标总量控制是在不能确定环境容量时，从污染物排放现状出发，通过经济技术可行性分析，把允许排放污染物的总量控制在管理目标所规定的污染负荷削减率范围内。目标总量控制虽然不能将污染物排放量和受纳环境的质量直接相联系，但其对数据资料和技术水平的要求较低，可操作性强，同样能够起到较好的环境管理效果。

（三）行业总量控制

行业总量控制指从行业生产工艺入手，通过控制生产过程中原料的投入种类和数量，以及预防污染物的产生，使排放的污染物总量限制在行业管理目标所规定的限额之内。其"总量"的含义是基于资源和能源的利用水平以及"少废""无废"工艺的发展水平而言的。

二、大气污染物总量控制区边界的划定

大气污染物排放总量控制区（简称总量控制区）是由当地人民政府根据区域规划、地区发展与环境保护要求而制定的对大气污染物排放需要实行总量控制的区域。总量控制区以外的区域称为非总量控制区，一般包括广大农村以及工业化

水平低的地区。

大气总量控制区的范围应根据环境保护的目标来确定，一般要遵循以下条件：

（1）涵盖面要广。对于大气污染严重的区域，总量控制区一定要包括大气环境质量超标的全部区域，以及对其影响较大的全部污染源。非超标区根据未来城市规划、经济开发适当地将一些重要的污染源和新的规划区包括在内。

（2）重视主要污染源和主要污染区。总量控制区的划定要包括大气污染现状尚不严重，但存在着孤立的超标区或估计不久会出现严重污染的区域。如果仅仅要求对区域中某一源密集区进行总量控制则可以将该源密集区的可能污染区划为控制区。

（3）尽量包含新经济开发区和新发展城市。对于新经济开发区和新发展城市，应尽量将其划为控制区。

（4）要考虑主导风向。无论划定总量控制区时属于哪种情况，都要考虑当地主导风向的影响，一般在主导风向下风方位，控制区边界应在烟源的最大落地浓度以远处；所以在方位上控制区应该比非主导风向上长些。

（5）控制区不宜随意扩大。总量控制区不宜随意扩大，应以污染源集中区和主要污染区为主，其不同于总量控制模式的计算区，计算区要比控制区大，大出的范围依据控制区边缘处的烟源的最大落地浓度的距离而定。

三、大气污染物允许排放总量估算方法

目前我国常用的总量控制方法有 A-P 值法、模型反推法、模拟法和线性优化法等，这里重点介绍 A-P 值法和模型反推法。

（一）A-P 值法

A-P 值法是最常用，也是最简单的大气污染物允许排放总量估算方法，是在《制定地方大气污染物排放标准的技术方法》（GB/T 3840—91）中提出的，分为 A 值法、P 值法和 A-P 值法。A 值法，属于地区系数法，其关键参数"地理区域性控制系数"用字母"A"来表示，因此称"A"值法，属于目标总量控制法。主要利用控制区总面积、各功能分区面积、控制区大气质量标准和总量控制系数 A 值，就能计算出该面积上的总允许排放量。P 值法与之相似，属于烟囱排放标准的地区系数法，只要给定烟囱高度，再根据当地的点源排放系数 P，就能立即求得该烟囱允许排放量。

A-P 值法是 A 值法和 P 值法的合称。A 值法规定了各区域总的允许排放量，但不能确定每个源允许排放量。而 P 值法可以确定固定的某个烟囱的允许排放总量，但不能限制区域内烟囱的个数，即不能限制区域的总排放量。A-P 值法则把两者结合起来，用 A 值法计算出控制区污染物的允许排放总量，再用修正的 P 值法分配到每个污染源加以控制。

1. A-P 值法计算过程

（1）总量控制区污染物排放总量的限值：

$$Q_{ak} = \sum_{i=1}^{n} Q_{aki} \tag{7-22}$$

式中：Q_{ak} —— 总量控制区某种污染物年允许排放总量限值，万 t；

　　　Q_{aki} —— 第 i 功能区某种污染物年允许排放总量限值，万 t；

　　　n —— 功能区总数；

　　　i —— 总量控制区内各功能区的编号；

　　　a —— 总量下标；

　　　k —— 某种污染物下标。

（2）各功能区污染物排放总量限值：

$$Q_{aki} = A_{ki} \cdot S_i / \sqrt{S} \tag{7-23}$$

$$S = \sum_{i=1}^{n} S_i \tag{7-24}$$

式中：S —— 总量控制区总面积，km^2；

　　　S_i —— 第 i 功能区面积，km^2；

　　　A_{ki} —— 第 i 功能区某种污染物排放总量控制系数，$10^4 t / (a \cdot km)$。

（3）各类功能区内某种污染物排放总量控制系数：

$$A_{ki} = A \cdot C_{ki} \tag{7-25}$$

式中：C_{ki} —— 国家和地方有关大气环境质量标准所规定的与第 i 功能区类别相应的年日平均浓度限值，mg/m^3；

　　　A —— 地理区域性总量控制系数，$10^4 km^2/a$，可参照表 7-3 所列数据选取。主要由当地通风量决定。

表 7-3　我国各地区总量控制系数 A，低源分担率 a，点源控制系统 P 值

地区序号	省（市）名	A	a	P 总量控制区	P 非总量控制区
1	新疆、西藏、青海	7.0～8.4	0.15	100～150	100～200
2	黑龙江、吉林、辽宁、内蒙古（阴山以北）	5.6～7.0	0.25	120～180	120～240
3	北京、天津、河北、河南、山东	4.2～5.6	0.15	100～180	120～240
4	内蒙古（阴山以南）、山西、陕西（秦岭以北）、宁夏、甘肃（渭水以北）	3.5～4.9	0.20	100～150	100～200
5	上海、广东、广西、湖南、湖北、江苏、浙江、安徽、海南、台湾、福建、江西	3.5～4.9	0.25	50～100	50～150
6	云南、贵州、四川、甘肃（秦岭以南）	2.8～4.2	0.15	50～75	50～100

（4）总量控制区内低架源（几何高度低于 30 m 的排气筒排放或无组织排放源）大气污染物年排放量限值：

$$Q_{bk} = \sum_{i=1}^{n} Q_{bki} \qquad (7-26)$$

式中：Q_{bk} —— 总量控制区内某种污染物低架源年允许排放总量限值，10^4 t；

　　　Q_{bki} —— 第 i 功能区低架源某种污染物年允许排放总量限值，10^4 t。

（5）各功能区低架源污染物排放总量限值：

$$Q_{bki} = aQ_{aki} \qquad (7-27)$$

式中：a —— 低架源排放分担率，见表 7-3。

（6）总量控制区内点源（几何高度大于等于 30 m 的排气筒）污染物排放率限值：

$$Q_{pki} = P_{ki} \times H_e^2 \times 10^{-6} \qquad (7-28)$$

式中：Q_{pki} —— 第 i 功能区内各种污染物点源允许排放率限值，t/h；

　　　P_{ki} —— 第 i 功能区内某种污染物点源排放控制系数，t/（h·m²），计算方法见式（7-29）；

　　　H_e —— 排气筒有效高度，m。

（7）点源排放控制系数：

$$P_{ki}=\beta_{ki}\times\beta_k\times P \times C_{ki} \tag{7-29}$$

式中：β_{ki} —— 第 i 功能区某种污染物的点源调增系数；

β_k —— 总量控制区内某种污染物的点源调增系数；

C_{ki} —— 国家和地方有关大气环境质量标准所规定的与第 i 功能区类别相应的日平均质量浓度限值，mg/m^3；

P —— 地理区域性点源排放控制系数。

（8）各功能区点源调整系数：

$$\beta_{ki}=（Q_{aki}-Q_{bki}）/Q_{mki} \tag{7-30}$$

式中：β_{ki} —— 第 i 功能区某种污染物的点源调增系数，若 $\beta_{ki}>1$ 则取 $\beta_{ki}=1$；

Q_{mki} —— 第 i 功能区某种污染物所有中架点源（几何高度大于或等于 30 m、小于 100 m 的排气筒）年允许排放的总量，10^4 t/a。

（9）总量控制区点源调整系数：

$$\beta_k=（Q_{ak}-Q_{bk}）/（Q_{mk}+Q_{ek}） \tag{7-31}$$

式中：β_k —— 总量控制区内某种污染物的点源调增系数，若 $\beta_k>1$ 则取 $\beta_k=1$；

Q_{mk} —— 总量控制区内某种污染物所有中架点源年允许排放的总量，10^4 t/a；

Q_{ek} —— 总量控制区内某种污染物所有高架点源（几何高度大于或等于 100 m 排气筒）年允许排放的总量，10^4 t/a。

（10）实际排放总量超出限制后的削减原则：

尽量削减低架源总量 Q_{bk} 及 Q_{bki}，使得 β_k 和 β_{ki} 接近或等于 1，然后再按式（7-29）方法计算点源排放控制系数 P_{ki}。

2. A-P 值法的优缺点

（1）A-P 值的优点：A-P 值法数据易得，计算过程简单。A 值法需要的控制区总面积、各功能分区的面积以及地区总量控制系数，以及 P 值法所需的地区特定的 P 值、烟囱有效高度和环境标准浓度等数据都比较容易得到。

（2）A-P 值的缺点：①A-P 值法是在大大简化复杂的大气条件的前提下，依靠多个经验参数，近似推理的一种方法，科学性不强，结论的可靠性较差；②A-P 值法对地形、污染源布局和环境敏感点的分布等没有进行考虑；③A 值法所用的箱模型的假设，隐含了污染物刚排出就立即在箱体内完全混合，大大低估了地面的实际浓度；④P 值法按与烟囱高度平方成反比的关系分配允许排放量，夸大了提升烟囱对降低污染的作用。

（二）模型反推法

A-P 值法是在现有污染源的基础上，计算出总排放量及各功能的 P 值，再将允许排放量分配到原有的各个源上去，而不能确定新源的位置。大气总量控制规划需说明新增污染源的大致位置、源强、排放高度等问题，利用大气环境质量模型反推，在确定大气环境质量标准的条件下，可以计算控制区域各种污染源的排放总量，也可以规划新源的位置、源强和排放高度。

在大气环境质量预测中通常是把污染源分为高架源和面源分别预测其贡献浓度，再和背景浓度相叠加，计算出总浓度。所以，在计算污染物允许排放量时，分为高架源和面源也会区别对待。

（1）环境目标：在大气环境规划中往往制定的是总环境目标，$\rho_{B高}$ 和 $\rho_{B面}$ 的分配直接影响计算结果，所以在分配时，应考虑高架源和面源现状、规划的污染分担率，以及现状、规划治理措施。

$$\rho_{B总} = \rho_{B高} + \rho_{B面} \tag{7-32}$$

式中：$\rho_{B总}$ —— 大气环境质量（标态）总目标，mg/m^3；

$\quad\quad\rho_{B高}$ —— 高架源的大气环境质量（标态）目标，mg/m^3；

$\quad\quad\rho_{B面}$ —— 面源的大气环境质量（标态）目标，mg/m^3。

（2）高架源允许排放量的计算：

$$Q = \rho_{B高} \cdot \pi u \sigma_y \sigma_z / \left[\exp(-y^2/2\sigma_y^2) \exp(-H_e^2/2\sigma_z^2) \right] \tag{7-33}$$

$$Q_{高架源允许排放量} = Q/K_1 \tag{7-34}$$

式中：Q —— 高架源排放强度，t/a；

$\quad\quad K_1$ —— 高架源转化系数。

（3）面源允许排放量的计算：

$$Q = （\rho_{B高} - \rho_{B0}） uLH \qquad （7\text{-}35）$$

$$Q_{面源允许排放量} = Q/K_2 \qquad （7\text{-}36）$$

式中：Q —— 面源排放强度，t/a；

$\quad\quad\rho_{B0}$ —— 大气环境背景质量浓度，mg/m³；

$\quad\quad K_2$ —— 面源转化系数。

已有一些比较成熟的软件，只要选定预测方法，输入各污染源数据、污染气象数据及有关参数，计算机就可自动计算相应结果。

四、总量负荷分配方式

根据环境规划目标和环境预测计算出污染物允许排放总量后，如何进行分配是实现总量控制目标的关键。

（一）按燃料或原料用量的分配方式

该方法是将控制区允许排放总量，按各污染源或工厂使用的燃料和原料用量进行分配。采用这种方式对小型污染源可以进行有效的控制，然而对排放高度没有限制，也没有考虑不同源对环境质量的贡献率，因此不能区别对待不同排放高度和不同位置的污染源实际造成危害的差别。而且，如果燃料供应和燃料品质的选择不稳定，实际上实施较困难。

（二）等比例削减的分配方式

该方法分配原则较简单，就是对所有烟源采取同样的比例削减污染物排放量。但各污染源对大气环境质量浓度的贡献率不一样，自身治理水平也不同，所以采用等比例削减，存在明显不公平性，一般情况下不用。只有在控制区域比较小或污染源相当密集的情况下才能使用。

（三）A-P值分配方式

由 A 值法计算出控制区域不同环境功能区允许排放总量，然后将其按 P 法分配给各污染源。这种分配方法需要的条件少，简便易行，利用常规资料就能完成，但它没有考虑不同位置的污染源对大气环境质量浓度贡献率的差异。

（四）按贡献率削减排放量的分配方式

排放量按各污染源对控制区地面大气环境质量浓度贡献的大小进行削减，也就是对环境质量影响大的多削减，影响小的少削减。显然，这种方法对各污染源来说是比较公平合理的。但是从总量控制的总体观念上看，它不具备削减量总和或削减率总和以及最小的源强优化特点，也不具备治理费用总和或最小的经济优化特点。

（五）优化规划分配方式

在达到环境目标值的约束条件下，运用数学规划法优化分配方案，使污染源排放量的总削减量或总削减率最小，或使污染治理费用投资总和最小，从而求出污染源的允许排放量和削减量的最佳分配原则。这种分配方式有利于发展生产和降低治理费用投资，从总量控制的总体观念上讲显然是合理的。

第七节　大气污染综合防治措施

大气污染防治是一项复杂的系统工程，涉及的范围很广，如能源利用、污染控制、环境管理等方面。制定科学的大气污染综合防治方案，必须以区域实际条件为基础，根据区域污染气象特征，结合区域生态系统现状，系统分析影响大气环境质量的多种因素，确定区域大气污染综合整治的重点，然后制定出具有针对性的、具体的大气污染综合防治方案。本节重点介绍我国大气污染综合防治的一般性措施。

一、减少污染物的产生量和排放量

（一）控制新增污染源

根据环境规划中的目标要求，结合当地的污染现状、经济社会发展水平，按国家《产业结构调整指导目录》（2015）的要求进行产业结构调整，以达到削减老污染源、控制新增污染源的目的，逐步改善区域大气环境质量。

1. 严格控制"两高"行业新增产能

各地应根据国家高耗能、高污染和资源型行业准入条件，明确资源能源节约和污染物排放等指标。有条件的地区可制定符合当地功能定位、严于国家要求的产业准入目录。严格控制"两高"行业新增产能，新、改、扩建项目实行产能等量或减量置换。

2．加快淘汰落后产能

结合各地产业发展实际和环境质量状况，进一步提高环保、能耗、安全、质量等标准，明确落后产能淘汰任务，倒逼产业转型升级。对布局分散、装备水平低、环保设施差的小型工业企业进行全面排查，制定综合整改方案，实施分类治理。

3．压缩过剩产能

加大环保、能耗、安全执法处罚力度，建立以节能环保标准促进"两高"行业过剩产能退出的机制。制定财政、土地、金融等扶持政策，支持产能过剩"两高"行业企业退出、转型发展。发挥优强企业对行业发展的主导作用，通过企业兼并重组，推动过剩产能压缩。严格核准产能严重过剩行业新增产能项目。

4．坚决停建产能严重过剩行业违规在建项目

认真清理产能严重过剩行业违规在建项目，对未批先建、越权核准的违规项目，尚未开工建设的，不准开工；正在建设的，停止建设。地方政府要加强领导和监督，坚决遏制产能严重过剩行业盲目扩张。

（二）改进能源结构

我国大气污染属于煤烟型，以煤为主的能源结构是影响我国大气环境质量的主要因素，2015 年煤炭在我国能源消费中的比例在 63%左右，是大气环境中 TSP、SO_2、NO_x 和 CO_2 的主要来源。因此，要解决我国大气环境问题，必须加强能源结构调整工作。

主要方法有：通过调整产业结构，控制高燃煤量产业的发展；发展气体燃料、液体燃料、合成燃料来代替燃煤；逐渐推广新能源，例如太阳能、风能、地热能、潮汐能和沼气等，从而减少燃煤量。

（三）降低燃煤污染

在今后较长时间内，我国以燃煤为主的能源结构将很难改变。因此，降低燃煤过程中大气污染物的排放，是改善大气环境质量的有效途径。

煤燃烧产生的污染物的量及热效率，主要与煤的成分和性质以及燃煤设备的

性能和操作过程等密切相关。就煤的成分而言，应避免直接燃烧原煤，推广低硫分、低灰分的优质煤和型煤。就煤的性质而言，应将煤炭气化、液化，改变煤的燃烧方式，提高煤的燃烧率。就燃煤设备而言，应不断改进锅炉，改变煤的燃烧方式，采用节能、高效、低排放的燃烧设备。

（四）实行集中供热

集中供热是统一采用大型供热设备代替分散的锅炉或其他分散供热设备的供热方式。相对于分散治理，集中控制有利于集中人力、物力、财力，从而解决重点污染问题；有利于采用新技术，从而提高污染治理效果；有利于提高资源利用率，从而加速有害废物资源化；有利于节省污染防治的成本，从而更有效地改善和提高环境质量。

集中供热系统一般包括热源、热力网和热能用户 3 部分。我国集中供热的主要方式是热电联产、凝汽式机组改造为循环热水或抽气式机组供热，此外还有利用工业余热、地热、垃圾燃烧、核能等供热的方式。

（五）加强污染源治理

能源结构调整和污染集中控制虽然可以有效地减少污染物的排放，改善大气质量环境，但对于污染源来说，还必须采取有效的治理技术和设备，降低污染物的排放，使之达标或达到总量控制所要求的允许排放量。

1. 控制颗粒物排放

控制颗粒物排放的方法与技术很多，目前常用的处理设备有重力沉降设备、洗涤除尘器、静电除尘器、布袋除尘器、旋风式除尘器、声波除尘器等。一般的企业在经济允许的情况下，可采用多种除尘设备组成除尘组合器，可产生较好的除尘效果。

2. 控制气体污染物排放

气体污染物可采用燃烧、吸附、吸收、冷凝、催化、生物净化、膜分离和回收等方法来控制。对具体的污染源，应根据气体污染物的性质和企业经济能力来决定。目前大部分采用吸收、吸附、催化法来控制。

（六）实施清洁生产

清洁生产是指以节能、降耗、减少污染为目标，以改进产品设计、降低能源和原料的使用量、采用先进的工艺技术与设备、改善管理和综合利用等为手段，实施生产全过程的污染控制，从源头削减污染，提高资源利用效率，使污染物的产生量、排放量最小化的一种综合性措施。清洁生产与传统的以末端治理为主的污染防治战略完全不同，它是对生产全过程进行污染控制，体现的是预防污染的思想。实施清洁生产，可以尽量将污染物消灭在生产过程中，大大减少污染物的最终排放量，减轻末端治理的压力。

（七）控制汽车尾气排放

随着我国经济的不断发展，机动车拥有量迅速增长，机动车尾气污染随之成为大气污染的重要来源。特别是一些大城市，大气环境污染有可能从以煤烟型为主逐步过渡为氮氧化物为主的机动车燃油氧化型污染。因此，必须采取措施加强对机动车污染的控制。具体措施如下：

（1）加强城市交通管理。实施公交优先战略，提高公共交通出行比例；根据城市发展规划，合理控制机动车保有量；通过鼓励绿色出行、增加使用成本等措施，降低机动车使用强度。

（2）加快石油炼制企业升级改造，提升燃油品质。加强油品质量监督检查，严厉打击非法生产、销售不合格油品行为。

（3）加强机动车环保管理。首先加强新生产车辆环保监管，严厉打击生产、销售环保不达标车辆的违法行为；加强机动车年检管理，不达标车辆不得上路；鼓励出租车每年更换高效尾气净化装置，开展工程机械等非道路移动机械和船舶的污染控制。

（4）不断提高低速汽车节能环保要求，减少污染排放，推进低速汽车升级换代。

（5）大力推广新能源汽车。

（6）气象条件恶劣时应限制车辆的出行。

二、改善生态环境，增强环境自净能力

（一）科学利用大气环境自净规律

根据大气环境自身的稀释扩散、氧化、还原等自净能力，可安排大气污染物定量、定点、定时的排放，以最大限度地利用大气环境的自净规律，从而保证大

气污染浓度不超过功能区的标准要求。

（二）规划植被体系，完善区域绿化系统

植物是改造自然、保护生态环境的主力，具有多方面的生态功能，如净化空气、净化水体、改良土壤、降低噪声、调节空气温度和湿度及区域小气候等。其在净化空气方面的作用主要体现在以下几个方面：吸收 CO_2、释放 O_2、消烟滞尘等。因此，搞好区域绿化，对改善大气环境质量有十分重要的意义。

1．建设和保护森林公园

相关研究表明，森林的生态效益远大于城市景观绿地，不仅有净化空气的作用，而且能够涵养水源、保持水土、维护生物多样性，因此应该重视森林公园的建设和保护。

2．保证足够的公共绿地

分布均匀的绿地空间结构能更有效地发挥绿地的生态功能。在人口密集、大气污染比较严重的地段和区域应建立充足的公共绿地，发挥绿地的规模效应，降低人为干扰强度和边缘效应，形成绿地占优势地位的景观格局。

一般认为绿地覆盖率必须达到30%以上，才能起到改善大气环境质量的作用。世界上许多国家的城市都比较重视城市绿化，公共绿地面积保持较高的指标。因此，要发挥绿地改善环境的作用，就必须保证城市拥有足够的绿地面积。

3．加强绿化廊道建设

在工业区和居民区之间布置绿化隔离带，可以减少工业区对居民区的污染。绿化隔离带的距离应根据当地的气象和地形条件、环境质量要求以及污染物的危害程度、污染源的排放强度及治理现状等，通过扩散公式或风洞实验来确定。一般情况下污染源为高烟囱排放时，强污染带主要位于烟囱有效高度的 $10\sim20$ 倍的地区，在此设置绿化隔离带，对阻挡、滞留和吸附污染物的作用相当有效。为了避免污染源跑、冒、漏时，大量污染物聚集在厂区，危害工人身体健康，在工业区内部，车间周围不宜种植密集的树木，应种植低矮的植被，有利于有害气体的迅速扩散。

行道树、公路两旁的防护林带如能有机联络各类绿地，使其组合成一个整体的绿地系统，对交通污染将起到有效的净化作用。为解决道路绿地用地紧张的矛盾，可采取多种措施，如垂直绿化、增加分布带面积等，以增加道路植物生物量，达到较好地改善环境质量效果。

4．选择合适的树种，注重植被配置形式

树种的选择应该考虑适地适树，根据大气污染物种类、强度等条件进行选择，以增加绿化、净化环境效果。一般选择修复能力强、生长旺盛、繁殖迅速、耐贫瘠、抗病虫害、适应性强的树种。

如果植物层次单调、配置简单，植物净化环境效果就会较差。因此要建立多层次的林木结构，增加植物生物量。植物配置以乔灌藤草结合，以多层种植为主，尤其增加垂直结构绿量，如墙面、斜坡可考虑栽植藤本植物，更有效地发挥植被的生态效益，也会增加景观的变化。

（三）保证区域水资源，发挥水域生态功能

地表水与大气有大面积的接触，通过水汽蒸发和蒸腾作用，又回到空气中，可对气温、云量和降雨进行调节，在一定尺度上影响着气候。大气中的污染物有时可通过降水进入水域，水域本身具有一定的自净能力，能够通过自然稀释、扩散、氧化等一系列物理和生物化学反应来净化，从而减少区域污染物质。充足的水域资源可以保证区域植被的健康生长，间接影响区域大气环境质量。

（四）维护生态系统完整性，增强环境自净能力

生态系统完整性是生态系统在特定地理区域的最优化状态，在这种状态下，生态系统具备区域自然生境所应包含的全部本土生物多样性和生态学过程，其结构和功能没有受到人类活动胁迫的损害，本地物种处在能够持续繁衍的种群水平。生态系统完整性好可以反映区域生态系统的状态较好，生态功能明显，环境自净能力较强，反之亦然。因此，要想通过环境自净能力改善区域大气环境质量，就必须维护生态系统的完整性。

三、优化空间资源配置，合理利用大气环境容量

1．优化城市布局

按生态系统理论调整旧区、规划新区的功能分区。将大气敏感目标，例如医院、学校、疗养院、居住区、办公区等，布局在上风向或侧风向。保证足够的绿地空间，包括森林绿地、公共绿地、廊道绿地及零散绿地等，以及景观水域。将市政服务设施（如供热站、污水处理厂、垃圾填埋场等）、一类工业及少量二类工业布局在下风向。道路走向应尽量与区域盛行风向保持一致，充分发挥自然通风

的作用，增强大气环境自净能力，合理利用大气环境容量。

2. 优化产业布局

根据区域大气环境现状和产业布局现状，制定科学的产业空间布局规划，通过区域空间资源有效配置，增加大气自净能力。在城市内，工业区应尽量布置在远离大气环境质量要求较高的居民区的下风向，用地规模较大、对空气有轻度污染的工业（如电子、纺织等），应布置在城市边缘或近郊区；污染严重的大型企业（如冶金、石化、化工、火电站、水泥厂等），应布置在城市的远郊区。在工业区或工厂内部，烟尘和废气污染排放量大的企业或工艺应设置在下风向，并与其他企业或功能区保持一定的距离。根据规划目标制定产业布局逐年调整方案，原则上先调整减排效果明显的项目。新增项目必须严格遵守规划要求，设置在规划允许的范围之内，避免对城镇居民的生活造成影响。

【思考题】

1. 简述大气环境规划的内容。

2. 大气环境系统由哪几个子系统组成，它们之间有什么关系？

3. 大气环境现状调查与评价的主要内容是什么？如何进行大气环境现状调查与评价？结合所学内容，试进行一次区域大气环境现状调查与评价的实践。

4. 大气环境功能区是如何划分的？为什么要进行大气功能区的划分？

5. 大气环境预测的内容是什么？如何进行大气环境的预测？

6. 什么是大气总量控制？为什么要在大气环境规划中实行总量控制？大气总量控制的方法有哪些？

7. 大气污染综合防治的措施有哪些？试以你熟悉的区域为例，制定大气污染综合防治方案。

第八章　噪声污染防治规划

【本章导读】

近年来，随着交通工具和生产设备的机械化程度不断提高，噪声对环境的污染日趋严重，干扰了人类的正常生活、工作和学习，给人类健康带来了危害，是国际上公认的公害之一。制定噪声污染防治规划有利于控制噪声污染、提高声环境质量、保护和改善居民生活环境、保障人体健康，促进经济和社会发展。

本章重点介绍噪声的概念和分类，探讨噪声污染防治规划的主要内容，包括噪声现状调查与评价、噪声污染预测、声环境功能区划、噪声污染控制规划目标与指标和噪声污染控制措施等。

第一节　噪声污染防治规划基础

一、噪声的概念

自然界和人类存在于声音的世界，声音对于人类来说是不可缺少的。在所有的声音中，有些是人类需要的、想听的，也有一些是不需要、不想听的。噪声和乐声很难区分，它们随着人类主观判断的差异而改变，因此噪声和好听的音乐是没有绝对界限的。一般认为凡是影响人类正常的学习、工作和休息，使人厌烦、不愉快和不需要的声音统称为噪声。

按照《中华人民共和国环境噪声污染防治法》（1996）（以下简称《噪声法》）的规定，环境噪声是指在工业生产、建筑施工、交通运输和社会生活中所产生的干扰周围生活环境的声音。

二、噪声的分类

噪声按产生机理和来源分为不同类型：

（1）按照声音产生机理分为机械噪声、空气动力性噪声和电磁性噪声三大类。机械噪声是各种机械设备及其部件在运转和能量传递过程中由于摩擦、冲击、振动等原因所产生的噪声。空气动力性噪声是由气体流动过程中的相互作用，或气体和固体介质之间的相互作用而产生的噪声。电磁性噪声是由电磁场交替变化而引起某些机械部件或空间容器振动而产生的噪声。

（2）按照声音来源分为工业噪声、建筑施工噪声、交通噪声和社会生活噪声四种。工业噪声是指在工业生产活动中使用固定的设备时产生的干扰周围生活环境的声音。建筑施工噪声是指在建筑施工过程中产生的干扰周围生活环境的声音。交通运输噪声是指机动车辆、铁路机车、机动船舶、航空器等交通运输工具在运行时所产生的干扰周围生活环境的声音。社会生活噪声是指人为活动所产生的除工业噪声、建筑施工噪声和交通运输噪声之外的干扰周围生活环境的声音。

三、环境噪声污染

按照《噪声法》的规定，环境噪声污染是指产生的环境噪声超过国家规定的环境噪声排放标准，并干扰他人正常生活、工作和学习的现象。噪声污染会对人体心理和生理产生影响，例如干扰休息、影响思考、损伤听觉和视觉器官、引起植物神经系统功能紊乱等，也会危害动植物的生长，还会对建筑物产生危害。

四、噪声污染防治规划主要内容和技术路线

噪声污染防治规划的主要内容应该包括噪声现状调查与评价、噪声污染预测、声环境功能区划、噪声污染控制规划目标与指标、噪声污染防治方案等。

制定噪声污染防治规划的具体步骤为：①通过实地调查与监测和基础资料的收集，了解规划区噪声环境现状，并根据国家和地方相关标准和技术规范进行噪声现状评价，找出噪声环境现状问题；②结合规划区总体规划、土地利用规划等相关规划进行噪声污染趋势分析，并制定声环境功能区划，提出声环境规划目标；③针对声环境规划目标，制定噪声污染防治规划方案；④经过可行性分析和反复论证对规划方案进行优化，得到噪声污染防治规划的最终方案；⑤根据规划方案实施污染防治工作，以确保规划目标的实现。

具体技术路线如图 8-1 所示。

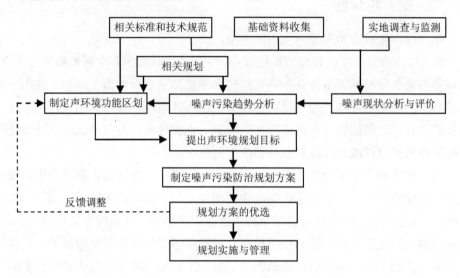

图 8-1　噪声污染防治规划的技术路线

第二节　噪声现状调查与评价

一、噪声现状调查的内容

（1）规划区内相关发展规划，主要包括城乡总体规划、城市建设规划、土地利用规划、交通规划、国民经济和社会发展规划等。

（2）规划区内已制定的相关环境规划，主要包括各级行政区环境规划、地区环境保护五年规划等。

（3）规划区内环境噪声的种类和强度等背景情况。

（4）规划区产生噪声的主要污染源。

（5）规划区内存在的主要声环境污染问题。

（6）规划区为控制噪声污染而制定的法律法规及政策和措施。

（7）规划区内噪声敏感区和保护目标的分布情况。

（8）规划区噪声功能区现状划分情况。

（9）规划区内受噪声影响的人口数量及分布。

二、噪声现状调查的方法

噪声现状调查的方法主要有收集资料、现场调查和测量法。在进行现状调查时，首先，收集现有资料，资料主要从环保部门获得，相关发展规划和人口资料要从相关政府部门获得。其次，当资料不能满足规划需求时，再进行现场调查和现状监测。现状监测需要进行实际布点，布点时应遵循 4 个原则：①覆盖整个评价范围；②重点布置在现有噪声源对敏感区有影响的点上；③对于点声源，重点布置在声源周围，靠近声源处监测点密度要高于远处；④对于线状声源，应根据噪声敏感区域分布状况确定若干噪声监测断面，在各个断面上距声源不同距离处布置一组监测点。

三、噪声现状评价

（一）噪声评价量

噪声源评价量可用声压级或倍频带声压级、声功率级、A 声级、A 计权声功率。依据国家环境噪声标准，对于稳态噪声，如常见的工业噪声，一般以 A 声级为评价量；对于声级起伏较大（非稳态噪声）或间歇性噪声，如公路噪声、铁路噪声、港口噪声、建筑施工噪声等，以等效连续 A 声级（L_{Aeq}、dB（A））为评价量；对于机场飞机噪声以计权等效连续感觉噪声级（WECPNL、dB），即 D 声级为评价量。

（二）噪声评价标准

环境噪声的评价标准，应采用以下相关国家标准：

《声环境质量标准》（GB 3096—2008）；

《机场周围飞机噪声环境标准》（GB 9660—1988）；

《铁路边界噪声限值及其测量方法》（GB 12525—1990）；

《建筑施工场界环境噪声排放标准》（GB 12523—2011）；

《工业企业厂界环境噪声排放标准》（GB 12348—2008）；

《社会生活环境噪声排放标准》（GB 22337—2008）。

（三）评价内容和方法

噪声现状评价的方法是对照相关标准分析得出规划区现状数据的达标或超标情况。

评价主要内容如下：

（1）评价规划区内噪声源现状，包括现有噪声源种类、数量及相应的噪声级、噪声特性，并分析主要噪声源。

（2）评价规划区内现有噪声敏感区、保护目标的分布情况、噪声功能区的划分情况等。

（3）评价规划区内环境噪声现状，包括各功能区达标情况及主要噪声源分析。

（4）评价规划区内受噪声影响的人口分布状况。

第三节　噪声污染预测

一、交通噪声预测

（一）公路交通噪声预测模式

（1）i 型车辆行驶于昼间或夜间，预测点接收到小时交通噪声值计算公式：

$$\left(L_{Aeq}\right)_i = L_{wj} + 10\lg\left(\frac{N_i}{v_i T}\right) - \Delta L_{距离} + \Delta L_{纵坡} + \Delta L_{路面} - 13 \qquad (8\text{-}1)$$

式中：$(L_{Aeq})_i$ —— 第 i 型车辆昼间或夜间小时交通噪声值，dB；

　　　L_w —— 第 i 型车辆的平均辐射声级，dB；

　　　N_i —— 第 i 型车辆的昼间或夜间的平均小时交通量，辆/h；

　　　v_i —— i 型车辆的平均行驶速度，km/h；

　　　T —— L_{Aeq} 的预测时间，在此取 1 h；

　　　$\Delta L_{距离}$ —— 第 i 型车辆行驶噪声，昼间或夜间在距噪声等效行车线距离为 r 的预测点处的距离衰减量，dB。

（2）各型车辆昼间或夜间使预测点接收到的交通噪声值计算公式：

$$\left(L_{Aeq}\right)_{交} = 10\lg\left[10^{0.1\left(L_{Aeq}\right)_L} + 10^{0.1\left(L_{Aeq}\right)_M} + 10^{0.1\left(L_{Aeq}\right)_S}\right]\Delta L_1 + \Delta L_2 \qquad (8\text{-}2)$$

式中：$(L_{Aeq})_L$、$(L_{Aeq})_M$、$(L_{Aeq})_S$——分别为大、中、小型车辆昼间或夜间，预测点接收到的交通噪声值，dB；

$(L_{Aeq})_{交}$——预测点接收到的昼间或夜间的交通噪声值，dB；

ΔL_1——公路曲线或有限长路段引起的交通噪声修正量，dB；

ΔL_2——公路与预测点之间的障碍物引起的交通噪声修正量，dB。

（二）铁路噪声预测模式

把铁路各类声源简化为点声源和线声源，分别进行计算。

1．点声源

$$L_p = L_{p0} - 20\lg\left(r/r_0\right) - \Delta L \qquad (8\text{-}3)$$

式中：L_p——测点的声级（可以是倍频带声压级或 A 声级）；

L_{p0}——参考位置处的声级（可以是倍频带声压级或 A 声级）；

r——预测点与点声源之间的距离，m；

r_0——测量参考声级处与点声源之间的距离，m；

ΔL——各种衰减量，包括空气吸收、声屏障或遮挡物、地面效应等引起的衰减量。

2．线声源

$$L_p = L_{p0} - 10\lg\left(r/r_0\right) - \Delta L \qquad (8\text{-}4)$$

式中：L_p——线声源在预测点产生的声级（倍频带声压级或 A 声级）；

L_{p0}——线声源参考位置处的声级（倍频带声压级或 A 声级）；

r——预测点与线声源之间的距离，m；

r_0——测量参考声级处与线声源之间的距离，m；

ΔL——各种衰减量，包括空气吸收、声屏障或遮挡物、地面效应等引起的衰减量。

3．总的等效声级

$$L_{eq}(T) = 10 \lg \left[\frac{1}{T} \sum_{i=1}^{n} t_i 10^{0.1 L_{pi}} \right]$$
　　　　　(8-5)

式中：t_i——第 i 个声源在预测点的作用时间（在 T 时间内）；

L_{pi}——第 i 个声源在预测点产生的 A 声级；

T——计算等效声级的时间。

（三）机场飞机噪声预测模式

机场飞机噪声预测根据下列基本步骤进行：

（1）计算斜距。以飞机起飞或降落点为原点，跑道中心线为 x 轴、垂直地面为 z 轴、垂直于跑道中心线为 y 轴建立坐标系。设预测点的坐标为 (x, y, z)，飞机起飞、爬升、降落时与地面所成角度为 θ，则飞机与预测点之间的斜距为

$$R = \sqrt{y^2 + (x \tan \theta \cos \theta)^2}$$
　　　　　(8-6)

如果可以查得离起飞或降落点不同位置飞机距地面的高度 H，斜距为

$$R = \sqrt{y^2 + (H \cos \theta)^2}$$
　　　　　(8-7)

（2）查出各次飞机飞行的有效感觉噪声级数据。根据飞机机型、起飞或降落、斜距可以查出飞机飞过预测点时在预测点产生的有效感觉噪声级 $EPNL$。

（3）按下式计算平均有效感觉噪声级 $\overline{EPNL}$

$$\overline{EPNL} = 10 \lg \left[\left(\frac{1}{N_1 + N_2 + N_3} \right) \left(\sum_{i=1}^{N} 10^{0.1 EPNL} \right) \right]$$
　　　　　(8-8)

式中：N_1，N_2，N_3——白天（07：00～09：00）、晚上（19：00～22：00）和夜间（22：00～07：00）通过该点的飞行次数，$N=N_1+N_2+N_3$。

计权等效连续感觉噪声级为

$$WECPN = \overline{EPNL} + 10 \lg (N_1 + 3N_2 + 10N_3) - 40$$
　　　　　(8-9)

二、工业噪声预测模式

工业噪声源有室外和室内两种声源，应分别计算。一般来讲，进行环境噪声

预测时所使用的工业噪声源都可按点声源处理。

（一）室外声源

（1）按下式计算某个声源在预测点的倍频带声压级：

$$L_{oct}(r) = L_{oct}(r_0) - 20\lg(r/r_0) - \Delta L_{oct} \qquad (8\text{-}10)$$

式中：$L_{oct}(r)$ —— 点声源在预测点产生的倍频带声压级；

$L_{oct}(r_0)$ —— 参考位置 r_0 处的倍频带声压级；

r —— 预测点与声源之间的距离，m；

r_0 —— 参考位置与声源之间的距离，m；

ΔL_{oct} —— 各种因素引起的衰减量，包括空气吸收、声屏障或遮挡物、地面效应等引起的衰减量。

如果已知声源的倍频带声功率级 $L_{w,oct}$，且声源可看作是位于地面上的，则：

$$L_{oct}(r_0) = L_{w,oct} - 20\lg r_0 - 8 \qquad (8\text{-}11)$$

（2）由各倍频带声压级合成计算出该声源产生的 A 声级 L_A。

（二）室内声源

（1）按下式计算室内靠近围护结构处的倍频带声压级：

$$L_{oct,1} = L_{w,oct} + 10\lg\left(\frac{Q}{4\pi r_1^2} + \frac{4}{R}\right) \qquad (8\text{-}12)$$

式中：$L_{oct,1}$ —— 某个室内声源在靠近围护结构处产生的倍频带声压级；

$L_{w,oct}$ —— 某个声源的倍频带声功率级；

r_1 —— 室内某个声源与靠近围护结构处的距离，m；

R —— 房间常数；

Q —— 方向性因子。

（2）按下式计算出所有室内声源在靠近围护结构处产生的总倍频带声压级：

$$L_{oct,1}(T) = 10\lg\left[\sum_{i=1}^{N} 10^{0.1L_{oct,1(i)}}\right] \qquad (8\text{-}13)$$

（3）按下式计算出室外靠近围护结构处产生的总倍频带声压级：

$$L_{oct,2}(T) = L_{oct,1}(T) - (TL_{oct} + 6) \qquad (8\text{-}14)$$

（4）将室外声级 $L_{oct,2}(T)$ 和透声面积换算成等效的室外声源，按下式计算

出等效声源第 i 个倍频带的声功率级 $L_{w,oct}$:

$$L_{w,oct} = L_{oct,2}(T) + 10\lg S \qquad (8\text{-}15)$$

式中: S —— 透声源面, m^2。

（5）等效室外声源的位置为围护结构的位置, 其倍频带声功率级为 $L_{w,oct}$, 由此按室外声源的方法计算等效室外声源在预测点产生的声级。

（三）计算总声压级

设第 i 个室外声源在预测点产生的 A 声级为 $L_{Ain,i}$; 在 T 时间内该声源工作时间为 $t_{in,i}$; 第 j 个室外声源在预测点产生的 A 声级为 $L_{Aout,j}$; 在 T 时间内该声源工作时间为点的总等效声级为 $t_{out,j}$, 则预测点的总等效声级为

$$L_{eq}(T) = 10\lg\left(\frac{1}{T}\right)\left(\sum_{i=1}^{N} t_{in,i} 10^{0.1L_{Ain,i}} + \sum_{j=1}^{M} t_{out,j} 10^{0.1L_{Aont,j}}\right) \qquad (8\text{-}16)$$

式中: T —— 计算等效声级的时间;

　　　N —— 室外声源个数;

　　　M —— 等效室外声源个数。

三、区域环境噪声预测

区域环境噪声受工业噪声、交通噪声影响, 并与人口密度呈一定的相关关系, 人口增加 1 倍, 昼夜等效声级将提高 3 dB（A）。

预测采用点声源自由场衰减模式, 仅考虑距离衰减值, 忽略大气吸收, 障碍物屏障等因素, 其噪声预测公式为

$$L = L_0 - 20\lg(r/r_0) \qquad (8\text{-}17)$$

根据公式可预测每个噪声源在评价点的贡献值, 再将所有声源在该点的贡献值用对数法叠加, 得出噪声声源对该点噪声的贡献值, 贡献值与本底值叠加, 即得出影响预测值。具体模式如下:

$$L = 10\lg\left(\sum_{i=1}^{n} 10^{0.1L_i}\right) \qquad (8\text{-}18)$$

第四节　声环境功能区划

声环境要素是居民比较敏感的环境要素，但与其他环境要素相比其污染源影响范围一般较小，区域间相互影响较弱，因此划分的区域空间可以相对小一些。

一、声环境功能区划的主要依据

（1）《声环境质量标准》（GB 3096—2008）和《声环境功能区划分技术规范》（GB/T 15190—2014）；

（2）规划区性质和空间布局特征现状，以及城乡总体规划、分区规划、建设规划和土地利用规划等；

（3）规划区环境噪声污染现状特点和环境噪声管理要求；

（4）规划区的行政区划及自然地理条件。

二、声环境功能区划的原则

区划以有效地控制噪声污染的程度和范围，有利于提高声环境质量为宗旨，应遵循以下原则。

（1）应以城市规划为指导，按区域规划用地的主导功能、用地现状确定。应覆盖整个城市规划区面积。

（2）应便于城市环境噪声管理和促进噪声治理。

（3）单块的声环境功能区面积，原则上不小于 0.5 km^2。山区等地形特殊的城市，可根据城市的地形特征确定适宜的区域面积。

（4）调整声环境功能区类别需进行充分的说明。严格控制 4 类声环境功能区范围。

（5）根据城市规模和用地变化情况，噪声区划可适时调整，原则上不超过 5 年调整一次。

三、声环境功能区分类

根据《声环境质量标准》（GB 3096—2008），按区域的使用功能特点和环境质量要求，声环境功能区分为以下五种类型：

0 类声环境功能区：指康复疗养区等特别需要安静的区域。

1 类声环境功能区：指以居民住宅、医疗卫生、文化教育、科研设计、行政办公为主要功能，需要保持安静的区域。

2 类声环境功能区：指以商业金融、集市贸易为主要功能，或者居住、商业、工业混杂，需要维护住宅安静的区域。

3 类声环境功能区：指以工业生产、仓储物流为主要功能，需要防止工业噪声对周围环境产生严重影响的区域。

4 类声环境功能区：指交通干线两侧一定距离之内，需要防止交通噪声对周围环境产生严重影响的区域，包括 4a 类和 4b 类两种类型。4a 类为高速公路、一级公路、二级公路、城市快速路、城市主干路、城市次干路、城市轨道交通（地面段）、内河航道两侧区域；4b 类为铁路干线两侧区域。

四、环境噪声限值

（1）根据《声环境质量标准》（GB 3096—2008），各类声环境功能区适用表 8-1 规定的环境噪声等效声级限值。

表 8-1　环境噪声限值　　　　　　　　　　　　　单位：dB（A）

声环境功能区类别	时段	昼间	夜间
0 类		50	40
1 类		55	45
2 类		60	50
3 类		65	55
4 类	4a 类	70	55
	4b 类	70	60

（2）表 8-1 中 4b 类声环境功能区环境噪声限值，适用于 2011 年 1 月 1 日起环境影响评价文件通过审批的新建铁路（含新开廊道的增建铁路）干线建设项目两侧区域。

（3）在下列情况下，铁路干线两侧区域不通过列车时的环境背景噪声限值，按昼间 70dB（A）、夜间 55 dB（A）执行：①穿越城区的既有铁路干线。②对穿越城区的既有铁路干线进行改建、扩建的铁路建设项目。

既有铁路是指 2010 年 12 月 31 日前已建成运营的铁路或环境影响评价文件已通过审批的铁路建设项目。

（4）各类声环境功能区夜间突发噪声，其最大声级超过环境噪声限值的幅度不得高于 15dB（A）。

五、声环境功能区的划分要求

（一）城市声环境功能的确定

城市区域应按照《声环境功能区划分技术规范》（GB/T 15190—2014）的规定划分声环境功能区，分别执行《声环境质量标准》（GB 3096—2008）规定的 0、1、2、3、4 类声环境功能区环境噪声限值。

（二）乡村声环境功能的确定

乡村区域一般不划分声环境功能区，根据环境管理的需要，县级以上人民政府环境保护行政主管部门可按以下要求确定乡村区域适用的声环境质量要求：

（1）位于乡村的康复疗养区执行 0 类声环境功能区要求。

（2）村庄原则上执行 1 类声环境功能区要求，工业活动较多的村庄以及有交通干线经过的村庄（指执行 4 类声环境功能区要求以外的地区）可局部或全部执行 2 类声环境功能区要求。

（3）集镇执行 2 类声环境功能区要求。

（4）独立于村庄、集镇之外的工业、仓储集中区执行 3 类声环境功能区要求。

（5）位于交通干线两侧一定距离[参考《声环境功能区划分技术规范》（GB/T 15190—2014）第 8.3 条规定]内的噪声敏感建筑物执行 4 类声环境功能区要求。

六、声环境功能区划分的方法

（一）划分次序

首先应对 0、1、3 类声环境功能区确认划分，余下区域划分为 2 类声环境功能区，在此基础上划分 4 类声环境功能区。

（二）0~3 类声环境功能区划分

1. 0 类声环境功能区划分方法

0 类声环境功能区适用于康复疗养区等特别需要安静的区域。该区域内及附近应无明显噪声源，区域界限明确，原则上面积不小于 0.5 km^2。

2. 1 类声环境功能区划分方法

符合下列条件之一的划分为 1 类声环境功能区：

（1）城市用地现状已形成一定规模或近期规划已明确主要功能的区域，其用地性质符合 1 类声环境功能区规定的功能要求的区域。

（2）I 类用地占地率大于 70%（含 70%）的混合用地区域。I 类用地包括《城市用地分类与规划建设用地标准》（GB 50137—2011）中规定的居住用地、公园绿地、行政办公用地、文化设施用地、教育科研用地、医疗卫生用地、社会福利设施用地。

3. 2 类声环境功能区划分方法

符合下列条件之一的划分为 2 类声环境功能区：

（1）城市用地现状已形成一定规模或近期规划已明确主要功能的区域，其用地性质符合 2 类声环境功能区规定的功能要求的区域。

（2）划定的 0、1、3 类声环境功能区以外居住、商业、工业混杂区域。

4. 3 类声环境功能区划分方法

符合下列条件之一的划分为 3 类声环境功能区：

（1）城市用地现状已形成一定规模或近期规划已明确主要功能的区域，其用地性质符合 3 类声环境功能区规定的功能要求的区域。

（2）II 类用地占地率大于 70%（含 70%）的混合用地区域。II 类用地包括《城市用地分类与规划建设用地标准》（GB 50137—2011）中规定的工业用地和物流仓储用地。

（三）4 类声环境功能区划分

1. 4a 类声环境功能区划分

（1）将交通干线边界线外一定距离内的区域划分为 4a 类声环境功能区。距离的确定方法如下：①相邻区域为 1 类声环境功能区，距离为 50 m±5 m；②相邻区域为 2 类声环境功能区，距离为 35 m±5 m；③相邻区域为 3 类声环境功能区，距离为 20 m±5 m。

（2）当临街建筑高于三层楼房以上（含三层）时，将临街建筑面向交通干线一侧至交通干线边界线的区域定为 4a 类声环境功能区。

2．4b 类声环境功能区划分

交通干线边界线外一定距离以内的区域划分为 4b 类声环境功能区。距离的确定方法与 4a 类声环境功能区划分方法相同。

3．划分 4 类声环境功能区

不同的道路、不同的路段、同路段的两侧及道路的同侧其距离可以不统一。

4．各地划分

应按照上述 4a 类声环境功能区划分（1）中规定的距离范围确定具体值。

（四）乡村声环境功能的确定

乡村声环境功能的确定按《声环境质量标准》（GB 3096—2008）的规定执行。

（五）其他规定

（1）大型工业区中的生活小区，根据其与生产现场的距离和环境噪声现状水平，可从工业区中划出，定位 2 类或 1 类声环境功能区。

（2）铁路和城市轨道交通（地面）场站、公交枢纽、港口站场、高速公路服务区等具有一定规模的交通服务区域，划为 4a 类或 4b 类声环境功能区。

（3）尽量避免 0 类声环境功能区紧临 3 类、4 类声环境功能区的情况。

（4）近期内区域功能与规划目标相差较大的区域，以用地现状作为区划的主要依据；随着城市规划的逐步实现，及时调整声环境功能区。

（5）未建成的规划区内，按其规划性质或按区域声环境质量现状，结合可能的发展划定区域类型。

第五节　噪声污染控制规划目标与措施

一、噪声污染控制规划总体目标

噪声污染控制规划总体目标是为居民提供一个安静的生活、学习和工作环境。以环境噪声污染现状和噪声污染预测数据为基础，结合各声环境功能区的基本要求，确定规划区内噪声控制目标。

二、噪声污染控制规划指标

噪声污染控制规划指标主要包括：①环境噪声达标率，对各功能区环境噪声规划水平年达标率提出具体指标要求；②交通噪声达标率，对各交通干线噪声在规划水平年达标率提出具体指标要求；③厂界噪声达标率；④建筑施工噪声达标率。

三、噪声污染控制措施

噪声污染控制措施是以声环境功能区划和噪声污染控制规划目标为约束，通过优化用地布局、降低声源、控制传播途径、防护受害者等措施控制噪声，建成噪声达标区。

（一）城乡规划布局措施

规划区在制定城乡规划时要充分考虑用地布局对区域环境噪声的影响，合理使用土地和划分区域是减少交通噪声干扰的有效方法。在编制城乡规划时，用科学合理的布局避免噪声干扰，特别应重视对噪声敏感区的影响。如康复疗养、学校、医院和居住等特别需要安静的区域，最好不要与工业、交通干道、机场跑道等噪声较大的用地类型直接相连，中间应有一定宽度的绿地、商业、综合类等用地类型隔开。

在制定城乡道路改造及建设方案时，应充分考虑道路交通噪声对人居环境的影响。尽可能与居民住宅楼、小区保持合理的距离，临街建筑应以商店、餐馆或娱乐场所等非居住性建筑为宜，使其成为人居建筑前的防噪屏障。对不得不在道路两侧建造的居民住宅，通过在道路两侧建设隔声墙、公共走廊，建筑物加装封闭阳台、安装隔声门窗等措施，最大限度地降低道路交通噪声的影响。

（二）典型声源的噪声污染防治措施

1. 交通噪声污染控制

（1）公路、铁路、城市轨道交通的噪声防治。公路、铁路、城市轨道噪声影响的主要对象是线路两侧的以居住、学习、疗养等为主的环境敏感目标。噪声的大小与车流量、车辆的行驶速度、吨位、路面质量以及道路与敏感建筑的距离密切相关，其防治对策主要有控制噪声源和噪声传播两种途径：

①噪声源控制。首先，改进机车设计，提高机车整体性能，降低车辆噪声；其次，修建低噪声路面，使用多孔隙沥青路面（试验证明与普通的沥青混凝土路面相比较，多孔隙沥青路面可降低道路噪声 3～8dB），降低轮胎与路面接触噪声；再次，综合平衡工程技术规范的要求和环保需要，设计合理的纵坡和路堤高度，降低行车的动力噪声；最后，加强机车管理，严格禁止噪声超标车辆、超载车辆等不符合上路要求的车辆上路行驶，对进入噪声敏感区域车辆的型号和速度进行限制，另外要求车辆必须按相应的规定使用声响装置。

②噪声传播途径控制。首先，可建设声屏障，主要有吸声式和反射式两种，吸声式主要采用多孔吸声材料来降低噪声，反射式主要是对噪声声波的传播进行反射，在设计声屏障时，除要求满足声学要求外还应注意声屏障的造型与色彩设计，要与周围景观协调一致；其次，可建设降噪绿化林带，林带的位置应尽量靠近声源，有一定的宽度，最好是由多条窄林带组成，以乔木、灌木和草地相结合的方式形成一个连续、密集的障碍带。

（2）机场噪声防治。飞机起飞和降落时所产生的噪声是机场噪声的主要来源。可通过以下几个方面降低机场噪声污染：①优化机场选址，避开噪声敏感区域；②合理规划机场布局，选择适合的跑道位置；③优化飞行程序，缩短飞行距离；④调整昼夜飞行架次比例，减少敏感时段的影响；⑤对机场周围土地使用进行规划和控制，避免在噪声污染区布局噪声敏感的功能；⑥对现有的机场周围噪声敏感建筑物，应采取防护或使用功能更改、拆迁等措施。

2. 工业噪声污染控制

工业噪声防治以固定的工业设备噪声源为主，防治对策主要考虑从噪声源、噪声传播途径和噪声接受对象等环节来控制噪声。

（1）控制噪声源。工业噪声从产生方式上主要分为机械、气流和电磁噪声。

机械噪声是机械设备运转时，部件间的摩擦力、撞击力或非平衡力，使机械部件和壳体产生振动而产生的噪声。对这类噪声进行治理，可从改进设备材料、完善设备设计、改革工艺和操作方法、提高零部件加工精度和装配质量、加强生产管理等方面入手，对声源进行控制，达到减小噪声的目的。

气流噪声主要由生产运行中的风动工具，如：风机、高压风管、空压机等产生气流的起伏运动或气动力产生的噪声。在对其进行控制时，首先可将与生产无直接关联的电动机、鼓风机等高噪声设备独立成间，便于集中防治；其次还可以通过改变叶扇型式、转速等参数来减小气流噪声；再次尽量少用弯头，使气流传输顺畅也可以一定程度上减小气流噪声的影响；最后还应该采用相应的减振措施，比如在设计这类设备时，在振动发声部位装配橡胶、软木、毡板或相关涂料等，或使用阻尼减震器控制声源振动。

由电磁场交替变化而引进某些机械部件或空间容积振动而产生的噪声，称为电磁噪声，主要来自于变频器、大型电动机和变压器等用电设备。一般应尽量使设备安装远离人群，一是保障电磁安全，二是利用距离衰减降低噪声。当距离受到限制，则应考虑对设备采取隔声措施，或对设备本身，或对设备安装的房间，做隔声设计，以符合环境要求。

（2）阻隔噪声传播途径。首先对生产区域进行合理布局，将噪声设备与工人办公和休息区分隔，使工作区域不受干扰；其次合理使用隔声壁、吸声墙等来减轻或阻断噪声的传播；再次利用地形天然屏障，或者在噪声设备车间周围种植树林、花草等，利用绿化林带降低噪声。

（3）加强噪声接受对象保护。根据工作现场具体情况和噪声特性，为工作人员提供耳塞等保护设备，以减少工业噪声对工作人员的危害。

3．建筑施工噪声污染控制

（1）加强环境保护部门的管理、监督作用。施工单位必须在开工前规定时间内向工程所在地环境保护行政主管部门申报该工程的项目名称、施工场所、占地面积、施工总期限，在各施工期（土石方阶段、打桩阶段、结构阶段、装修阶段）可能产生环境噪声污染范围和污染程度，以及采取防治环境污染的措施等信息，经环保部门审查批准后方可开工。

建筑施工过程中环保部门应加强监督管理，采取抽查方式监测其场界噪声。可根据施工期噪声对环境污染范围、强度、时间及建设规模向建设单位预征收足额的建筑施工场界噪声排污费，以此对环境、社会、周围居民进行补偿。

（2）建立"公众参与"的监督制度。施工场界周围的居民和群众团体有权在施工前了解施工时可能发生噪声污染情况，施工单位应听取当地公众的意见，接受公众监督。任何单位和个人都有保护声环境的义务，并有权对造成环境噪声污染的单位和个人进行检举和控告，保卫自己应享有的环境权益及安静权。

公众应监督环保执法人员的行政行为，促使执法人员按照国家有关法律法规秉公执法，保证施工噪声污染防治措施的有效实施。

（3）使用低噪声的施工机械。施工噪声主要来自各类施工机械在运行过程中发生的噪声，必须采用低噪声的施工机械，以达到控制噪声目的。施工机械进场应得到环保部门的批准，应淘汰对环境噪声污染严重的落后施工机械和施工方式，及时地更新和维修施工现场较为陈旧的设备，引进先进的、低噪声的设备和施工工艺，使噪声污染在施工中得到控制。

4．社会生活噪声污染控制

（1）依法行政，严把审批关。根据《中华人民共和国环境噪声污染防治法》的职责分工，社会生活噪声由公安部门、环保部门等依据法定职责实施监督管理。宾馆酒店、娱乐场所、商业服务等项目的建设应依法进行环境影响评价，其环评文件必须交由环保管理部门审批。把好审批关，就是从源头上控制社会生活噪声污染。审批重点在选址的合法性、布局的合理性、降噪措施的达标性三方面。

（2）从技术上控制声源和噪声传播。防治噪声污染的技术措施，一般是从控制噪声源、传播途径等方面入手。从控制社会生活噪声源来说，环保部门应要求娱乐和商业场所业主对产生噪声源的音响设备进行结构优化设计与制造，减小噪声源。从控制传播途径来说，可要求业主在娱乐和商业场所装修时采用隔声或吸声材料，阻隔噪声向室外传播。环保部门应考虑把这两项作为娱乐和商业场所通过验收的主要内容。

（3）完善法律法规，发挥长效机制。以法律和地方法规形式明确社会生活噪声污染的执法部门、鉴别手段及处罚办法，便于相关部门严格执法。环保管理部门应按照法规要求对辖区内社会生活环境噪声排放的单位定期进行检查和监察，从而长期有效地控制社会生活噪声。

（三）噪声污染防治的技术防治措施

1．在声源处抑制噪声

这是最根本的措施，包括降低激发力，减少系统各环节对激发力的响应以及改变操作程序或改造工艺过程等。在生产管理和工程质量控制中保持设备良好运转状态，不增加不正常运行噪声等。主要包括：①改进机械设计，如在设计和制造过程中选用发声小的材料来制造机件，改进设备机构和形状、改进传动装备以及选用已有的低噪声设备等；②采取声学控制措施，如对声源采用消声、隔声、隔振和减振等措施；③维持设备处于良好的运转状态；④改革工艺、设备结构和操作方法等。

2. 对噪声传播途径中的控制

这是噪声控制中的普遍技术，包括隔声、采用多孔吸声材料及共振吸声结构吸声消声，阻尼减振等措施，也可以利用天然地形或建筑物起到屏障遮挡作用。主要包括：①在噪声传播途径上增设吸声、声屏障等措施；②利用自然地形物（如利用位于声源和噪声敏感区之间的山丘、土坡、地堑、围墙等）降低噪声；③将声源设置于地下或半地下的室内等；④合理布局声源，使声源远离敏感目标等。

3. 对接受器的保护

在某些情况下，噪声特别强烈，在采用上述措施后，仍不能达到要求，或者工作过程中不可避免地有噪声时，就需要从接受器保护角度采取措施。对于人，可佩带耳塞、耳罩、有源消声头盔等。对于精密仪器设备，可将其安置在隔声间或隔振台上。主要包括：①受声者自身增设吸声、隔声等措施；②合理布局噪声敏感区中建筑物功能和合理调整建筑物平面布局。

【思考题】

1. 什么是噪声？噪声是如何分类的，不同类型噪声有哪些不同的特征？
2. 噪声现状调查的内容是什么？如何进行噪声现状的调查？
3. 如何理解声环境功能区划分类？
4. 如何进行声环境功能区划？
5. 试以你熟悉的区域为例，分析如何通过规划的手段进行噪声污染的防治？
6. 简述针对不同类型噪声污染防治的对策有哪些？

第九章 固体废物污染防治规划

【本章导读】

固体废物现已成为破坏景观和污染环境的重要污染物，做好固体废物的污染防治规划，对于减少其对环境和人体健康的影响和危害，有着非常重要的作用。固体废物污染防治规划就是要在固体废物的现状调查与分析的基础之上，进行固废产生量预测，确立合理的目标与指标体系，然后制定固体废物收运和处置规划，最后提出污染防治对策，从而减少固体废物的产生、控制其收运过程和最终去向、提高固废的回收利用率、降低固废污染的危害。

第一节 固体废物概述

一、固体废物的定义

《中华人民共和国固体废物污染环境防治法》（2015 年修订）（以下简称《固废法》）中规定，固体废物是指在生产、生活和其他活动中产生的丧失原有利用价值或者虽未丧失利用价值但被抛弃或者放弃的固态、半固态和置于容器中的气态的物品、物质以及法律、行政法规规定纳入固体废物管理的物品、物质。

二、固体废物的特点

（1）资源和废物的相对性。固体废物具有鲜明的时间和空间相对性特征，在一个时空领域的废物可能是另外一个时空领域的资源。

（2）富集终态和污染源头的双重性。固体废物往往是大气、水体和土壤等污染成分的最终状态，而这些"终态"物质中的有害成分，在长期的自然和人为因素作用下，又会转化到大气、水体和土壤等中，故又成为环境污染的"源头"。

（3）危害的潜在性、长期性和灾难性。固体废物呆滞性强、扩散性小，污染成分迁移转化的过程缓慢，其危害可能在数年以致数十年后才能发现。另外，固体废物，特别是有害废物对环境的危害相对于水、气等而言要严重很多，且很难在短期内得到治理。

三、固体废物的分类

固体废物的种类很多，按照不同的属性可分为不同的类型。固体废物按化学组成可分为有机废物和无机废物；按物理形态可分为固态废物、半固态废物和液态废物；按危险程度可分为危险废物和一般废物；按来源可分为工业、生活、农业等废物；按毒性状况可分为有毒废物和无毒废物；按其可燃性可分为可燃废物和不可燃废物。

目前大多数学者针对固体废物的研究时，常用的分类方法是按照来源或危害特性的分类。

（一）按来源分类

生活垃圾指在日常生活中或者为日常生活提供服务的活动中产生的固体废物以及法律、行政法规规定视为生活垃圾的固体废物。生活垃圾主要来源为居民家庭日常生活、商业和机关日常工作过程、市政维护和管理过程中产生的废弃物。它的主要成分复杂，有机物含量高，其所含化学元素大部分为碳，其次为氧、氢、氮、硫等。按照区域特性可划分为城市生活垃圾和农村生活垃圾。

工业固体废物是各工业部门生产环节产生的固体废弃物，又称为工业废渣或工业垃圾。其种类繁多，例如冶金工业固体废物、能源工业固体废物、石油化工固体废物、矿山固体废物、轻工业固体废物以及其他工业废物。其主要成分类型多样，不同工业类型的固体废物种类和性质迥然不同。

农业固体废物指农业生产建设过程中产生的固体废物，主要来源于种植业和养殖业等。种植业固体废物指农作物在种植、收割、交易和加工等过程中产生的源自作物本身的固体废物，主要包括作物秸秆及蔬菜、瓜果等加工后的残渣以及农作物栽培过程中使用的地膜和棚膜。畜禽养殖废物指畜禽养殖过程中产生的畜禽粪便、畜禽舍垫料、脱落毛羽等。

（二）按危害特性分类

按危害特性分为一般固废和危险固废两类。危险废物主要来源为核工业、化学工业、医疗单位和科研单位等，包括医疗垃圾、化学药剂、含重金属污泥、废油、放射性废物等。我国《固废法》中规定，危险固体废物是指列入国家危险废物名录或者根据国家规定的危险废物鉴别标准和鉴别方法认定的具有危险特性的固体废物。其他属于一般固废。

另外，从固废管理需求角度而言，《固废法》将固体废物分为三类，即工业固体废物、生活垃圾和危险废物（不包括放射性废物）。

四、固体废物污染的危害

固体废物露天存放或处置不当，其中的有害成分和化学物质可通过环境介质——大气、土壤、地表或地下水体等，直接或间接传入人体，危害人体健康。通常，工矿业固体废物所含化学成分形成化学物质型污染；人畜粪便和生活垃圾是各种病原微生物的滋生地和繁殖场，能形成病原型污染。其具体危害如下：

（1）侵占土地。固体废物产生后必须占用大量土地进行堆积，随着产生量不断增长，占地面积越来越大，浪费土地资源、破坏景观等危害也日益严重。

（2）污染土壤。固废淋洗液以及自身分解产生的渗滤液等含有的有害物质渗入到土壤后，会使土壤毒化，影响植物生长。而且有毒物质可能被植物吸收，通过食物链影响人体健康。

（3）污染水体。固废直接排入水体，不仅会造成水体污染，还会淤塞河道。固废经降水淋湿、浸泡以及自身分解产生的渗滤液流入水体，也会产生污染。

（4）污染大气。露天堆放的固废经风吹日晒，逐步风化，其中的细微颗粒和粉尘等会随风飘起，对大气环境产生污染。另外，固废自身或分解、焚烧过程都可能释放有毒气体和臭气。

（5）影响环境卫生。未经无害化处理的固废随意堆积，严重影响环境卫生，导致传染病菌繁殖，对居民的健康产生威胁。

第二节 固体废物污染防治规划

固体废物污染防治规划是针对一定时期内某一区域的固体废物污染问题，为使固废资源利用最大化、处置费用最小化，而对固体废物污染防治目的和治理措施所做出的统筹安排和优化设计。

一、固体废物污染防治规划概述

（一）固体废物污染防治规划的指导思想

（1）减量化。从源头减少固废的产生量和排放量，减轻其清运和处理的压力。

（2）资源化。从固废中回收有用物质和能量，提高其综合利用率。

（3）无害化。对不能进行利用的固废进行无害化处理，使其不再对环境和人类健康产生危害。

（二）固体废物污染防治规划的主要内容

固体废物污染防治规划的主要内容包括固废现状调查与分析、固废产生量预测、固废污染控制规划目标与指标体系、固废污染防治对策。

（三）固体废物污染防治规划的步骤

（1）调查和收集基础资料和数据。收集规划区基本概况，调查固废产生和管理现状。

（2）分析现状，找到主要问题。对收集的基础资料和数据进行分析，了解规划区固废产生和管理现状，找到存在的主要问题。

（3）预测固废产生量。根据规划区人口和社会经济发展规划，通过各种预测方法，对固废产生量进行预测。

（4）制定规划的目标与指标。综合考虑规划区固废现状和发展预测，制定符合规划区环境和社会经济协调发展的目标和指标体系。

（5）制定固废污染防治方案。针对规划目标，根据规划区现状情况，制定切实可行的污染防治方案。

（6）确定优选方案。为实现规划目标，提出多个污染防治规划方案，然后对其进行比较和反复论证，最后选定最优方案。

（7）方案实施管理。方案确定后，需制定管理政策和监督措施，以保证方案的实施，达到环境规划目标。

二、固体废物现状调查与分析

固体废物现状调查与分析就是了解规划区固体废物产生、防治及综合利用的现状，为固废的产生量预测、规划目标与指标的确定以及污染防治对策的制定提供基础资料。

（一）固体废物现状调查

调查内容主要包括生活垃圾、工业固废、农业固废和危险废物，具体内容和资料来源如下。

1. 生活垃圾现状调查

调查内容：生活垃圾来源、种类和数量，垃圾收集、贮存、转运、利用和处置等的方式和设施，以及垃圾无害化处理量（率）和回收利用量（率）等。

资料来源：①实地勘察规划区内生活垃圾产生和管理现状；②收集环卫部门的相关基础资料。

2. 工业固体废物调查

调查内容：工业固体废物的来源、种类和数量，垃圾收集、贮存、转运、利用和处置等的方式和设施，以及垃圾综合利用量（率）等。

资料来源：①实地勘察规划区内的工矿企业，得到工业固废产生和管理现状的资料；②收集环保部门的污染源普查数据。

3. 农业固体废物调查

调查内容：作物秸秆的来源、种类、产生量、综合利用率等，农用塑料残膜的产生量、综合利用率等，畜禽粪便的来源、产生量、综合利用率等。

资料来源：①实地勘察规划区内的农业生产，得到农业固废产生和管理现状的资料；②收集环保部门的污染源普查数据。

4. 危险废物调查

调查内容：危险废物来源、种类与产生量，危险废物的收集、运输、综合利用、贮存和处理处置情况，危险废物安全处置率等。

资料来源：①实地勘察规划区内的产生危废的机构，包括医院、企业、科研单位等，得到危废产生和管理现状的资料；②收集环保部门的污染源普查数据。

（二）固体废物现状分析

对所收集的资料，尤其是对各类固废的产生量和综合利用率等数据进行比较分析，找到现状规划区固体废物的主要问题及其形成原因。

三、固体废物产生量预测

随着区域人口的不断增长和产业结构的不断调整，经济水平的不断提高，固体废物的种类和产生量将发生变化。区域固体废物的预测内容主要是生活垃圾的预测、工业固废的预测和危险废物的预测，其结果是制定固废污染防治规划目标的主要参考依据，也是固废污染防治设施建设和措施制定的主要依据。

（一）生活垃圾产生量预测

生活垃圾产生量主要与经济发展和人口增长率有关，可以根据经济发展与人口增长率预测生活垃圾产生量。

1. 增长率法

$$W = NK_0 (1+\alpha)^{\Delta t} \tag{9-1}$$

式中：W —— 预测年垃圾产生量，t/a；

N —— 预测年人口数，人；

K_0 —— 基准年人均垃圾产生量，t/a；

α —— 人均垃圾增长率，%；

Δt —— 预测年与基准年之差。

2. 排放系数法

$$W = f \cdot N \tag{9-2}$$

式中：W —— 预测年垃圾产生量，t/a；

f —— 排放系数，kg /（人·d），一般由调查统计资料结合经验判断来确定；

N —— 预测年人口数，人。

3. 回归分析法

根据近5～10年的人口数量与生活垃圾产生量的关系建立回归模型，如：

$$y=b_0+b_1x \tag{9-3}$$

式中：y —— 生活垃圾产生量；

　　　x —— 人口数量。

（二）工业废物产生量预测

1. 排放系数法

$$W_i=f_i \cdot S_i \tag{9-4}$$

式中：W_i —— 预测年工业固废产生量，t/a；

　　　f_i —— 排放系数，t/万元；

　　　S_i —— 预测年工业总产值，万元。

2. 回归分析法

根据工业固体废物产生量与产品产量或工业产值的关系，可建立一元回归模型，如：

$$y_i=b_0+b_1x_i \tag{9-5}$$

式中：y_i —— 工业固废产生量；

　　　x_i —— 工业固废产生量影响因素。

若工业固废产生量的影响因素较多，可以建立多元回归分析模型进行预测。例如，一个三因素多元回归模型的数学表达式为

$$y_i=b_0+b_1x_1+b_2x_2+b_3x_3 \tag{9-6}$$

（三）危险废物预测

危险废物主要由两方面来源：工业危险废物和医疗危险废物。工业危险废物的预测方法同工业废物产生量预测；医疗危险废物的预测一般采用排放系数。

$$W_j=f_j \cdot C_j \tag{9-7}$$

式中：W_j ——预测年医疗危险固废产生量，kg/a；

　　　f_j ——排放系数，kg/床；

　　　C_j ——预测年床位总数。

四、固体废物污染防治规划的目标与指标体系

固体废物污染防治规划的目标主要是加强固体废物的环境监督管理，优化固体废物处置设施的结构与布局，提高固体废物减量化和资源化水平，确保无害化，结合规划区特点及经济、技术支撑能力，确定有关综合利用和处理、处置的数量与程度，具体包括下述指标：

（1）生活垃圾无害化处理率、生活垃圾资源化率、生活垃圾分类收集率；

（2）工业固废产生率、工业固废综合利用率、工业固废处理率；

（3）农作物秸秆的综合利用率、畜禽粪便综合利用率、农膜综合利用率；

（4）危险废物处理利用率、城镇医疗垃圾处理率。

五、固体废物管理系统规划

（一）固体废物管理系统规划概述

1. 固体废物管理系统

固体废物管理是指对固体废物的产生、收集、运输、贮存、处理和最终处置全过程的管理。固体废物管理系统是由固体废物及其发生源、处理途径、处置场所和管理程序等构成的完整体系。目前，我国对固体废物还没有进行专门的环境管理，相关法律、法规不够健全，落后于大气和水环境的管理，有待进一步完善。

2. 固体废物管理系统规划

固体废物管理规划是在资源利用最大化、处置费用最小化的条件下，对固体废物管理系统中的各个环节、层次进行整合调节和优化设计，进而筛选出切实可行的规划方案，以使整个固体废物管理系统处于良性运转。通常固体废物管理规划有三个层次：操作运行层（规划实施过程）、计划策略层（规划制定过程）和政策制定层（规划目标的确定）。其中计划策略层是管理规划的重点，也是本节要介绍的重点。一般来说，该层次规划的系统主要由各固体废物产生源及各种处理和处置设施组成。

3. 固体废物管理系统规划的对象

在我国，工业固废是由各企业特定的发生源排出，且每个发生源排出的固体废物的性质、状态基本不变，因此我国采取企业自行处理的原则。一般产生废弃物的工厂都建有自己的堆场，收集、运输工作由工厂负责，并开展资源化利用，

着眼于生产建材和各种其他资源化利用途径。

危险废物一般以法律或法规规定其管理程序。概括来说，对危险废物的管理一般包括如下四个方面：制定危险废物判别标准、建立危险废物清单、建立关于危险废物的存放与审批制度、建立关于危险废物的处理与处置制度。

因此，目前我国的固体废物管理规划主要的研究对象以生活垃圾的管理系统为主，即如何使生活垃圾的收集、贮存、清运和处理处置费用最小化。

（二）生活垃圾管理系统规划

1．生活垃圾的管理过程

生活垃圾的管理过程一般可分为以下 5 个阶段（见图9-1）。

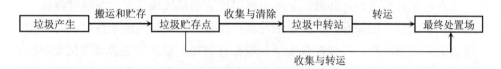

图9-1　生活垃圾管理过程

第一阶段是产生，是指居民在日常生活中产生固体废弃物的过程。

第二阶段搬运与贮存（简称运贮），是指由垃圾生产者（住户或单位）或环卫系统收集工人从垃圾的产生源头将垃圾运至贮存器或集装点的运输过程。

第三阶段是收集与清除（简称清运），通常指垃圾的近距离运输。一般清运车辆沿一定路线收集清除容器或其他贮存设施中的垃圾，并运至垃圾中转站，有时也可就近直接送至垃圾处理厂或处置场。

第四阶段为转运，特指垃圾的远途运输。即在中转站将垃圾转载至大容量运输工具上，运往距离较远的处置场。

第五阶段为处置，指将生活垃圾进行安全处置，是生活垃圾的最终归宿。

本节将重点讲解运贮、清运和转运三个阶段。

2．生活垃圾的搬运和贮存

在生活垃圾收集运输前，垃圾生产者必须将产生的垃圾进行短距离搬运和暂时贮存。

（1）生活垃圾的搬运：

①居民住宅垃圾搬运。居民住宅垃圾一般有两种搬运方式。一是由居民自行

负责将产生的垃圾自备容器搬运至公共贮存容器、垃圾集装点或垃圾收集车内。优点是居民自觉实施，节省人力和物力；缺点是物管管理不善或收集不及时时，会影响环境卫生。二是由收集工人负责从家门口或后院搬运垃圾至集装点或收集车。优点是方便居民，环境卫生好；缺点是消耗较多的劳动力和作业时间。目前，我国大部分地区采用第一种方式。

②商业区与企事业单位垃圾搬运。商业区与企事业单位垃圾一般由生产者自行负责搬运，环境卫生管理部门进行监督管理。当委托环卫部门收运时，各垃圾产生单位使用的搬运容器应与环卫部门的收运车辆相配套，搬运地点和时间也应和环卫部门协商而定。

③公共场所垃圾搬运。公共场所的垃圾一般由专门的环卫工人或环卫设备，每天定点、定时地清扫，并搬运至环卫部门设立的垃圾桶（箱）等临时容器。

（2）生活垃圾的贮存。由于生活垃圾产生量的不均性及随意性以及对环境部门收集清除的适应性，需要配备生活垃圾贮存容器。垃圾产生者或收集者应根据垃圾的数量、特性及环卫主管部门要求，确定贮存方式，选择合适的垃圾贮存器，规划贮存器的放置地点和足够的数目。

①贮存方式：a. 家庭贮存，各户将产生的垃圾贮存在垃圾桶、塑料袋或纸袋中；b. 单位贮存，各企事业单位对其产生的生活垃圾进行暂时贮存；c. 公共贮存，街道、公园等公共场所配备一定数量的贮存容器贮存生活垃圾。

②贮存器类型：生活垃圾贮存器一般可分为容器式和构筑物式两大类：

a. 容器式：生活垃圾收集容器一般有垃圾箱（桶）和垃圾集装箱等。垃圾箱（桶）可以按不同特点进行分类：按容积划分，垃圾箱和桶可分为大、中、小三种类型；按材质区分，分为金属、塑料和复合材料类型；按颜色区分，在实行生活垃圾分类收集后，分类袋装垃圾收集要采用不同颜色的标准塑料箱。垃圾集装箱一般可分为标准集装箱和专用垃圾集装箱两大类。标准集装箱是指符合国际标准尺寸的集装箱，一般应用于环卫作业的大都是长 20 ft 标准集装箱。专用集装箱是指专为环卫垃圾收集运输作业设计的集装箱，其结构、尺寸、容量将根据其使用条件和运输方式而有各种规格和形式。

b. 构筑物式：垃圾收集构筑物一般为砖、水泥结构，样式各异，使用寿命长、费用低。有封闭式和非封闭式两种，非封闭式易造成周围环境卫生状况的恶化，因此不提倡使用。使用时，垃圾可直接盛装在构筑物内，也可以在构筑物内设置多个垃圾收集容器。垃圾收集构筑物卫生状况差，清运时难度较大，不利于机械化使用。一般有垃圾池、垃圾房和垃圾集装点等，多应用于农村或小城镇。

③贮存器的一般要求：a. 容积适度，既要满足日常收集附近用户垃圾的需要，又不要有过长的贮留期，以防止垃圾发酵、腐败、滋生蚊蝇、散发臭味。b. 密封性好，要能防蝇防鼠、防恶臭和防风雪，既要配备带盖容器，又要加强宣传，使居民在倾倒垃圾后及时盖上收集容器，而且要防止收集过程中容器的满溢。c. 内部光滑，易于保洁、便于倒空、易于冲刷、不残留黏附物质。d. 操作方便，布点合理。住宅区贮存家庭垃圾的垃圾箱或大型容器应设置在固定位置，靠近住宅、方便居民，又要靠近马路，便于分类收集和机械化装车，同时要注意隐蔽，不妨碍交通路线和影响市容观瞻。e. 耐腐，防火，坚固耐用，外形美观，价格便宜。

④贮存器设置数量对费用影响很大，应事先进行规划和估算。某地段需配置多少容器，主要应考虑的因素为服务范围内居民人数、垃圾人均产量、垃圾容量、容器容量和收集频率等。具体计算一般包括三个步骤。

a. 计算容器服务范围内垃圾日产生量：

$$W = R \cdot C \cdot Y \cdot P \tag{9-8}$$

式中：W —— 垃圾日产生量，t/d；

R —— 人口数，人；

C —— 实测的垃圾单位产量，t/（人·d）；

Y —— 垃圾日产量不均匀系数，取 1.1～1.15；

P —— 居住人口变动系数，取 1.02～1.05。

b. 计算垃圾日产生体积：

$$V_{\text{ave}} = \frac{W}{Q \cdot D_{\text{ave}}} \tag{9-9}$$

$$V_{\text{max}} = K \cdot V_{\text{ave}} \tag{9-10}$$

式中：V_{ave} —— 垃圾平均日产生体积，m³/d；

Q —— 垃圾容重变动系数，取 0.7～0.9；

D_{ave} —— 垃圾平均容重，t/m³；

V_{max} —— 垃圾高峰时日产生最大体积，m³/d；

K —— 高峰时垃圾体积的变动系数，取 1.5～1.8。

c. 计算收集点需设置的容器数量：

$$N_{ave} = \frac{T \cdot V_{ave}}{V \cdot f} \qquad (9\text{-}11)$$

$$N_{max} = \frac{T \cdot V_{max}}{V \cdot f} \qquad (9\text{-}12)$$

式中：N_{ave} —— 平均所需设置的容器数量，个；

　　T —— 垃圾收集周期，d；

　　V —— 容器容积，m^3/个；

　　f —— 容器填充系数，取 0.75～0.9；

　　N_{max} —— 垃圾高峰时所需设置的垃圾容器数量，个。

最后，用 N_{max} 确定服务区应设置的容器数量，合理地分配在各服务点。

⑤垃圾分类贮存。分类贮存是指根据对城市垃圾回收利用或处理工艺的要求由垃圾产生者，自行将垃圾分为不同种类进行贮存，即就地分类贮存，常见的分类贮存方式有四种。

分两类贮存，按可燃垃圾（主要是纸类）和不可燃垃圾分开贮存。分三类贮存，按塑料除外的可燃物；塑料；玻璃、陶瓷和金属等不燃物三类分开贮存。分四类贮存，按塑料除外的可燃物；金属；玻璃、塑料、陶瓷及其他不燃物类四类分开贮存。分五类贮存，在上述四类外，再挑出含重金属的干电池、日光灯管、水银温度计等危险废物作为第五类单独贮存收集。

3. 生活垃圾的收集

分散贮存在贮存器或集装点的垃圾，需要经过垃圾清运车收集起来，然后清运至垃圾中转站或垃圾处理和处置场。

按照时间和地点的不同生活垃圾的收集可分为定点收集和定时收集两种。定点收集是最普遍的垃圾收集方式，设置固定的垃圾收集点，一天中的全部或大部分时间为居民服务。保洁人员不定期地将收集容器的垃圾进行转运。定时收集方式不设置固定的垃圾收集点，直接用垃圾清运车收集垃圾。收运车以固定的时间与路线行驶于居民区中并收集路旁的垃圾，居民定时将垃圾倒入车内完成收运过程。

按固体废物种类的不同生活垃圾的收集又可分为混合收集和分类收集两种。混合收集指将各种固体废物收集混合在一起，适用于混合贮存。分类收集指在鉴别试验的基础上，根据固体废物的特点、数量、处理和处置的要求分别收集，适用于分类贮存。目前我国生活垃圾多数采用混合收集的方式，但该方式不利于固废的回收利用，增加了固废收运和处置的负担。因此我国提倡对生活垃圾进行分类收集，有利于固废的回收利用，可以减少固废产生量，降低收运与处置费用及对环境的潜在危害。

气动垃圾收集输送方式是近年来垃圾收集的新技术，又称自动垃圾系统。该方式采用吸尘机的原理，开启发动机把垃圾槽里的垃圾吸到底层的垃圾箱里。由建筑物中的垃圾通道、垃圾吸送阀和输送管道、吸送站、垃圾贮存中转站等功能设备组成。这种收集运输方法的整个系统都在负压下工作，卫生程度高，管道一般都埋在地下不占地面空间，操作控制完全自动化，但其投资和操作费用昂贵，设施复杂，维护工作量大，只在少数发达国家使用。

4. 生活垃圾的清运

生活垃圾的清运指垃圾从垃圾贮存点运至垃圾中转站或处理处置场的卸料、返回的全过程，主要涉及清运操作方式、清运车辆、清运次数、清运时间和清运线路等问题。

（1）清运模式。目前，我国的生活垃圾清运模式主要有两种：第一种为直接转运模式，环卫人员将垃圾贮存点的垃圾收集至垃圾转运车后直接转运至垃圾处理和处置场。第二种为收集中转模式，环卫人员将垃圾贮存点的垃圾收集至垃圾清运车，然后清运至垃圾转运站，最后转运至垃圾处理和处置场。

（2）清运操作方式。生活垃圾的清运操作方式分为移动式和固定式两种。移动式是指将某集装点装满的垃圾容器一起运往中转站或垃圾处置场，又分为两种模式，分别为卸空后再将空容器运回原处的简便模式和卸空后再将空容器运到下一个集装点的交换模式。固定式是指用垃圾车到各容器集装点装载垃圾，容器倒空后固定在原地不动，车装满后运往中转站或处理处置场。

（3）清运车辆。生活垃圾收集车的类型多种多样，不同的垃圾收集车适用于不同的垃圾收集和清运方式，主要有以下几种：按照装车方式可分为前装式、后装式、侧装式、顶装式等；按载重量和装载容量可分为小型、中型和大型等；按自动装卸性能可分为简易自卸型和自动装卸型；按密闭性能可分为密封式和非密封式；按压缩性能可分为压缩式和非压缩式；按车厢的固定性可分为车厢可卸式和车厢固定式。另外，为了收集狭小里弄、小巷内的垃圾，许多城市还配有数量较多的人力手推车、人力三轮车和小型机动车作为辅助的垃圾清运工具。配备车辆时，需考虑车辆的种类、满载量、运输距离、自动化程度及人员配备等因素。

（4）清运的次数和时间。生活垃圾清运的次数与时间，应视当地实际情况，如气候、垃圾产生量、性质、收集方法、道路交通、居民生活习俗等而确定。一般原则是在卫生、迅速、廉价的前提下达到垃圾清运目的。在我国城市的生活垃圾一般要求日产日清，乡村地区没有统一要求。垃圾收集时间，大致可分昼间、晚间及黎明三种。住宅区最好在昼间收集，晚间会骚扰住户；商业区则宜在晚间收集，此时车辆和行人稀少，可加快收集速度；公共场所宜在黎明收集。

（5）清运路线的设计：

①垃圾清运路线设计的一般方案。在垃圾清运路线的设计中，根据实际情况设计合理的清运路线在一定程度上可以非常有效地提高城市垃圾收运水平。垃圾清运路线的设计一般有四种方案。

第一种方案是每天按固定路线收运。这是目前采用最多的收集方案。环卫工人每天按照预设固定路线进行收集。该法具有收集时间固定、路线长短可以根据人员和设备进行调整的特点。缺点是人力设备使用效率较低，在人力和设备出现故障时会影响收集工作的正常进行，而且当路线垃圾产生量发生变化时，不能及时调整收集路线。

第二种方案是大路线清运，允许收集人员在一定时间段内，自己决定何时何地进行哪条路线的收集工作。此法的优缺点与第一种方法相似。

第三种方案是车辆满载法。环卫人员每天收集的垃圾是运输车辆的最大承载量。此方法的优点是可以减少垃圾运输时间，能够比较充分地利用人力和设备，并且适用于所有收集方式。缺点是不能准确预测车辆最大承载相当于多少居民或企事业单位的垃圾产生量。

第四种方案是采用固定工作时间的方法。收集人员每天在规定的时间内工作。这样可以比较充分利用有关的人力和物力，但外来人员很难了解当地垃圾收集的具体时间。

②设计垃圾清运路线时的原则。设计垃圾清运路线时一般要遵循以下几个原则：一是收运线路应尽可能紧凑，避免重复或断续；二是收运线路应能平衡工作量，使每个作业阶段、每条路线的收集和清运时间大致相等；三是设计收运线路时应避免在交通拥挤的高峰时间段收集、清运垃圾；四是收运线路应当首先收集地势较高地区的垃圾；五是收集线路起始点最好位于停车场或车库附近；六是收运路线在单行街道收集垃圾，起点应尽量靠近街道入口处，沿环形路线进行垃圾收集工作。

5. 生活垃圾的转运及中转站的设置

在生活垃圾管理系统中，第四阶段称为转运，它是借助于中转站机械设备和大型垃圾运输车，将垃圾转运至垃圾处置场的过程。垃圾中转站（也称转运站）是指上述转运过程中集中存储大量垃圾的建筑物，还包括为完成转运工作而配置的机械设备和车辆。

（1）中转站的类型。按转运能力分为小型中转站（转运量＜150 t/d）、中型中转站（转运量 150～450 t/d）、大型中转站（转运量＞450 t/d）。

按有无压缩设备分为压缩式中转站和非压缩式中转站。压缩式中转站配有垃圾压缩机、垃圾储料槽、电气控制系统、除尘除臭系统和污水处理系统等设施，贮存量更大，卫生条件较好，但费用较高。非压缩式中转站是一种设施比较简单的收集站，垃圾在此不经过任何处理就迅速转运出去，投资小、转运速度快，但转运规模较小。

按装载方式不同可分为直接排料型、贮存码头型和直接排料与贮存结合型三类。直接排料型：收集车直接将垃圾倾入料斗，固定压实器将斗内垃圾压入大型垃圾转运车的活动车厢，适于小型转运。贮存码头型：收集车将垃圾卸入贮料码头，由铲车、推土机或抓斗将贮料移入传送料斗，先经过加工、分选，回收有用物料后，再装车起运，适用于大、中规模中转站。

（2）中转站选址原则。中转站选址应符合以下原则：一是应尽可能位于垃圾收集中心或垃圾产生量多的地方，以减少转运压力；二是应靠近公路干线等交通方便的地方；三是尽量远离居民区等环境敏感区，减少污染危害；四是应符合城市总体规划和城市环境卫生行业规划的要求。

（3）中转站规模设计。转运站的规模，应根据垃圾转运量确定。垃圾转运量，应根据服务区域内垃圾高产月份平均日产量的实际数据确定。无实际数据时，可按下式计算：

$$Q = \delta nq/1\ 000 \tag{9-13}$$

式中：Q —— 转运站的日转运量，t/d；

δ —— 垃圾产量变化系数，采用当地实际资料，如无资料时，δ 值可采用 1.3～1.4；

n —— 服务区域的实际人数，人；

q —— 服务区域居民垃圾人均日产量，kg/（人·d），垃圾人均日产量应采用当地实际资料，无当地资料时，可采用 0.8～1.2 kg/（人·d），气化率低的地方取高值，气化率高的地方取低值。

6. 生活垃圾的处理和处置

（1）处理和处置技术。常用的生活垃圾的处理和处置技术包括卫生填埋、焚烧与堆肥，各类技术的主要特点见表 9-1。

表 9-1 卫生填埋、焚烧和堆肥三种技术的比较

项目	卫生填埋	焚烧	堆肥
技术特点	处理量大，工艺相对简单，技术可靠，操作简单；是其他处理方式残渣的最终消纳场；建设投资和运行成本较低	减量化效果好；可回收能源；使用期限长，占地面积小，运行稳定可靠	技术成熟，使用年限长；无害化、资源化效果好；有机物返还自然，有利于生态保护
使用条件	对垃圾成分无严格要求，但含水率不宜过高	要求垃圾有较大的热值	要求垃圾中含有较多的可生物降解有机物
资源化意义	沼气回收后可发电或热能回收	可利用垃圾焚烧的余热发电或供热；焚烧残渣可综合利用	采用厌氧发酵工艺，可利用沼气发电，堆肥产品做肥料
最终处置	填埋本身是一种最终处置方式	焚烧炉渣需做处置，占进炉垃圾量的 10%～15%	不可堆肥物需做处置，占进场垃圾量的 30%～40%
制约因素	工程选址	发电上网	产品销路
主要风险	沼气引起爆炸，场地渗漏或渗沥水污染	垃圾燃烧不稳定，烟气治理不达标	生产成本过高或堆肥质量不佳影响产品销售
运输距离	远，一般建在郊外	较近，常处市郊结合部，运距视规模和服务范围而定	较远，一般位于市郊
占地面积	大	小	中等
运行成本（计折旧）	少	多	中等

（2）生活垃圾卫生填埋场的设置。目前我国应用最广泛的生活垃圾处置技术是卫生填埋，因此本节重点讲解生活垃圾卫生填埋场的选址和规模要求。

①选址要求。生活垃圾处置场的选址要从废物转运、环境影响、适宜性、成本等方面综合考虑，具体有以下几点要求：一是服从城市总体规划的要求；二是

运输距离尽量短而且交通方便；三是库容量要求能保证使用 15～20 年；四是地形平坦，自然坡度不应大于 5%；五是具有适宜的地质条件，例如渗透性弱、远离地表和地下水源、地层稳定性好等；六是具有适宜的水文条件，保证地下水和地表水不受污染；七是考虑气象气候条件，避开高寒区、龙卷风和台风经过以及暴风雨发生率较低的地区；八是考虑资源条件，不能选在生物多样性丰富的区域，距农田也要有一定距离。

②选址方法。层次分析法是用于生活垃圾填埋场选址的常用方法，其基本思路是：首先根据当地的城市规划、交通运输条件、环境保护、环境地质条件等，拟定若干可选择的场地；其次将这些场地的适应性影响因素与选择原则结合起来，构造一个层次分析图；再次给出每一层各因素的相对权重值，直至计算出方案层各个方案的相对权重；然后把各层次的因素进行量化赋值；最后根据权重和赋值计算各个可选场地的得分，以总评分判断每个可选场地的适宜性。

③规模设计。生活垃圾填埋场的规模与设计使用年限、垃圾产生系数、垃圾压实密度等指数直接相关，公式为

$$垃圾日处理量（m^3/d）=垃圾日产生量（t/d）/垃圾压实密度（t/m^3）$$

$$垃圾填埋场库容（m^3）=垃圾使用年限（a）×垃圾年产生量（t/a）/$$
$$垃圾压实密度（t/m^3）$$

（三）危险废物的收运和处置

产生危险废物的单位必须向所在地县级以上政府环境保护行政管理部门申报，按国家有关规定交由有经营许可资质的单位来进行处置，不得擅自倾倒、堆放和运输。在收集、贮运和处置危险废物时，应根据有关规定建立相应的规章制度和污染防治措施。

1. 危险废物的收集

危险废物产生单位进行的危险废物收集包括两个方面：一是在危险废物产生节点将危险废物集中到适当的包装容器中或运输车辆上的活动；二是将已包装或装到运输车辆上的危险废物集中到危险废物产生单位内部临时贮存设施的内部等待转运。危险废物的收集一般有如下要求：①危险废物产生单位应根据废物产生的工艺特征、排放周期、危险特性、废物管理计划等因素制定收集计划和详细的操作规章；②对不同性质的危险废物进行分类收集；③危险废物一经产生，应立

即妥善地进行收集存放，存放容器包括钢制容器和特种塑料容器，存放容器应标明危险废物的名称、日期、类别、数量及危害说明等项目；④危险废物作业区域应设置专用通道和人员避险通道，尽量避开办公区和生活区；⑤严防危险废物的渗漏、溢出、抛洒或挥发等情况，确保安全。

2. 危险废物的贮存

危险废物的贮存指危险废物再利用或无害化处理和处置前的存放行为。危险废物的贮存可分为产生单位内部贮存、中转贮存及集中性贮存三种，所对应的贮存设施分别为：产生危险废物的单位用于暂时贮存的设施；拥有危险废物收集经营许可证的单位用于临时贮存废矿物油、废镍镉电池的设施；以及危险废物经营单位所配置的贮存设施。一般贮存设施应选择在通风条件较好的地方，贮存危险废物时应按相关要求做好标记和编号，按种类和特性进行分区贮存，每个贮存区域之间易设置挡墙间隔，并设置防雨、防火、防雷、防尘等装置，另外还应配备通讯、照明和消防设施。

3. 危险废物的运输

危险废物的运输一般有如下要求：①主管单位查验审批清运工具，签发危险废物清运许可证，清运人员进行相关培训；②清运车辆须有危险物标志或危险符号，利于人们辨别，并引起注意；③执行任务时，需持清运许可证，其上应注明废物来源、性质和运往地点；④事先规划清运方案，并且有各种应急措施；⑤清运过程采取周密的监督机制和制度；⑥发生泄漏、倾泻等意外情况，应迅速采取应急措施，尽快通知当地环保、公安部门。

4. 危险废物的处理和处置

（1）危险废物的处理。危险废物往往化学性质不稳定，可能具有强腐蚀性、毒性、爆炸性、反应性等特性，因此在最终处置之前需要对某些特种废物进行预处理，改变其物理化学特性。目前危险废物处理方法比较多，常用的有以下四种。

①物理处理：物理处理是通过相变或浓缩等改变危险废物的结构，使之成为便于运输、贮存或处置的形态，一般用来减小危险废物的体积，浓缩需要深度处理的残渣，通常包括破碎、压实、分选、吸附、萃取、增稠等方法。

②化学处理：化学处理是采用化学方法破坏固体废物中的有害成分，达到无害化或将其转变成为适于进一步处理处置形态的过程。化学处理主要用于处理无机废物，如酸、碱、重金属废液、氯化氢、乳化油等，化学处理法包括中和、沉析、絮凝、氧化还原、电解和破乳等。

③固化处理：固化法主要是通过物理化学方法，将危险废物固定或封存于固体基材料中，以降低或消除有害成分溶出性，以方便安全运输或最终处置的处理处置方法。根据废弃物的性质、形态和处理目的，固化法主要有水泥基固化、石灰基固化、热塑材料固化、该分子有机聚合物固化和玻璃基固化等。

④生物处理：生物处理主要是利用微生物、动物或植物分解固体废物的可降解的有机物的处理过程，处理技术包括厌氧消化和好氧堆肥等。生物处理与化学处理相比，更经济，应用普遍，但这个过程需要很长的时间，处理效率还不够稳定。

（2）危险废物的处置。目前，危险废物的最终处置方法主要有地表处理、深井灌注、安全填埋、焚烧等。

①地表处理技术。地表处理技术的基本原理是利用自然的风化作用，将危险废弃物同土壤的表层混合，从而实现危险废弃物的降解、脱毒过程。地表处理方式简单易行，且经济实惠，但是这种方法并不适合于不可降解的危险废弃物，有可能附着在土壤颗粒上，对人畜的健康造成威胁；同时危险废弃物也可能通过迁移扩散进入深层土壤，导致地下水受到污染。总之，除去经济因素，从长远利益来看，地表处理方法并不是实现危险废弃物无害化处置的有效手段。

②深井灌注法。深井灌注法是将固体废物液化然后通过深井将污染物注入地下多孔的岩石或地层的污染物处理技术，主要用来处置那些难以转化、难以破坏、不能采用其他方法处置或采用其他方法处置费用昂贵的废物，例如高放射性废物。该方法由于有岩石层隔离废弃物不再参与全球物质循环，灌注液更不会污染地下水，因而对人类生活环境影响最小。但是，该法的安全使用对灌注井选址和灌注层地质条件有严格要求，例如灌注层应与饮用水区水平以及纵向有安全的隔离层，并且确保废液灌注不会危及现在或将来的矿物资源开发利用。

③焚烧法。焚烧法是指焚化燃烧危险废物使之分解并无害化的过程。焚烧法适用于处置当前经济和技术条件限制下不能再循环、再利用或直接安全填埋的危险废物。焚烧可以处置含有热值的有机物并回收其热能，也可以通过残渣熔融使重金属元素稳定化，是同时实现减量化、无害化和资源化的一种重要处置手段。

④安全填埋法。安全填埋相对简单，其实质是将危险废物铺成有一定厚度的薄层，然后压实并在其上覆盖土壤，使其与环境隔绝的处置方法。现已在大多数国家广泛应用，该法的核心技术是填埋场的防渗漏系统，它能将废物与周围环境隔离，但随着时间的长久，防渗层也可能遭到破损，此时危险废物就会流出，对

空气、土壤以及地下水造成污染，进而影响人们的身体健康，所以安全填埋也同样存在安全隐患。另外，填埋法有占用大量宝贵的土地资源、可能引起爆炸起火等问题。

（四）工业固废的收运和处置

此处工业固废专指各工业部门生产环节产生的一般固体废弃物。工业固废的处理原则是"谁污染，谁治理"。一般产生废物较多的工厂在厂内外都建有自己的堆场，收集、运输工作由工厂负责，也可委托其他专业机构上门收集。

1. 工业固废贮存和处置场厂址选择的要求

（1）应符合当地城乡建设总体规划要求。

（2）应依据环境影响评价结论确定场址的位置及其与周围人群的距离，并经具有审批权的环境保护行政主管部门批准，可作为规划控制的依据。

（3）应选在满足承载力要求的地基上，以避免地基下沉的影响，特别是不均匀或局部下沉的影响。

（4）应避开断层、断层破碎带、溶洞区，以及天然滑坡或泥石流影响区。

（5）禁止选在江河、湖泊、水库最高水位线以下的滩地和洪泛区。

（6）禁止选在自然保护区、风景名胜区和其他需要特别保护的区域。

2. 工业固废的处理和处置

常用的工业固废的处理技术有物理、化学和生物处理等，部分工业固废经过处理后能够被再次利用，例如生产农用肥、复合肥、建材等，不能被利用的工业固废的最终处置技术有填埋、焚烧、专业贮存场（库）封场处理、深层灌注、回填废矿井等。这几种处理方法各有优缺点，适用范围也不尽相同，应根据固体废物的具体特点选用适宜的处理和处置方法。

六、固体废物污染防治措施

固体废物的来源广泛，种类繁多，不同类别固废的成分有较大的差别，因此对不同类别的固体废物应该采用不同的防治措施。

（一）生活垃圾污染防治措施

1. 加强源头减量化

①倡导节约和低碳的消费模式，从源头控制生活垃圾的产生。②限制包装材

料过度使用，减少包装性废物的产生。③逐步改革燃料结构，推广使用天然气、煤气、太阳能等清洁能源，减少灰渣的产生。④组织净菜和洁净农副产品进城，推广使用菜篮子、布袋子。⑤在宾馆、餐饮等服务性行业，推广使用可循环利用物品，限制使用一次性用品。

2. 提高资源化水平

①发展循环经济，倡导生活垃圾分类收集，提升生活垃圾资源化利用水平。分类回收废纸、废塑料、废金属等可回收利用材料，开展废弃含汞荧光灯、废温度计等有害垃圾单独收运和处理工作，鼓励居民分开盛放厨余垃圾，建立高水分有机生活垃圾收运系统，实现厨余垃圾单独收集循环利用。②重视垃圾资源化技术的研发，使垃圾得到最大程度的利用。目前较成熟的垃圾资源化技术有生物处理、沼气资源化、热分解、衍生燃料、生产建筑材料、制炭技术等。

3. 选择适用的无害化处理技术

由于各地的自然和经济技术条件不同，因此要根据《生活垃圾处理技术指南》（建城[2010]61 号）要求因地制宜地选择先进、适用、符合节约集约用地要求的无害化生活垃圾处理技术。土地资源紧缺、人口密度高、生活垃圾热值满足要求的城市要优先采用焚烧处理，土地资源和污染控制条件较好的城市可采用卫生填埋处理技术。

4. 完善生活垃圾管理系统

首先，应以《中华人民共和国环境保护法》《中华人民共和国固体废物污染环境防治法》为最高法则，根据各地实际情况出台一系列宏观和微观层面的法律和政策，做到有法可依、有章可循。其次，应加大投资力度，健全环卫系统建设。设置分类回收设备，引导居民进行分类回收，提高垃圾资源化率；建立科学的生活垃圾的收贮、运输和处理体系，健全各类环卫设施，提升垃圾无害化处理率。再次，改革生活垃圾管理模式，推广第三方运营模式，执行单位和监督单位分开，政企分离，各部门各司其职，共同促进生活垃圾管理系统的完善。最后，应提高公众参与生活垃圾污染治理的积极性，具体做法有明确公众参与生活垃圾污染治理的具体方式、利用信息手段提高公众参与性、开展形式多样的环境宣传教育等。另外，应特别重视农村生活垃圾管理系统的建设，切实改善农村卫生条件。

（二）工业固废的污染防治措施

1．从源头控制工业固废的产生

调整产业结构，限制或禁止高消耗、高污染行业的发展。推广绿色产品概念，生产低消耗、低污染、易重复利用和回收再生的产品。改进生产工艺，加强生产环节的环境质量管理，促进企业内部的循环使用和综合利用，充分合理利用资源，实现无废或少废的清洁生产。

2．提高工业固废的利用率

工业固废的综合利用是提高资源化率的主要环节。首先应倡导循环经济，建立完善的原料和能源循环利用系统；其次应积极研发各类工业固废的综合利用技术，使各种资源能够最大限度地得到利用；最后应鼓励发展消纳利用工业固废的行业，如建材业、冶金行业和环保产业等。

3．加强安全处置

对于目前无法综合利用的工业固废，应建立安全的最终处置场进行处理。处置场的建设应符合《一般工业固废贮存、处置场污染控制标准》（GB 18599—2001）的基本要求，尽可能考虑区域联合建设原则，同时也要考虑已有的处置场的位置以及固废产生量和需处置量的空间分布。

4．强化全过程管理

环境监管部门要严格执行《中华人民共和国固体废物污染环境防治法》和地区固体废物污染环境防治的有关规定，加大执法力度，严格落实工业固废申报登记制度，依法对固体废物的收集、贮存、运输、利用及处置实施全过程管理，对严重破坏生态环境的工业固废污染违法行为，要克服地方保护主义的干扰，坚决依法从严处理。

5．通过经济手段推动管理

依据国家环境经济政策和环境法规，运用价格、成本、利润、信贷、税收、收费和罚款等经济杠杆来调节各方利益关系，促进固体废物管理。常用的经济手段包括加强排污收费、加大处理费征收力度、征收产品或包装费、实行押金退款制度、推行有利于固体废物资源化的财政税收政策等。

（三）危险废物的防治对策

1．推动减量化

从工业生产制造环节的源头考虑，应淘汰和限制废物产量大、危害高、难处理的落后工艺，以有毒物质全过程控制为重点，从原料开采、加工、制造、消费、废弃、利用处置全生命周期考虑。从产品消费与废物收集环节的源头考虑，通过生产者延伸责任推动废弃电器电子产品、报废汽车、铅酸蓄电池等废物的回收处理。从废弃环节和废物处理环节考虑，一方面制定相关产品标准和技术规范，推动不同种类危险废物综合利用，另一方面，根据危险废物种类、危害性征收环保税，倒逼企业清洁生产，减少废物产生量和危害性。

2．重视资源化技术的研发

发展改革部门、工信部门、环保部门、产业部门、研究机构、高等院校等应联合开展工业危险废物中稀贵金属提取、高附加值终端产品研发，研究、利用过程污染控制关键技术，并开展系统集成和工业化实践，为资源化提供技术支撑；联合推动制定各项再生材料、再生产品的标准或规范，制定各项公共工程应用再生资源产品的技术规范及建立资源化产品验证体系等，提高资源化产品市场占有率。

3．加强风险防范

一方面应该提升企业环保人员的业务素质。要加强企业环保人才队伍建设，高度重视环保人员的业务素质建设，积极参加上级环保部门组织的危险废物管理知识培训，提升风险防范意识，切实提高环保人员的业务素质和工作能力，将危废的污染风险降到最低。

另一方面应该开展全社会监督。开展公众参与，居民应了解周边企业的生产工艺、废物类型、废物危害特性、企业的防治措施等。采取多种形式进行宣传教育，充分利用报纸、广电、网络等媒体平台，加大危险废物管理宣传的力度，使危险废物管理工作家喻户晓，对造成环境污染的，要公开进行曝光，依法进行处罚，政府责令停产整顿或关闭。

【思考题】

1. 固体废物的定义是什么？它是如何进行分类的？

2. 不同类型的固体废弃物对环境有哪些影响？

3. 固体废弃物污染防治规划的主要内容是什么？它们之间有什么样的联系？

4. 固体废弃物现状调查与评价的主要内容是什么？如何进行固体废弃物现状调查与评价，结合所学内容，试进行一次区域固体废弃物现状调查与评价的实践。

5. 如何进行不同类型固体废弃物产生量的预测？

6. 城市垃圾的收运系统包括哪些内容？试以你熟悉的区域为例，制定垃圾收运方案。

7. 固体废物处置规划包括哪些内容？试以你熟悉的区域为例，分析固体废物处置现状的合理性。

8. 固体废物污染防治对策包括哪些内容？试以你熟悉的区域为例，分析区域固体废物污染防治的对策哪些最重要。

第十章 生态环境规划

【本章导读】

生态环境规划是经济和社会发展规划的重要组成部分，必须以系统科学为指导，以可持续发展为总目标，对自然生态子系统、经济生态子系统、社会生态子系统进行全面调查和系统分析，从宏观、中观和微观三个层次审视各区域社会、经济、环境中的各种问题，分区域制定生态环境建设规划，以提高生态环境质量，改善生态系统结构，增强生态功能，促进良性循环，实现生态效益、社会效益与经济效益的有机结合。

本章重点介绍了生态环境规划的概念、原则、内容，现状调查内容、方法，生态功能区划、生态红线、生态环境评价方法以及生态环境建设中的生态农业、生态工业园、生态旅游和生态城市等在生态环境规划工作中涉及的基础问题。

第一节 概 述

一、生态环境规划的概念

"生态环境"这一汉语名词最初是由 20 世纪 50 年代初期俄语"эκοτοπ"和英语"ecotope"翻译而来。目前我国学者已普遍将"生态环境"与"ecological environment"（简写为"eco-environment"）作为汉英、英汉双向对照名词。生态环境概念是一个具有特定内涵的生态学概念。如果以生物为主体，生态环境是指对生物生长、发育、生殖、行为和分布有影响的环境因子的综合；如果以人类为主体，生态环境则是指对人类生存和发展有影响的自然因子的综合。

生态环境规划是应用生态学原理，从整体上研究人类与生态环境之间相互作用的规律，并在此基础上，通过合理安排人类各项建设活动（包括经济建设活动、社会建设活动、生态环境建设活动），从而使经济、社会、生态环境三者作为不可分割的整体，达到最佳状态的过程。但是关于生态环境规划的概念的内涵，有多种理解角度：

首先，与传统的环境规划相比，生态环境规划不仅关注环境污染问题，也重视生态破坏问题，并且是从生态系统的角度，提出解决生态环境问题的措施，拟定出规划方案。换言之，它是从生态系统物质流动的各个环节入手，通过科学地选择资源开发利用方式与途径，合理确定经济结构、布局与规模，适当安排工程治理措施等，来防治环境污染与生态破坏，实现"三大效益"的协调统一。

其次，从复合生态系统理论的角度来看，生态环境规划是以社会—经济—自然复合生态系统为规划对象，应用生态学的原理、方法和系统科学的手段，去辨识、设计和模拟人工生态系统内的各种生态关系，确定最佳生态位，并突出人与环境协调的优化方案的规划。

最后，从资源配置的角度，生态环境规划是在自然综合体的天然平衡情况不作重大变化、自然环境不被破坏和一个部门的经济活动不给另一个部门造成损害的情况下，应用生态学原理，计算并合理安排天然资源的利用及组织地域的利用。

二、生态环境规划的原则和内容

（一）生态环境规划的原则

生态环境规划关系到建设地区能否在规划的指导下，确定科学的治理方式，遏制区域生态恶化趋势，改善生态环境现状，使地区经济、生态、社会步入良性循环的轨道，因此规划的编制要遵循以下几个原则。

1. 经济建设、城乡建设和生态环境建设同步原则

"经济建设、城乡建设、环境建设同步规划、同步实施和同步发展，实现经济效益、社会效益和环境效益的统一，促进经济、社会和环境持续、协调的发展"是中国生态环境保护工作的基本方针，标志着中国的发展战略，从传统的只重发展经济忽视环境保护的战略思想，向环境与经济社会持续、协调发展的战略思想的转变。这一转变是我国在总结了几十年甚至近百年国内外生态环境保护工作的经验、教训的基础上，做出的明智的选择。这个原则对近十几年我国的生态保护工作起到非常重要的作用，因而也是生态环境规划编制工作中最重要的基本原则。

2．系统性原则

生态环境是一个开放系统，它与更高层次大系统之间的嵌套关系密切而复杂，因此应该把生态环境规划看作一个子系统，与更高层次大系统规划建立广泛联系和协调关系，即用系统论的观点进行调控，才能达到保护和改善生态环境质量的目的。

3．可持续发展原则

在规划中不仅要治理、改善生态环境，而且要通过治理环境，促进经济、社会的持续发展，达到生态可持续、经济可持续、社会可持续三者的协调统一，共同提高，以满足人民群众日益增长的物质需求、精神需求和优良生态环境的需求。

4．因地适宜、因害设防、分类指导、分区突破原则

生态环境规划涉及的内容多，项目复杂，规划一定要根据某一地区的生态环境现状和存在的问题，因地制宜地提出适合当地生态环境治理的科学模式，并有针对性地对不同的生态环境问题分类指导、分区突破，同时采取多种措施、综合治理。

5．整体优化原则

生态环境规划应把某一地区作为一个完整的系统进行规划，即不仅要考虑其自然环境，而且要综合体现社会经济环境因素，通盘考虑社会、经济发展的需要，使生态环境规划与当地经济、社会发展和农牧民脱贫致富相结合，与调整产业结构和改进生产方式相结合，实现区域生态、经济和社会效益的多赢。因此，规划应考虑到对区域的生态、经济、社会等多方面的影响，制定出整体优化的规划。

6．统筹兼顾、分步实施、先易后难、先急后缓原则

规划要认真贯彻国家的生态环境建设方针政策，正确处理治理与开发、整体与局部、近期与远期、经济效益与社会效益、生态效益等各种关系。优先治理对社会经济影响大、生态环境恶化严重和相对易于治理的问题，力争在短期内有所突破。

（二）生态环境规划的主要内容

生态环境规划是环境规划的一个重要组成部分，主要内容包括生态环境建设中的生态农业、生态工业、生态旅游和生态城市、防沙治沙规划及自然保护区规划等多个方面。

第二节　生态环境现状调查

生态环境调查是指对一个国家、一个地区的人口、资源、环境、社会和经济等方面的要素即信息进行采集、存储的过程。

生态环境调查的目的在于查清资源的数量、质量、分布利用状况及其生产潜力，协调人与自然、人与资源的关系，为环境结构与布局分析、生态环境规划提供支持。

一、生态环境调查的内容

（一）自然地理背景

1. 自然地理环境

自然地理环境主要是指区域的地质、地貌、土壤及自然灾害、污染情况等，具体包括以下内容：

地质岩石，包括地质年代、地质构造、岩石种类、分布面积、地层厚度等。

地理、地貌，包括区域所在的地理位置、面积、地貌类型及其分布、海拔高度、地貌部位、坡面坡度、坡向等。

土壤及地面组成物质，包括土壤类型、质地、土层厚度、土壤的砂砾含量、孔隙度、土壤容重（土壤密度）、土壤肥力、pH 值等理化性质。

自然灾害，包括地质灾害，如地震灾害、泥石流灾害、崩塌、滑坡；气象灾害，如洪涝、旱灾、风灾、冻灾等；生物灾害，如植物病虫害；火灾等。

生态环境破坏，包括水土流失、荒漠化及其他方面。

2. 自然资源

自然资源是指在自然系统中，与人类社会经济发展相联系的、有效用的各种自然客观要素的总称。按照牛文元的定义："对自然系统而言，人在自然介质中可以认识的、可以萃取的、可以利用的一切要素及其集合体，包含这些要素互相作用的中间产物或最终产物，只要它们在生命建造、生命维系、生命延续中不可缺少，只要它们在经济系统中构成必需的投入，并产生积极效益；只要它们在社会系统中带来合理的福祉、愉悦和文明，即称之为'自然资源'。对于区域的自然资源而言，主要包括土地资源、气候资源、生物资源、矿产资源和旅游（景观）资源。"

（1）土地资源是指具有经济价值的参与人类物质资料生产过程的土地正在被人们所利用以及尚未被开发利用的土地的总称。

土地资源调查的内容包括土地利用现状、土地权属及土地的变化情况。土地利用现状应按照全国农业区划委员会颁布的《土地利用现状调查技术规程》的规定执行，其分类及含义是：土地的权同包括土地的所有制性质和使用权属，土地变化包括城乡建设用地及其他变化等。

（2）气候资源是指各种气候因子的综合，包括太阳辐射、空气运动。气候资源调查包括：光能，包括太阳辐射、日照和太阳能利用；热量，包括气温、积温、地温和无霜期等；降水，包括降水量及分布，蒸发、干燥度、湿度等；风，包括气压、风向、风速、风能及其利用等方面。

（3）生物资源作为自然资源的重要组成部分，它直接或间接地为人类提供木材、食品、肉类、果品、油料、毛皮、药材等各种消费品和工业原料。生物资源包括森林、作物、草地场、野生和家养动物等。

森林资源，包括森林的起源、林种、树种、树龄、平均树高、林冠郁闭度、溜草的覆盖度、生长势、枯枝落叶层等；

草地资源，包括草地的起源、类型、覆盖皮、草种、生长势地质量、利用方式、利用程度、规模和轮牧、轮作周期等；

作物资源，包括作物种类、品种、产量、播种面积等；

野生及家养动物，包括种类、数量、用途，是否为国家级保护动物等。

此外，对一些野生的珍稀植物、工业用、药用、食用等植物产出进行相应的调查。

（4）矿产资源指地质作用所形成的贮存于地表和地壳中的、能为国民经济所利用的矿物资源。按照工业利用分类，矿产可分为金属矿产、非金属矿产和能源矿产三类。矿产资源调查的内容包括矿产资源的类型、储量（包括地质储量、远景储量、设计储量和开采储量）、质量（包括矿产资源的品位、含有杂质状况和伴生情况）、开采利用条件（包括自然、经济和技术条件）等。

（5）旅游（景观）资源是足以构成吸引旅游者参观游览的各种自然景观和人文景观都称之为旅游资源。自然景观包括地貌、水文、气候、特殊的动植物等；人文景观包括历史文物古迹、古建筑、革命纪念地、民族传统节日、社会文化风貌、特殊的工艺品和烹调技艺、文化体育活动、现代建筑和美术等。旅游资源调查的内容包括旅游资源的类型、数量、质量、特点、开发利用条件及其价值等。

（二）社会经济

1. 人和劳动力

户数，包括总户数、农业户数、非农户数；

人口，包括总人口、男女人口，农业人口和非农业人口、年龄结构、民族构成、人口的出生率、死亡率及自然增长率等；

劳动力，包括各行业劳动力人数、文化程度、技术职称、构成情况及质量（包括智力、体力等因素）等。

2. 城镇基础产业设施情况

交通，包括交通运输的方式，如铁路索道等；运输能力，如公路、铁路网的密度、交通运输工具的情况以及交通工程建设等，内河、海运、航空、管道、质量等级等；

电力，包括发电站及发电量，各变电站所的分布、容量、输电线路等；

科研，包括科研机构数、科研人员、科研项目、科研成果及科研技术推广等；教育，包括各类教育的学校数目及分布、在校学生人数、教职工人数等；文化，包括图书馆、博物馆、影剧院等的数目和人员、文化馆的数目及分布、广播电视网的分布及普及情况等；医疗卫生，包括各类医院数目及分布、各类医疗人员的数目、可负担的医疗人数等；

商业服务，包括各种商业服务性机构的数量、分布、人员数目等；

城镇建设，城市乡镇的分布情况、规模及其公共设施、公用事业等情况。

3. 社会经济情况及产业状况

（1）综合经济：包括国民生产总值、国民收入，居民生活消费情况，人口增长与计划生育等国民经济有关情况。

（2）农业：包括种植业、林业、畜牧业、淡水渔业、副业和农业现代化等内容。其中，种植业包括耕地组成，作物组成、各类作物的投入和产出状况、作物布局，产量、产值，净产值、种植面积等；林业包括林种、产品及产值，投入产出状况，管理技术、作业工具、方式等；畜牧业包括牲畜种类、畜群结构、存栏数，产品及产值，饲养规模水平，投入产出状况等；淡水渔业包括养殖或捕捞面积、产量、总产量、产值、技术水平等；副业包括种类、规模、投入产出状况等；农业现代化包括机械装备、水利设施（主要指机电灌溉和喷沼）及其利用状况。

（3）工业：包括采掘业、制造业和建筑业等内容。其中，采掘业包括工业企业数目、规模、投资、产量、产值等；制造业包括行业名称，生产能力、产量等；建筑业包括企业个数、职工人数、总产值、净产值、生产能力、职工人数、固定资产总值、利税、主要能源、物资消耗量及主要产品等。

（4）产业结构：包括第一、二、三产业的产值、产品结构和内部结构等。

4．社会环境和生态环境保护和治理

区域的社会环境：包括对区域有明显影响和重大作用的政治、经济、文化等方面的因素。区域的生态环境保护和治理：包括水土保护、荒漠化防治、自然保护区等。

二、生态环境调查的方法

（一）生态环境调查的步骤

生态环境调查的步骤可分为准备阶段、外业阶段及内业阶段。准备阶段包括思想准备、组织准备和业务准备；外业调查包括分配任务和调查；内业调查包括数据和资料统计、数据分析与归纳、成果报告。

（二）常规调查

生态环境常规调查方法主要有收集资料法、现场调查法和遥感调查法。

1．收集资料法

收集资料法是环境调查中普遍应用的方法，这种方法应用范围广，收效较大，比较节省人力、物力和时间。生态环境调查时首先通过此种方法，由有关权威部门获得能够描述生态环境的现状资料。根据资料拟定现场调查、遥感调查的计划及内容。

由于这种调查所得资料内容有限，不能完全满足调查工作的需要，所以采用其他调查方法来加以完善和补充，以获取充足的调查资料是非常必要的。

2．现场调查法

现场调查法可以针对调查者的主观要求，在调查的时间和空间范围内直接获得第一手的数据和资料，以弥补收集资料法的不足。但这种调查方法工作量大，需要占用较多的人力、物力、财力和时间，且调查组织工作异常复杂艰巨。除此之外，现场调查方法有时还受季节、仪器设备等客观条件的制约。在调查中，可利用全球卫星定位系统（GPS）进行定位，以提高调查精度。

3．遥感调查法

遥感调查法是利用航天或航空遥感技术，获得所需要的区域资源信息。遥感调查的步骤包括解译分类、边界划分、面积测量、属性统计、专题图绘制等过程。

（三）专题调查法

根据调查的内容和要求不同，采取的专题调查的方法不同。

1．统计调查法

统计调查法是在社会经济调查中最常用的方法。统计调查按组织形式不同，可分为统计报表和专门调查；依调查范围可分为全面调查和非全面调查；依时间的连续性可分为经常性调查和一次性调查等。

2．标准样地（样方）调查

标准样地（样方）调查主要是对水土流失、土壤植被等资源和环境因子进行补充调查。调查过程中涉及几个主要问题：①样方选择，采用随机抽样或系统取样法；②样方形状，一般采用方形或长方形；③样方大小根据调查的对象来确定，一般草本的样方在 $1m^2$ 以上，灌木林样方在 $10 \ m^2$ 以上，乔木林样方在 $100 \ m^2$ 以上；④样方数则根据地块的大小和因子的均一程度自行确定，一般不少于 3 个。

第三节　生态环境评价

生态环境是作为主体的外在客观条件而存在的，生态环境评价的目的是为了正确认识环境和系统的关系，从环境和系统的整体性出发，分析环境对系统的限制、约束的因素和程度，特别是不利影响和障碍因子及其作用大小，确定约束的阈值或临界值、极值等，为生态环境保护措施的制定奠定基础。

一、自然地理特征评价

自然地理特征评价主要是分析区域的空间位置及宏观、微观地理特征。评价内容从宏观来讲，包括区域所处的自然地理位置（经纬度）、植被气候带、地貌类型区等特征；从微观来讲，包括岩石、土壤、地貌部位、海拔高度、坡度、坡向等因子特征。

区域的自然地理特征是影响区域土地利用方式、植被分布规律的重要因素，对土地利用、植被的空间分布格局起着至关重要的作用。区域自然地理环境评价重点是对地理特征变量进行结构分析和剖面分析。其中，结构分析主要是评价区域各地理特征变量的一个数量（主要是指面积）的构成状况、所占的比重，为确定区域治理和开发重点提供依据；剖面分析主要是评价各地理特征变量在空间上的分布规律，包括水平方向和垂直方向；为区域治理开发的措施布局提供依据。

二、生态环境破坏和自然灾害评价

（一）生态环境破坏评价

生态环境破坏包括的内容比较广泛，一般包括植被破坏、生物多样性减少、水土流失、荒漠化、土地次生盐渍化、水稻土次生潜育化、城乡建设和矿山开发造成的生态破坏等。从生态环境评价的内容看，包括生态环境破坏的生态量值评价和经济损失评价两部分内容。

对生态环境破坏的生态量值评价，即对生态环境破坏数量及严重程度进行评价，如对水土流失的生态量值评价就包括水土流失的面积、危害、水土流失的程度分级及水土流失的潜在危险性评价等；

生态破坏经济损失评价，是以经济价值的形式来表示生态环境破坏的代价。具体采用的方法有生态破坏的市场价值法、替代市场价值法、影子工程法、土地价值法和机会成本法等。

（二）自然灾害评价

区域自然灾害评价的对象是指对区域经济发展起严重阻碍作用的、经常发生的自然灾害。自然灾害评价内容包括自然灾害发生频率、强度、危害等方面。

1. 洪水

（1）根据洪水水情和防洪水平，将洪水划分为：一般洪水，重现期 2~10 年的洪水；较大洪水，重现期 10~20 年的洪水；大洪水，重现期 20~50 年的洪水；特大洪水，重现期 50~100 年的洪水；罕见的特大洪水，重现期≥100 年。

（2）根据一次洪水淹没面积，并参考淹没时间，将洪水灾变划分为五级（表10-1）。

表 10-1 洪水分级

等级	淹没面积/10⁴km²	淹没时间/d
Ⅰ	<0.01	<2
Ⅱ	0.01~0.1	2~4
Ⅲ	0.1~1	4~7
Ⅳ	1~10	7~12
Ⅴ	>10	>12

2. 干旱

以降水距平百分率划分干旱等级（表 10-2），降水距平百分率按下式计算：

$$D=（B-X）/X×100\% \qquad (10-1)$$

式中：D—— 月降水距平百分率，%；

B—— 实际降水量，mm；

X—— 同期多年平均降水量，mm。

表 10-2 干旱分级

旱期	一般旱灾	重旱或大旱
连续 3 个月以上	−20~−50	−50 以上
连续 2 个月	−50~−80	−80 以上
连续 1 个月	−80 以上	

3. 雨涝

以不同区域旬降水量、月降水量，将雨涝灾害划分为轻涝（或一般涝）、大涝（或重涝）两个等级（表 10-3）。

表 10-3 干旱分级

涝期	轻涝（一般涝）	大涝（重涝）
1 旬	降水量：东北地区 200~300 mm；华南、川西地区 300~400 mm；其他地区 250~350 mm	降水量：东地地区 300 mm 以上；华南、川西地区 400 mm 以上；其他地区 350 mm 以上
1 个月	月降水量距平百分率：华南地区 75%~150%；其他地区 100%~200%	月降水量距平百分率，华南地区 150% 以上；其他地区 200% 以上

4. 台风

根据气旋中心附近最大平均风力，划分为四个等级：热带低压：最大平均风力为 6～7 级，即风速为 10.8～17.1 m/s；热带风暴：最大平均风力为 8～9 级，即风速为 17.2～24.4 m/s；强热带风暴：最大平均风力为 10～11 级，即风速为 24.5～32.6 m/s；台风：最大平均风力为 12 级或以上，即风速达 32.6 m/s 以上。

5. 风暴潮

根据海面异常升高，分为四个等级：风暴增水：增水值小于 1 m；弱风暴潮：增水值为 1～2 m；强风暴潮：增水值为 2～3 m；特强风暴潮：增水值大于 3 m。

第四节　生态功能区划

为切实加强自然资源的合理开发利用，保护生态系统和生物多样性，改善环境质量，维护生态安全，保障经济社会可持续发展，促进人与自然的和谐，研究区需进行生态功能区划工作。

一、区划的指导思想

为了贯彻科学发展观，树立生态文明的观念，运用生态学原理，以协调人与自然的关系、协调生态保护与经济社会发展关系、增强生态支撑能力、促进经济社会可持续发展为目标，在充分认识区域生态系统结构、过程及生态服务功能空间分异规律的基础上，划分生态功能区，明确对保障国家生态安全有重要意义的区域，以指导我国生态保护与建设、自然资源有序开发和产业合理布局，推动我国经济社会与生态保护协调、健康发展。

二、区划的基本原则

生态功能区划是在揭示区域生态环境空间分异规律基础上，进行生态功能分区，并明确各生态区的生态服务功能特征及对区域社会经济可持续发展的作用，规划各生态功能区的资源开发与管理策略，为改善区域生态环境质量，实施可持续发展战略奠定基础。生态功能区划必须遵循以下区划原则。

(一) 遵循发生学原则

根据区域主要生态环境问题，生态环境敏感性、生态服务功能与生态系统结构、过程、格局的关系，确定生态功能区划中的主导因子及区划依据。

（二）可持续发展原则

生态环境保护与建设是为了经济与社会可持续发展，在经济建设中要充分考虑到生态环境开发的承受能力与其合理性。保护生态环境资源就是保护生产力，要在保护和建设生态环境的前提下，注重发展生态经济。同样，生态功能区划的目的就是为了资源的合理利用与开发，并且避免盲目的资源开发而造成对生态环境的破坏，增强区域社会、经济发展的生态环境支撑能力，促进经济建设与生态建设协调发展。

（三）生态过程地域分异原则

宏观生态系统是一个由一系列不同生态系统相互组合，在空间上连接分布的整体。在其内部，由于气候、地貌、土壤、植被及人类干扰等条件的不同，形成相应的次级生态系统结构和功能的分异，产生不同的生态过程，对人类提供不同的生态服务功能，具有不同的生态敏感性，由此可划分出不同的生态功能区。因此，生态过程地域分异原则是进行生态功能区域划分的理论基础。

（四）相似性和差异性原则

自然环境是生态系统形成和分异的物质基础，区域内的生态环境特征、生态环境演变过程及由此产生对人类社会的服务功能是客观存在的。对其进行识别区分，主要是依据相似性和差异性。区域分异有一定的规律性，区域内部的相似性，决定着区域的范围。区域的差异性，决定着区域分区的界线。因此，生态功能区划将根据区划指标的一致性与差异性进行区划。

（五）区域共轭性原则

区域共轭性原则又称空间连续性原则，也就是说任何一个区划单元都必须是个体的、不重复出现的、在空间上连续的，即区域所划分的对象必须是具有独特性，空间上是完整的自然区域。因此，生态功能区划将根据区域自然环境特征，以及气候、地理、生态系统类型、生态服务功能等因素，按照区域共轭原则进行划分。

（六）相关成果继承原则

区域环境的相近性和差异性来源于生态环境的发展演化及其分异规律，同时叠加人类社会活动的影响及其经济社会分区。生态环境和社会活动是区划的基础。区域的自然、水资源、土地、生态环境等领域已经完成规划都具有一定的继承性，是生态功能区划的主要参考资料和依据，并要很好地进行衔接，在生态环境现状调查的基础上，深入研究、科学规划，在吸收和消化相应规划与区划的优点基础上形成不同类型、不同特点的生态功能区域。

三、生态功能区划指标体系

根据《全国生态环境保护纲要》和《全国生态功能区划暂行规程》所确定的划分重要生态功能区、生态良好区和资源开发利用生态保护区的要求，划分生态功能区。

（1）生态区划一级分区：主要依据区域地形、地貌特征分区。

（2）生态区划二级分区：在一级分区的基础上，地形地貌格局进一步影响着大尺度下水热因子分布，其作用导致了区域内的生态类型进一步分异，而地带性植被纬向和经向的分异规律就反映了这种作用的结果。因此，二级区划分选取气候气象指标、地带性植被类型、亚地貌类型等指标体系。以地带性植被为区域单元划分的主要标志，充分考虑年均温、积温和降雨分布的区域差异，同时套合行政界线进行二级生态建设分区。

（3）生态区划三级分区：在对于生态系统客观认识和充分研究的基础上，应用生态学原理和方法，揭示自然生态区域的相似性和差异性以及人类活动对生态系统干扰的规律，从而进行整合和分区，划分生态环境的区域单元。因此在三级区的划分中应主要考虑微地貌类型、生态系统类型、人类活动指标、地带性植被类型、土壤类型等指标分为生态环境小区。

四、生态功能分区与命名方法

（一）分区方法

以河北省生态区划为例：

在河北省生态环境现状、生态环境敏感性、生态系统服务功能重要性等评价研究的基础上，在地理信息系统（GIS）应用软件的支持下，将一系列相同比例尺的评价图，采用空间叠置法、相关分析法、专家集成等方法，按生态功能区划的等级体系，通过自上而下划分方法进行河北省生态功能区划。

（二）命名方法

根据国家环境保护总局《生态功能区划暂行规程》要求，河北省生态功能区按三级分区分别命名，每一生态功能区的命名由三部分组成：

（1）一级区命名要体现出分区的气候和地貌特征，由地名+地貌特征+生态区构成。

地貌特征包括平原、山地、丘陵、丘岗等，命名时选择重要或典型者。

（2）二级区命名要体现出分区的生态系统的结构、过程与生态服务功能的典型类型，由地名+生态系统类型（生态系统服务功能）+生态亚区构成。

生态系统类型包括森林、草地、湿地、农业等，命名时选择其重要或典型者。

（3）三级区命名要体现出分区的生态服务功能重要性、生态环境敏感性或胁迫性的特点，由地名+生态功能特点（或生态环境敏感性特征）+生态功能区构成。

生态系统服务功能包括生物多样性保护、水源涵养、水文调蓄、水土保持、自然人文景观、社会生产（农林牧渔、矿产能源、城镇发展）等，命名时选择其重要或典型者。

五、生态功能区划分区描述

对各生态功能分区的区域特征描述，包括：①分区地理位置、范围、面积；②自然海况；③生态特点；④生态问题；⑤保护措施和发展方向。

六、生态功能区划的图件

可包括行政区划及地理位置图、遥感影像图或三维地形图、资源分布图、生态环境敏感性评价图、生态服务功能重要性分布图、可利用土地资源评价图、可利用水资源评价图、自然灾害危险性评价图、资源与环境承载力综合评价图、生态功能区划图等。

第五节 生态保护红线

生态保护红线是指依法在重点生态功能区、生态环境敏感区和脆弱区等区域划定的严格管控边界，是国家和区域生态安全的底线。生态保护红线所包围的区域为生态保护红线区，对于维护生态安全格局、保障生态系统功能、支撑经济社会可持续发展具有重要作用。

2015 年 5 月环境保护部公布了《生态保护红线划定技术指南》，适用于各区域生态红线的划定。本节仅介绍了生态保护红线基本特征、划定原则、技术流程和划定范围，具体划定方法可参考《生态保护红线划定技术指南》。

一、生态保护红线基本特征

根据生态保护红线的概念，其属性特征包括以下五个方面：

（1）生态保护的关键区域：生态保护红线是维系国家和区域生态安全的底线，是支撑经济社会可持续发展的关键生态区域。

（2）空间不可替代性：生态保护红线具有显著的区域特定性，其保护对象和空间边界相对固定。

（3）经济社会支撑性：划定生态保护红线的最终目标是在保护重要自然生态空间的同时，实现对经济社会可持续发展的生态支撑作用。

（4）管理严格性：生态保护红线是一条不可逾越的空间保护线，应实施最为严格的环境准入制度与管理措施。

（5）生态安全格局的基础框架：生态保护红线区是保障国家和地方生态安全的基本空间要素，是构建生态安全格局的关键组分。

二、生态保护红线划定原则

（一）强制性原则

根据《环境保护法》规定，应在事关国家和区域生态安全的重点生态功能区、生态环境敏感区和脆弱区以及其他重要的生态区域内，划定生态保护红线，实施严格保护。

（二）合理性原则

生态保护红线划定应在科学评估识别关键区域的基础上，结合地方实际与管理可行性，合理确定国家生态保护红线方案。

（三）协调性原则

生态保护红线划定应与主体功能区规划、生态功能区划、土地利用总体规划、城乡规划等区划、规划相协调，共同形成合力，增强生态保护效果。

（四）可行性原则

生态保护红线划定应与经济社会发展需求和当前监管能力相适应，预留适当的发展空间和环境容量空间，切合实际地确定生态保护红线面积规模并落到实地。

（五）动态性原则

生态保护红线面积可随生产力提高、生态保护能力增强逐步优化调整，不断增加生态保护红线范围。

三、生态保护红线划定技术流程

（一）生态保护红线划定范围识别

依据《全国主体功能区规划》《全国生态功能区划》《全国生态脆弱区保护规划纲要》《全国海洋功能区划》《中国生物多样性保护战略与行动计划》等国家文件和地方相关空间规划，结合经济社会发展规划和生态环境保护规划，识别生态保护的重点区域，确定生态保护红线划定的重点范围。

（二）生态保护重要性评估

依据生态保护相关规范性文件和技术方法，对生态保护区域进行生态系统服务重要性评估和生态敏感性与脆弱性评估，明确生态保护目标与重点，确定生态保护重要区域。

（三）生态保护红线划定方案确定

对不同类型生态保护红线进行空间叠加，形成生态保护红线建议方案。根据生态保护相关法律法规与管理政策，土地利用与经济发展现状与规划，综合分析生态保护红线划定的合理性和可行性，最终形成生态保护红线划定方案。

（四）生态保护红线边界核定

根据生态保护红线划定方案，开展地面调查，明确生态保护红线地块分布范围，勘定生态红线边界走向和实地拐点坐标，核定生态保护红线边界。调查生态保护红线区各类基础信息，形成生态保护红线勘测定界图，建立生态保护红线勘界文本和登记表等。

四、生态保护红线划定范围

依据《中华人民共和国环境保护法》，生态保护红线主要在以下生态保护区域进行划定。

（一）重点生态功能区

1. 陆地重点生态功能区

陆地重点生态功能区主要包括《全国主体功能区规划》和《全国生态功能区划》的各类重点生态功能区，具体包括水源涵养区、水土保持区、防风固沙区、生物多样性维护区等类型。

2. 海洋重点生态功能区

海洋重点生态功能区主要包括海洋水产种质资源保护区、海洋特别保护区、重要滨海湿地、特殊保护海岛、自然景观与历史文化遗迹、珍稀濒危物种集中分布区、重要渔业水域等区域。

（二）生态敏感区或脆弱区

1. 陆地生态敏感区或脆弱区

陆地生态敏感区或脆弱区主要包括《全国生态功能区划》《全国主体功能区规划》及《全国生态脆弱区保护规划纲要》的各类生态敏感区或脆弱区，具体包括水土流失敏感区、土地沙化敏感区、石漠化敏感区、高寒生态脆弱区、干旱、半干旱生态脆弱区等。

2. 海洋生态敏感区或脆弱区

海洋生态敏感区或脆弱区主要包括海岸带自然岸线、红树林、重要河口、重要砂质岸线和沙源保护海域、珊瑚礁及海草床等。

3. 禁止开发区域

主要包括国家级自然保护区、世界文化自然遗产、国家级风景名胜区、国家森林公园和国家地质公园等类型。

4. 其他

其他未列入上述范围但具有重要生态功能或生态环境敏感、脆弱的区域，包括生态公益林、重要湿地和草原、极小种群生境等。

第六节　生态环境建设规划

一、生态农业建设规划

（一）生态农业概念

生态农业（Eco-agriculture）首先是由 C.J.Walters 和 C.J.Fensan 等于 1979 年提出的，M.Kiley-Worthington 等著《生态农业及其有关技术》（1981 年）一书是经典的生态农业专著，书中指出："生态农业就是要建立及维持一个特殊类型的农业系统，即建立和维持一个生态上自我维持、低输入且经济上有生命力的小型农业生态系统。这种小型农业系统能达到最大的生产而又不引起大的或长时期在伦理学及道德上不能被接受的环境改变。"

中国生态农业的基本内涵是：按照生态学原理和生态经济规律，应该根据土地形态制定适宜土地的设计、组装、调整和管理农业生产和农村经济的系统工程体系。它要求把发展粮食与多种经济作物生产，发展大田种植与林、牧、副、渔业，发展大农业与第二、三产业结合起来，利用传统农业精华和现代科技成果，通过人工设计生态工程、协调发展与环境之间、资源利用与保护之间的矛盾，形成生态上与经济上两个良性循环，经济、生态、社会三大效益的统一。

"中国生态农业"与西方那种完全回归自然、摒弃现代投入的"生态农业"主张完全不同。它强调的是继承中国传统农业的精华——废弃物质循环利用，规避常规现代农业的弊病（单一连作，大量使用化肥、农药等化学品，大量使用化石能源等），通过用系统学和生态学规律指导农业和农业生态系统结构的调整与优化（如推行立体种植、病虫害生物防治），改善其功能等。

（二）生态农业模式类型

1. 时空结构型

这是一种根据生物种群的生物学、生态学特征和生物之间的互利共生关系而合理组建的农业生态系统，使处于不同生态位置的生物种群在系统中各得其所，相得益彰，更加充分地利用太阳能、水分和矿物质营养元素，是在时间上多序列、空间上多层次的三维结构，其经济效益和生态效益均佳。具体有果林地立体间套模式、农田立体间套模式、水域立体养殖模式、农户庭院立体种养模式等。

2. 食物链型

这是一种按照农业生态系统的能量流动和物质循环规律而设计的一种良性循环的农业生态系统。系统中一个生产环节的产出是另一个生产环节的投入，使得系统中的废弃物多次循环利用，从而提高能量的转换率和资源利用率，获得较大的经济效益，并有效地防止农业废弃物对农业生态环境的污染。具体有种植业内部物质循环利用模式、养殖业内部物质循环利用模式、种养加工三结合的物质循环利用模式等。

3. 综合型

这是时空结构型和食物链型的有机结合，使系统中的物质得以高效生产和多次利用，是一种适度投入、高产出、少废物、无污染、高效益的模式类型。

（三）以两种生态农业模式为例

1. 珠江三角洲的基塘农业

基塘农业是珠江三角洲人民根据当地的自然条件特点，创造的一种独特的农业生产方式。鱼塘的塘基上种桑、种蔗、种果树等，与鱼塘结合分别称为桑基鱼塘、蔗基鱼塘、果基鱼塘。基塘互相促进，以桑基鱼塘最典型。基塘农业是珠江三角洲农业的特色，集中分布在顺德、南海等市。新的基塘农业模式和科学的方法，使农副产品更多样化，质量更高，更具有进入港澳市场和国际市场的竞争能力。珠江三角洲平原上的居民将低洼易有洪患之处挖成池塘饲养鱼类，挖出的塘泥堆于周围，称为"基堤"，基堤上种植果树、甘蔗、桑树、花卉等，如此既能防洪，又能增加收入，而农作物在加工过程中产生的物料，尚可投入池中作为饲料，是一种具有生态特色的农业经营方式。

2. 黄淮海平原的鱼塘——台田模式

鱼塘台田模式也是借鉴基塘农业总结出来的，针对华北地区的地势低洼，渍涝严重，土壤水盐运动现象。鱼塘积水发展渔业，同时台田地势高，地下水水位低，利于地表水下渗，从而降低台田地表的盐度，以达到改良华北地区的中低产田的效果。在无法搞农业种植的重盐碱地里，根据挖塘（挖沟）渗盐碱的原理，挖塘筑台田，使修筑的台田盐碱下渗后能成为无盐碱良田，种植各种农作物或建立植桑基地养蚕等，再在塘里养鱼，这是一个改造盐碱地的良好成功模式。

3. 鱼塘——台田模式与基塘农业的比较分析

相同点：都是立体农业模式。洼地挖塘，塘中养鱼，基上发展种植、林果业。

不同点：农作物种类不同。珠江三角洲的基塘农业，基上种甘蔗，或种果树，或种桑，并与当地农产品加工联系在一起，形成蔗基—制糖，果基—罐头，桑基—养蚕—缫丝业。而黄海平原的"鱼塘—台田"，则形成鱼—果—粮、鱼—果—棉、鱼—果—菜、鱼—果—草（饲料）模式。

两种模式形成原因：两地地貌结构相似，都是地势低平的平坦地形，且都形成低洼和岗地、丘地交错起伏。低洼地掘土挖塘是有效利用土地的好办法；台田、基上发展种植业则是适宜的。利用的具体目的不同。珠江三角洲地处我国南部亚热带湿润地区，水热条件极为丰富，为充分利用水热资源而创造了"基塘农业"的生态模式，而黄淮海平原地处我国暖温带的半湿润地区，春旱、夏雨的气候极易造成干旱，并引起盐碱化，创建"鱼塘—台田"模式治理了湿地，改造了盐碱地，是一种避弊趋利的生态农业。鱼塘—台田系统是水陆复合人工生态系统，是根据生态学原理和经济学原理进行规划、实施和建设的。鱼塘—台田作为一个有机整体，形成了相互利用，相互促进，多层次、多方位的立体生产方式，实现了微观上的专业化和宏观上的综合化的高度结合，可以保持生产中获得最佳的经济产出，保持和改善生态环境。

二、生态工业园建设规划

（一）生态工业园概念与发展

生态工业园（Eco-Industrial Park，EIP）概念是由美国 Indigo 发展研究所 Ernest

Lowe 教授于 20 世纪 90 年代初提出的，他认为各种在业务上具有关联关系的企业聚集在一起，一家企业产生的废物将是另一家企业的生产原料，这些企业依照顺序形成一个高效率闭环系统（Closed Loop System），既提高了经济效益又从根本上改善了生态环境。

　　一些发达国家如丹麦、美国、加拿大，很早就开始规划建设生态工业示范园区，其他国家如泰国、印度尼西亚、菲律宾和南非等发展中国家也正积极兴建生态工业园区。生态工业园区已经成为各国在产业领域实现资源循环和高效利用的重要方式之一。

　　1999 年以来，在中国经济快速增长带来的资源环境压力及国际环保新思潮的影响下，国家环境保护总局将建设生态工业园区作为改变经济增长模式、实现经济和环境"双赢"的一个重要举措，在全国范围内，在不同的行业和工业园区进行了生态工业园区建设的试点。

（二）生态工业园的模式

1. 自主共生型生态工业园——卡伦堡模式

　　丹麦的卡伦堡生态工业园是目前国际上最早也是最成功的生态工业园。该园区以发电厂、炼油厂、制药厂和石膏制板厂这四个厂为核心，通过贸易的方式把其他企业的副产品或者废弃物作为本企业的生产原料，建立起一种工业共生和代谢产业链关系，实现了园区废弃物"零排放"的目标。园区内的四个核心企业都是具有独立法人资格的，在所有权上不具有隶属关系，驱动这些企业走到一起的动力是较低的交易成本。此外，在园区内还有专门负责在四个核心企业之间进行协调、组织、结算、监督工作的管理队伍，并且为新的废弃物利用项目提供资金和技术支持，使物流、能流和信息流得到优化配置，促使循环经济得以有序进行。

2. 产业共生型生态工业园——贵糖模式

　　广西贵糖生态工业园是我国第一个国家级生态工业园。针对制糖业本身是一种排污量大的行业，贵港集团经过多年的探索形成了以生态甘蔗园为起点、生态工业与生态农业相结合的两条工业生态链。该模式最大的特点就是产业共生及在"3R"原则指导下的生态农业与生态工业的共生，农业和工业高度一体化，将当地乃至广西的甘蔗种植纳入产业链条中，在"减量化"原则的指导下抓源头，提高甘蔗的产量和质量，并且将甘蔗园作为整个产业链条的收尾环节（即复合肥返田）。通过工农产业一体化形成的产业群有效推动了当地经济的发展。

3．改造型生态工业园——美国 Chattanooga 模式

具有代表性的是美国以杜邦公司的尼龙线头回收为核心的 Chattanooga 生态工业园。Chattanooga 曾经是一个污染严重的老工业区，目前在该园区内，围绕杜邦公司的尼龙线头回收企业为核心建立起了一系列环保产业，推行企业零排放改革，不仅大大减少了对环境的污染，而且形成了老工业区新的产业空间。这种老企业主导型生态工业园模式的特点主要是通过重新利用老工业企业的工业废弃物，修补、扩展产业链，实现老企业内部的清洁生产，发展环保产业来减少污染、增进效益。这种模式对于我国一些污染严重的资源型老工业企业的改造具有很强的借鉴意义。

4．虚拟生态工业园

具有代表性的是美国的 Brownsville 生态工业园。由于该模式不严格要求其参与者在同一地区，而是通过系统模型、数据库等一系列信息平台的构造建立成员之间的物质、能量和信息联系，所以这种生态工业园的建立有利于突破地理位置和行政区划的限制，将具有产业关联度的企业联系在一起，形成一种非传统意义上的跨区域产业链，而且在原有参与者的基础上可以不受地域限制地增加新成员来担当修补现有产业链的角色，增加了产业链条扩展的灵活性。

三、生态旅游建设规划

20 世纪 80 年代世界自然保护联盟特别顾问、墨西哥专家谢贝罗斯·拉斯卡瑞首次提出"生态旅游"的概念。生态旅游的产生和发展归因于全球日益恶化的环境问题和人们回归自然需求的日益增加。生态旅游的发展改变了国际旅游客源的构成和流向，使原有涌向工商业发达城市为主的客流变为由发达城市流向大自然。

（一）生态旅游定义

1．生态旅游是一种满足高品位游客需要的旅游活动

生态旅游产品较普通的旅游产品而言，更追求那种回归大自然的自然情调、追求原汁原味的文化享受、追求在旅游过程中体验"人地合一"的快感。这种高品位的旅游活动具有较高生态意识水平，并且具备较高层次教育背景和文化涵养的生态旅游者的参与。与此同时，这些旅游者还可以充当传播生态意识和思想的使者，通过一次丰富的旅游经历，可以使他们自发地呼吁和影响周围的人群共同

珍惜我们的生活环境，共同保护好我们的生态环境。

2．生态旅游是一种借助于外部旅游资源的旅游活动

要申明一点，这里的外部旅游资源不一定是现在植被茂密、生态环境保护良好的才能作为旅游目的地。因为一些植被和生态环境破坏严重的地区也可以作为生态旅游的目的地，如黄土高原等；或者一些植被环境不是很理想，但是该地如果具有相当深厚的历史文化底蕴，照样可以作为生态旅游的目的地，如殷墟等。

开展生态旅游，旅游者可以在生态旅游资源中探求大自然的奥秘，感受大自然的魅力，也可以在丰富的人文生态旅游资源中提升自己的文化涵养，感受祖国悠久的历史文化。但是，不管怎么样发展，生态旅游既然是作为一种旅游活动，其活动的开展和完善必须依赖一定的旅游资源。

3．生态旅游是一种带责任感的旅游

这些责任包括对旅游资源的保护责任，尊重旅游目的地经济、社会、文化并促进旅游目的地可持续发展的责任等。生态旅游不仅是一种单纯的生态性、自然性的旅游，更是一种通过旅游来加强自然资源保护责任的旅游活动。所以，生态保护一直作为生态旅游的一大特点，也是生态旅游开展的前提，还是生态旅游区别于自然旅游的本质特点。

（二）生态旅游发展模式

1．经济发达——生态旅游成熟型

这类国家经济发达，生态旅游也极为发达。他们敢于创新，并由此在旅游领域取得了显著成就，是其他国家学习、借鉴的榜样。美国、加拿大、澳大利亚、新西兰等国家就属于这种类型，他们在以国家公园为代表的生态旅游开发方面走在了世界前列。这些生态旅游发达国家在对生态旅游进行国家级认证的同时，各个地方政府也积极地给予响应和支持，比如，美国的国家公园为实现总体目标的最大化，在综合考虑多个目标的基础上，运用多目标分析法，对国家公园进行了功能分区；澳大利亚昆士兰州则制定了生态旅游的 2003—2008 年生态旅游 5 年发展计划，对该时期内生态旅游要实现的目标、实现目标的手段和措施以及时间限定按不同的行为主体进行了明确界定。

2．经济发达——生态旅游滞缓型

这类国家经济发达，但生态旅游相对于发达的经济而言显得逊色不少，发展较为缓慢。日本和欧洲大部分国家属于这种类型，以乡村旅游为主要形式的生态

旅游在这些地区发展较为成熟。虽然这些国家拥有风光秀丽的自然环境，但与其他国家相比，尤其是前面的生态旅游发达国家相比，这些国家的自然资源一方面比较单一，另一方面与自然环境的空间也相对狭小，不具备前述国家开展生态旅游所具有的空间上的开阔性，当然，这也可以看作是制约他们生态旅游发展的原因之一。

3. 经济欠发达——生态旅游新兴型

这类国家经济欠发达，但生态旅游作为一种可持续的旅游发展模式已经得到了这些国家认可与重视，因此得到了迅速发展。尼泊尔、印度尼西亚等诸多南亚、东南亚国家多属于这种类型，高山探险生态旅游和生态度假旅游在这一地区最具特色。这些地区，旅游本来就是极为重要的产业，生态旅游是旅游资源和经济条件共同作用的产物。他们积极挖掘潜在的旅游资源，实现生态旅游中自然资源与文化资源的融合，开发出具有民族特色的生态旅游产品，使旅游者在享受自然原真性的同时体验到独特的民族文化。

4. 经济欠发达——生态旅游超前型

这类国家的经济并不发达，多数属于发展中国家，但生态旅游却与前面一个类型不同，走在了经济发展的前面，受到了世界的瞩目。肯尼亚、哥斯达黎加及加勒比海国家大多属于这种类型，他们在以保护区为代表的生态旅游及其产品开发方面取得了显著成效。这些国家总体上来讲都拥有丰富的自然资源，同时也都面临着经济发展和环境保护的双重问题，甚至有些国家是在以环境为代价换取经济发展，在环境问题日益凸显并最终对经济和社会造成严重影响的背景下，这些国家开始寻求与环境相适应的经济发展模式，最后以生态旅游为平台，积极发展生态旅游业，实现环境、经济和社会的协调发展。这一地区内的有些国家，比如南非，对保护区实行分级管理，把保护区分为国家级保护区、地方级保护区和私人所有的保护区，这种权责明确的保护区管理模式也值得进一步研究。

（三）生态旅游环境承载力的调控

生态旅游环境承载力是生态旅游活动区域内生态系统所能承受的最大生态旅游活动强度。因此生态旅游规划必须充分考虑环境容量这个问题。环境容量控制的具体措施包括：

（1）在空间上，尽可能拓展生态旅游的活动区域；

（2）在时间上，合理安排游客在生态旅游区的活动时间；

（3）从交通角度，鼓励乘坐大众化的火车、生态旅游专用巴士，严禁私人汽车进入生态旅游区；

（4）从环境保护角度，在某些地区建立污水处理厂；

（5）从管理角度，对旅游旺季环境容量超载区域进行合理调控，实行轮流开放、分区恢复措施。

四、生态城市建设规划

（一）生态城市定义

生态城市是在联合国教科文组织发起的人与生物圈（MAB）计划研究过程中，由原苏联城市生态学家杨诺克斯基（O.Yanistky）于 1987 年提出的一种理想城市模式——自然、技术、人文充分融合，物质、能量、信息高效利用，人的创造力和生产力得到最大限度的发挥，居民的身心健康和环境质量得到保护，建立生态、高效、和谐的人类聚居新环境。生态城市是从生态学角度出发构筑的一个面向未来的、崭新的城市发展模式，代表着国际城市可持续发展的方向。

（二）生态城镇发展模式

由于城市自身的发展条件千差万别，并且城市可持续发展作为一个发展过程，不同发展阶段的城市也应具有不同的发展模式，故规划生态城市建设的模式也就不同。目前，生态城市建设模式主要有五种类型。

1. 循环经济型生态城市

贵阳市是国家环境保护总局确定的第一个循环经济型生态城市试点城市。循环经济型生态城市建设的主要内容为：实现全面建设小康社会，在保持经济持续快速增长的同时，不断改善人民的生活水平，并保持生态环境美好的总目标；转变生产环节模式和转变消费环节模式，逐步将以往传统粗放式资源型城市发展模式过渡到可持续循环资源型发展模式；构建循环经济产业体系、城市基础设施、生态保障体系 3 个核心系统。

2. 政治型生态城市

政治型生态城市，又称社会型生态城市。一般是具有较强的政治意义的、发达国家的首都建设生态城市的模式，如美国的华盛顿、瑞士的日内瓦。这类城市由于政治地位突出，在国际上影响力大，并且城市的职能定位比较单一，突出表现为政治中心，文化、教育职能强，聚集着国家决策精英，其服务业比较突出，主要体现在人文景观的旅游业发展上。工业区远离城市，污染性较强的企业也被迁移，城市绿化突出，城市公共绿地覆盖率高，人居环境优越。

3. 经济复合型生态城市

大多数发展中国家的大型城市的生态城市建设属于此种模式，如上海。经济复合型生态城市不仅注重城市的绿化建设，也重视城市的经济发展和社会发展。经济的发展水平是决定这种城市生态城市建设的关键指标，对于如何处理好经济发展与城市环境的协调关系，是建设这种生态城市模式的关键所在。

4. 资源型生态城市

资源型生态城市，又称自然型生态城市。这类生态城市建设以当地的自然资源为依托，尤其与当地的地域和气候条件等有很大关系。此种模式以人类居住环境的优化为前提，在经济发展水平处于中等的城市或沿海城市较为常见。一般城市规模较小，有一定的区位和自然条件优势，有利于经济的对外联系，产业结构转型比较容易，能够及时地解决工业企业污染问题，经济发展有很大潜力。如昆明的山水城市、广州的山水型生态城市、山东威海市和日照市以发展高新技术为主的生态化海滨城市等都属于此种类型。

5. 园林型生态城市

中国首都北京提出要建立园林生态城市。园林生态城市是一种新的理念，要求其首先是一个生态城市，不但体现并具备生态城市的特点和功能，还必须具有饱含文化底蕴的园林，赋予生态城市以美感质量，使园林与生态有机地相结合。园林生态城市应具备的特点：具有一定的美感质量，城市结构合理，功能协调；符合生态平衡要求，实现清洁生产，消除工业"三废"污染，做到基本无噪声、无垃圾废物、空气清新、环境卫生，利用高科技，发展保护自然资源控制生态平衡的新技术，提高资源的再生和综合利用水平，广泛利用太阳能、风能和水能来替换传统能源，用新材料代替传统材料，达到很高的经济效益和最低的物质能量消耗；城市的绿色空间增多，灰色空间减少，具有较高的城市绿化覆盖率、绿地率、人均公共绿地面积和绿视率，应普遍建立城市森林公园；城市的传统文化与历史风貌得到最好的继承和保护。

由于各城市的地域特征、规模大小、国内地位、经济发展水平、城市生态环境等现状背景因素不同，在建设生态城市模式的选择定位上也应该从城市的实际情况出发。随着生态城市建设理论与实践的不断深入和发展，更多的生态城市建设模式类型还会应运而生。

【思考题】

1. 什么是生态功能区划？生态功能区划内容包括哪些？
2. 生态保护红线概念、基本特征及划定范围是什么？
3. 生态农业概念及其发展模式是什么？
4. 生态工业概念及其发展模式是什么？
5. 生态旅游概念及其发展模式是什么？
6. 生态城市概念及其发展模式是什么？

第三篇　环境规划案例篇

第十一章　流域水环境规划

【本章导读】

按照研究区域不同，水环境规划可以分为流域水环境规划、区域水环境规划、城市水环境规划、小区水环境规划等层次。本章以四川省自贡市釜溪河流域的水污染控制规划为例，介绍水环境规划的步骤及需关注的重点问题。

本实例根据西南交通大学黄建荣、王星的论文整理，内容组织基本按照水环境规划工作程序，但省略了所有图件、基础原理和部分计算过程。

第一节　问题的提出与规划工作内容

釜溪河是沱江的一级支流，也是穿越自贡城市中心区的唯一河流，随着经济的迅速发展和人口的快速增长，釜溪河水污染问题日益突出。每年枯水期釜溪河均出现富营养化现象，浮萍、藻类疯长，绵延几十里；腐烂藻类沉于河底形成有机底泥，分解时耗氧发臭，河水变黑；水生态平衡遭到破坏，枯水期非离子氨已超过水生动物致死浓度，使鱼的种类和数量锐减，不少河段鱼虾绝迹。当前，有效地开展水污染防治、保障流域水质安全，是釜溪河流域经济社会可持续发展的迫切要求。

本规划的主要工作内容为：

（1）通过现场调查和基础资料收集，分析流域水环境存在的问题，确定控制断面和水质目标；

（2）对流域污染源进行调查，同时对水环境质量现状和发展趋势进行评价与预测，研究流域水污染原因以及产生机理；

（3）应用适宜的水环境容量计算模型，分别对该流域所涉及行政区域的水环境容量进行计算；

（4）根据计算得出的水环境容量，针对釜溪河流域污染特点、主要污染行业等提出水污染防治规划及治理措施。

第二节　釜溪河流域的水环境规划

一、釜溪河流域概况

釜溪河流域地处四川盆地南部的中丘地带，属亚热带湿润季风气候，全市多年平均降雨量为 996.9～1 101 mm。冬季占全年总降水量的 4.8%，春季占总降水量的 15.6%，夏季占总降水量的 60.2%，秋季多绵雨，占总降水量的 19.4%。

釜溪河由西源旭水河（长 118 km）和北源威远河（长 123 km）在境内凤凰坝双河口汇成干流，于富顺县李家湾注入沱江，流域面积 3 490 km^2。河流干流长 73.2 km，河道迂回曲折，弯曲系数 2.21，平均比降 0.27‰。据自贡水文站资料，釜溪河多年平均天然流量 42.25 m^3/s，实测流量 26.63 m^3/s，多年平均年径流总量为 5.88 亿 m^3。但径流时空分布不均，58% 的径流量分配在 7 月、8 月，而长达半年的枯水期径流总量仅占全年的 8% 左右。

旭水河是釜溪河重要的一级支流，发源于东兴大尖山，流经荣县县城、龙潭镇、桥头镇、贡井城区，在自流井区城区上游双河口汇入釜溪河，全长 118 m，径流量 12.83 m^3/s，实测 7.84 m^3/s，河道平均比降 0.68%，流域面积 1 022 m^2。旭水河为自贡市梯级开发河流，有十多座堰闸，担负全市水源调节、工业用水、农业用水、城镇生活用水及环境用水的重要功能，上游双溪水库也是自贡市重要的饮用水水源地，承担全市 40% 的用水量。

威远河是釜溪河另一重要支流，全长 123 km，流域面积 969 km^2。自贡境内长度为 22 km，流域面积为 85 km^2。上游有长葫水库，是自贡市和威远县的主要饮用水水源，自贡市 60% 的用水来自长葫水库。

釜溪河中游的长滩河发源于内江市资中县，全长 84.7 km，在自贡境内长度约为 30 km，年平均流量 5.84 m^3/s，在自贡市姚家坝汇入釜溪河。釜溪河流域面积 515 km^2，在自贡境内流域面积约 190 km^2，长滩河的支流李伯河是大山铺镇、何市镇等部分场镇的生活用水水源，也是流域内的主要农业用水水源，基本无工业用水。

镇溪河是釜溪河下游的一重要支流，全长 53.8 km，年平均流量 6.12 m^3/s，发源于自贡市自流井区仲权镇，流域面积 429 km²，在入沱江前汇入釜溪河。上游木桥沟水库是富顺县的主要饮用水水源，担负富顺县工业及生活用水。

二、水环境规划任务

（一）水污染防治重点

根据釜溪河流域地表水质监测结果，将污染严重的河段和主要污染物作为本实施方案的实施重点。

重点控制的主要污染物为：化学需氧量、氨氮。

重点控制区域为：威远河自贡段和旭水河、釜溪河干流全流域及污染严重的支流。

（二）规划时段及总体目标

以 2010 年作为釜溪河流域污染综合治理基准年，在"十二五"期间分阶段实施。

（1）2010—2013 年底，釜溪河流域工业污染源全部实现达标排放，丰、平水期各控制断面主要污染物化学需氧量、氨氮达到功能区标准，全流域城镇生活污水、垃圾处理率达到 80%以上；工业污染源排放总量控制在 2010 年水平。尤其是釜溪河双河口断面、碳研所断面水质达到Ⅳ类水质标准，改写多年来均为劣Ⅴ类水质标准的历史。

（2）2013—2015 年，釜溪河流域汇入沱江水质全部达到或优于Ⅳ类。全流域城镇生活污水、垃圾处理率达到 90%以上；工业污染源排放总量控制在 2013 年全面达标的水平，各控制单元最大允许排污量控制在规定的指标范围内，实现控制断面重点控制污染物化学需氧量、氨氮稳定达标，实现"还釜溪河清水"的目标。

三、釜溪河流域水环境状况分析与评价

（一）水功能区划分与控制断面

本规划将釜溪河流域主要河流划分为 4 个水环境功能区，同时为了方便进行各水环境功能区的水质达标考核，确定了 6 个控制断面，具体详见表 11-1、表 11-2（图略）。

表 11-1　釜溪河流域主要河流环境功能区划分

河流名称	类别	功能区序号	河段起止断面	主要功能
旭水河	III	1	起水站—叶家滩	饮用水
	III	2	叶家滩—旭水河出口断面	农业用水
威远河	III	3	廖家堰—双河口	工业用水
釜溪河	IV	4	双河口—入沱把口	工业用水、农业用水

表 11-2　釜溪河流域主要河流控制断面一览

河流名称	水环境功能区起止点	水环境功能下游终点	水环境功能终点断面级别	河段控制断面名称
旭水河	起水站—叶家滩	叶家滩	县控	
	叶家滩—旭水河出口断面	旭水河出口断面	县控	
威远河	廖家堰—威远河大安段出口断面	威远河大安段出口断面	县控	廖家堰
釜溪河	双河口—入沱把河处	邓关	省控	双河口
				碳研所
				邓关

（二）污染源统计

通过基础资料收集和调查统计，釜溪河流域沿线各类污染源的资料统计见表 11-3 和表 11-4。可以看出，2010 年釜溪河流域工业、城镇和农村人口生活、规模化畜禽养殖、散户畜禽养殖及面源污染，共产生 COD 64 131.25 t，其中城镇人口生活污染源、农业面源、工业污染源、规模化畜禽养殖污染源和农业人口生活源分别占总量的 40.4%、25.0%、3.5%、6.9% 和 23.2%；NH_3-N 产生量为 8 073.59 t，其中城镇人口生活污染源、农业面源、工业污染源和农业人口生活污染源产生量分别占总量的 35.3%、39.7%、2.2%、2.7% 和 18.5%。

表 11-3　2010 年镇溪河流域 COD 产/排量汇总表　　　　　　　单位：t/a

流域		工业污染源	城镇人口生活污染源	规模化养殖污染源	分散畜禽养殖污染源	农业面源	农村人口生活污染源
旭水河	起水站—叶家滩	367.85	3 235.3	540.0	453.9	1150	2 382
	叶家滩—雷公滩	64.27	3 489.0	1 008.1	36.8	1 751.05	2 953.14
威远河		145.88	1 078.4	54	10.7	194.45	356.25
釜溪河		1 690.88	16 920.4	2 818.6	126.4	12 925.73	6 779.72

流域	工业污染源	城镇人口生活污染源	规模化养殖污染源	分散畜禽养殖污染源	农业面源	农村人口生活污染源
镇溪河	—	1 173.6	—			2 424.31
合计	2 268.88	25 896.7	4 420.7	627.8	16 021.23	14 895.94
占总量比例/%	3.5	40.4	6.9	1.0	25.0	23.2

表 11-4　2010 年镇溪河流域 NH_3-N 产/排量汇总表　　　　单位：t/a

流域		工业污染源	城镇人口生活污染源	规模化养殖污染源	分散畜禽养殖污染源	农业面源	农村人口生活污染源
旭水河	起水站—叶家滩	1.82	356.3	27.0	90.8	230	238.24
	叶家滩—雷公滩	3.04	384.2	50.4	7.4	350.21	295.32
威远河		3.24	118.8	2.7	2.1	38.89	35.62
釜溪河		173.2	1 863.4	140.9	25.3	2 585.14	677.97
镇溪河		—	129.2				242.45
合计		181.3	2 851.9	221.0	125.6	3 204.24	1 489.55
占总量比例/%		2.2	35.3	2.7	1.6	39.7	18.5

（三）釜溪河水质现状评价

1．评价因子

评价因子从所调查的水质参数中选取，根据釜溪河 2008—2010 年的监测数据，此次研究选用的评价因子为溶解氧、高锰酸钾指数、生化需氧量、氨氮、石油类、化学需氧量。

2．评价时段

2008—2010 年。

3．评价断面

选择釜溪河各水环境功能区已监测的控制断面作为本次水质评价为断面。其中，旭水河设有长土、雷公滩、大龙滩和叶家滩 4 个监测断面；威远河设有廖家堰断面；釜溪河干流段上设有双河口、碳研所和入沱把口处 3 个监测断面。

4．评价依据

《地表水环境质量标准》（GB 3838—2002）及相应的地方标准。

5．评价方法

首先采用单因子污染指数法进行评价，评价中污染监测项目数据采用的是监测年平均值，即：

$$P_i = C_i/S_i \qquad\qquad (11\text{-}1)$$

式中：P_i —— 单因子污染指数；

C_i —— i 因子实测质量浓度，mg/L；

S_i —— i 因子评价标准，mg/L。

评价过程中，污染监测项目数据采用的是监测年平均值。

再利用 P_j 进行某污染物在断面全部污染物中的分担率计算，计算公式如下：

$$K_{ij} = \left(P_{ij}/P_j\right)\times 100\% \qquad\qquad (11\text{-}2)$$

式中：K_{ij} —— j 类污染物在 i 断面全部污染物中的分担率，%；

P_{ij} —— i 断面 j 类污染物的污染指数；

P_j —— j 断面所有污染物的污染指数和。

最后，采用综合分类算术平均指数法进行计算评价，其数学表达式为

$$\overline{P} = \frac{1}{n}\sum_{j=1}^{n} P_j \times 100\% \qquad\qquad (11\text{-}3)$$

式中：$\overline{P}$ —— 平均分类指数；

n —— 参与评价的污染项目数；

P_j —— j 类污染物的污染指数。

6. 评价结果与分析

根据式（11-1）、式（11-2）、式（11-3），单因子评价结果、污染分担率、水质污染程度计算结果分别见表 11-5、表 11-6、表 11-7。

表 11-5　釜溪河水质评价结果（平均质量浓度）　　　　单位：mg/L

断面及类别	监测年度	指标	溶解氧	高锰酸钾指数	生化需氧量	氨氮	石油类	化学需氧量	氟化物	水质评价
长土 III	2008	$\overline{C}_i$	5.7	8.6	6.7	1.8	0.014	15.9	—	V 类
		P_i	—	1.43	1.68	1.8	0.28	0.8	—	
	2009	$\overline{C}_i$	7.6	6.7	3.6	0.55	0.04	18.8	—	IV 类
		P_i	—	1.12	0.9	0.55	0.04	18.8	—	
	2010	$\overline{C}_i$	5.6	6.88	5.12	0.46	0.031	23	—	IV 类
		P_i	—	1.15	1.28	0.46	0.62	1.15	—	

断面及类别	监测年度	指标	溶解氧	高锰酸钾指数	生化需氧量	氨氮	石油类	化学需氧量	氟化物	水质评价
雷公滩 III	2008	$\overline{C}_i$	5.1	7.6	4.5	1.6	0.08	15	—	V类
		P_i	—	1.27	1.13	1.6	1.6	0.75	—	
	2009	$\overline{C}_i$	5.3	7.9	4.3	4.5	0.04	26.9	—	劣V类
		P_i	—	1.32	1.08	4.5	0.8	1.35	—	
	2010	$\overline{C}_i$	3.29	9.45	8.01	5.11	0.057	28.33	—	劣V类
		P_i	—	1.58	2	5.11	0.057	28.33	—	
大龙滩 III	2008	$\overline{C}_i$	8.02	6.24	9.36	2.48	0.04	—	—	劣V类
		P_i	—	1.04	2.34	2.48	0.8	—	—	
	2009	$\overline{C}_i$	6.76	7.64	4.77	2.78	0.04	37.08	—	劣V类
		P_i	—	1.27	1.19	2.78	0.8	1.85	—	
	2010	$\overline{C}_i$	5.1	5.82	5.44	3.08	0.04	25.1	—	劣V类
		P_i	—	0.97	1.36	3.08	0.8	1.26	—	
叶家滩 III	2008	$\overline{C}_i$	7.516	5.174	3.68	1.7622	—	17.76	—	III类
		P_i	—	0.86	0.92	1.7622	—	0.89	—	
	2009	$\overline{C}_i$	7.32	4.63	3.51	0.74	—	22.74	—	IV类
		P_i	—	0.77	0.88	0.74	—	1.14	—	
	2010	$\overline{C}_i$	7.54	6.74	3.174	0.1908	—	40.06	—	劣V类
		P_i	—	1.12	0.79	0.1908	—	2.00	—	
廖家堰 III	2008	$\overline{C}_i$	4.8	9.1	7.1	6.1	0.05	31.8	1.78	劣V类
		P_i	—	1.52	1.78	6.1	1	1.59	1.78	
	2009	$\overline{C}_i$	4.97	7.82	5.49	5.13	0.08	24.2	1.62	劣V类
		P_i	—	1.3	1.37	5.13	1.6	1.21	1.62	
	2010	$\overline{C}_i$	4.17	8	6.46	4.88	0.06	25.25	1.85	劣V类
		P_i	—	1.33	1.62	4.88	1.2	1.26	1.85	
双河口 IV	2008	$\overline{C}_i$	5.6	7.7	5.5	2.7	—	26.8	2.58	劣V类
		P_i	—	0.77	0.92	1.8	—	0.89	1.72	
	2009	$\overline{C}_i$	7.1	7.8	5.4	3.15	—	23.7	3.92	劣V类
		P_i	/	0.78	0.9	2.1	—	0.79	2.61	

断面及类别	监测年度	指标	溶解氧	高锰酸钾指数	生化需氧量	氨氮	石油类	化学需氧量	氟化物	水质评价
双河口 IV	2010	$\bar{C}_i$	4.43	8.14	6.41	3.76	—	27.42	1.86	劣V类
		P_i	—	0.81	1.07	2.51	—	0.91	1.24	
炭研所 IV	2008	$\bar{C}_i$	3.8	7.5	5.8	8.4	—	29.7	1.77	劣V类
		P_i	—	0.75	0.97	5.6	—	0.99	1.18	
	2009	$\bar{C}_i$	3.7	7.1	4.9	11.7	—	26.6	1.76	劣V类
		P_i	—	0.71	0.82	7.8	—	0.89	1.17	
	2010	$\bar{C}_i$	3.21	8.71	8.65	9.27	—	28.67	3.92	劣V类
		P_i	—	0.87	1.44	6.18	—	0.96	2.61	
入沱把口处 IV	2008	$\bar{C}_i$	5.8	4.8	4	1.1	—	18.1	0.91	IV类
		P_i	—	0.42	0.23	0.53	—	0.39	0.63	
	2009	$\bar{C}_i$	5.8	4.2	1.4	0.8	—	11.8	0.94	III类
		P_i	—	0.42	0.23	0.53	—	0.39	0.63	
	2010	$\bar{C}_i$	5.3	5.01	3.23	0.99	—	16.83	1.31	IV类
		P_i	—	0.5	0.54	0.66	—	0.56	0.87	

表 11-6 釜溪河各断面主要污染物的污染分担率

控制断面	高锰酸钾指数			生化需氧量			氨氮		
	2008	2009	2010	2008	2009	2010	2008	2009	2010
长土	24	32	28	28	25	32	30	16	11
雷公滩	20	14	14	18	12	18	25	50	45
大龙滩	16	16	13	35	15	18	37	35	41
叶家滩	19	22	27	21	25	19	40	21	5
廖家堰	11	11	11	13	11	13	44	42	40
双河口	13	11	12	15	13	16	29	29	38
碳研所	8	6	7	10	7	12	60	69	51
入沱把	15	19	16	22	10	17	24	24	21

控制断面	石油类			化学需氧量			氟化物		
	2008	2009	2010	2008	2009	2010	2008	2009	2010
长土	5	1	1	13	26	28	—	—	—
雷公滩	25	9	10	12	15	13	—	—	—
大龙滩	12	10	11	—	24	17	—	—	—
叶家滩	—	—	—	20	32	49	—	—	—
廖家堰	7	13	10	12	10	10	13	13	16
双河口	—	—	—	15	11	14	28	36	20
碳研所	—	—	—	10	8	8	12	10	22
入沱把	—	—	—	19	18	18	20	29	28

表 11-7　釜溪河流域现状水质污染程度评价

河流	监测断面	平均污染指数	污染程度
旭水河	长土	0.93	中度污染
	雷公滩	2.25	严重污染
	大龙滩	1.49	重度污染
	叶家滩	1.03	重度污染
威远河	廖家堰	2.02	严重污染
釜溪河干流	双河口	1.31	重度污染
	碳研所	2.41	严重污染
	入沱把	0.63	轻度污染

注：平均污染指数 $P<0.2$ 时为清洁；$P=0.2\sim0.4$ 时为尚属清洁；$P=0.4\sim0.7$ 时为轻度污染；$P=0.7\sim1.0$ 时为中度污染；$P=1.0\sim2.0$ 时为重度污染；$P>2.0$ 时为严重污染。

可以发现：

（1）旭水河域荣县起水站至长土段 2010 年超标因子为溶解氧、高锰酸盐指数、生化需氧量、化学需氧量。长土断面主要污染物污染分担率中高锰酸钾指数、生化需氧量、化学需氧量比例类似，从近三年的分担率来看，氨氮的比例逐年下降。虽然该断面水质功能类别为Ⅲ类，但实际已超过Ⅲ类，属Ⅳ类；从平均污染指数看，属于中度污染，水质情况不容乐观。

（2）旭水河雷公滩断面的超标因子为溶解氧、高锰酸防盐指数、生化需氧量、氨氮，并增加了石油类，水质污染严重，已超过其水质目标，为劣Ⅴ类，属严重超标。根据 2008—2010 年变化趋势可以看出氨氮的分担率有大幅提高，石油类、高锰酸钾指数、生化需氧量、化学需氧量所占的分担率差别不大，污染类型为氨氮营养型污染断面。

（3）旭水河大龙滩断面超标因子为生化需氧量、氨氮，已超过Ⅲ类水质要求，属于劣Ⅴ类，平均污染指标表明为重度污染。其中氨氮的分担率较高，石油类、高锰酸钾指数、生化需氧量、化学需氧量所占的分担率差别不大，污染类型为氨氮营养型污染断面。

（4）旭水河叶家滩断面主要污染物中无石油类，氨氮比例大幅下降，而化学需氧量在分担率中占有较高的比例，其超标因子为高锰酸钾指数、化学需氧量，已超过Ⅲ类水质要求，属于劣Ⅴ类，平均污染指标表明为重度污染。

（5）威远河廖家堰断面超标因子中出现石油类和氟化物的污染，其他还有溶解氧、高锰酸防盐指数、生化需氧量、氨氮、化学需氧量，其中氨氮分担率仍占有较大比例，其他主要污染物的分担率相差不大，污染类型为氨氮营养型污染断面。水质已超过Ⅲ类水质要求，属于劣Ⅴ类，平均污染指标表明为严重污染。

（6）釜溪河干流双河口断面为国控断面，超标因子主要为溶解氧、生化需氧量、氨氮、氟化物，无石油类污染。氟化物分担率在2010年开始呈现下降趋势，污染类型仍为氨氮营养型污染断面。该断面已超过Ⅳ类水质要求，属劣Ⅴ类，平均污染指数表明此断面仍为重度污染。

（7）碳研所断面为国控断面，超标因子为生化需氧量、氨氮、氟化物，无石油类污染，主要污染物分担率中仍以氨氮比例最高，其他主要污染物的分担率2010年开始呈现上升的趋势，污染类型为氨氮营养型污染断面。该断面已超过Ⅳ类水质要求，属劣Ⅴ类，平均污染指数表明此断面仍为严重污染。

（8）入沱把口处断面属省控断面，经自然削减，基本能达到水质目标，平均污染指数表明为轻度污染。入沱把断面主要污染物分担率中以氟化物分担率最高，无石油类污染，生化需氧量的分担率波动比较大，其他指标变化不大。

四、釜溪河流域社会经济和水环境发展预测

（一）社会经济发展趋势预测

根据自贡市城市总体规划、国民经济和社会发展第十二个五年规划纲要，到2015年，全市地区生产总值达到1 200亿元，年均增长13%左右，人均生产总值达到3.82万元，其中：第一产业年均增长3.5%左右，第二产业年均增长15%左右，第三产业年均增长11.5%左右；地方一般财政预算收入达到38亿元，年均增长12%；城乡居民收入分别达到22 800元和8 800元，年均增长均保持10%左右。

按照人口自然增长率2‰计算，到2013年，全市总人口达到331万，城市聚居人口将达到115万，城镇化率水平达50%，城市建城区面积达到120 km²；到2015年，全市总人口达到335万，城市聚居人口将达到120万以上，城镇化率水平达50%，城市建城区面积达到120 km²。

（二）主要环境发展预测

1. 釜溪河流域用水量预测

根据《2010自贡统计年鉴》中的统计数据，2009年全市（只包括市区：自流井区、大安区和贡井区水厂）供水量为4 622万 t，与2008年相比增加77万 t，增长比率为1.7%，其中生产用水1 235万 t，居民生活用水量2 354万 t。2009年污染源普查更新数据中，釜溪河流域内工业废水排放量为1 555万 t，企业自提水量约320万 t。2008—2013年釜溪河流域用水量预测见表11-8。

表11-8 釜溪河流域用水量预测　　　　　　　　　　单位：万 t/a

项目	2008年	2009年	2010年	2013年
釜溪河流域城镇常住人口数量/人	—	844 214	898 100	1 010 240
总用水量	—	4 636	4 889	5 848
生产用水量	1 191	1 235	1 279	1 423
生活用水量	—	3 081	3278	4 056
企业自提水量	—	320	332	369
企业污水排放量	—	1 555	1 611	1 791

注：釜溪河流域城镇常住人口数以2009年统计数为基数，年增长率4%；企业自提水量和企业污水排放量增长比例以生产用水量增长比例3.6%计算；2008年、2009年和2010年生活废水排放量以统计人口数×0.1（人均排放系数）计算；2013年生活废水以统计人口数×0.11（人均排放系数）；总用水量=生产用水量+生活用水量+企业自提水量。

2. 主要污染物新增量预测

依据"十二五"国民经济发展规划、资源能源发展规划、产业发展规划、重大产业布局等，以及严格控制增量的原则和污染物排放标准、产业环保技术政策与污染治理技术要求等预测新增量。本次预测只针对排入釜溪河流域（旭水河、威远河自贡段和釜溪河干流）的主要污染物新增量。

化学需氧量和氨氮新增量预测包括工业、城镇生活、农业源三部分，预测口径以污染源普查动态更新后的口径为准。新增量采用排放强度法和产污系数法两种方法进行预测，其中工业化学需氧量和氨氮采用排放强度法预测，城镇生活、农业源化学需氧量和氨氮采用产污系数法预测（详细过程略），预测结果汇总见表11-9。

表 11-9　釜溪河流域各规划水污染物排放量预测

序号	项目		2013 年		2015 年	
			化学需氧量	氨氮	化学需氧量	氨氮
1	工业	预测排放量/（t/a）	3 350	244	4325	282
		所占比例/%	4.9	2.9	6.0	3.2
2	城镇生活	预测排放量/（t/a）	29 131	3 208	31 508	3 470
		所占比例/%	42.4	37.8	43.6	39.4
3	农村生活	预测排放量/（t/a）	14 454	1 445	14 166	1 417
		所占比例/%	21.0	17.0	19.6	16.1
4	规模化畜禽养殖	预测排放量/（t/a）	5 001.38	250.07	5 430.32	271.52
		所占比例/%	7.3	2.9	7.5	3.1
5	畜禽散养	预测排放量/（t/a）	710.26	142.05	771.18	154.24
		所占比例/%	1.0	1.7	1.1	1.8
6	面源	预测排放量/（t/a）	16 021.23	3 024.24	16 021.23	3 204.24
		所占比例/%	23.3	37.7	22.2	36.4
合计			68 667.87	8 493.36	72 221.73	8 799

3. 釜溪河流域主要污染物入河量分析

根据《全国水环境容量核定技术指南》，确定各类污染物入河系数如表 11-10 所示。

表 11-10　各类污染物入河系数

污染源	入河系数	入河系数确定依据
工业污染源	1	企业排放口到入河排污口的距离≤1 km
城市生活污染源	0.9	企业排放口到入河排污口的距离≤40 km
农村生活污染源	0.1	流域内大部分农村生活污染物是通过土地漫流进入河流
面源	0.1	通过土地漫流排入河流
规模化养殖	0.8	通过污水管网入河
分散养殖	0.1	量较少

各规划年主要污染物入河量预测见表 11-11。

表 11-11　各规划年主要污染物入河量预测表　　　单位：t/a

序号	项目	2013 年		2015 年	
		化学需氧量	氨氮	化学需氧量	氨氮
1	工业	3 350	244	4 325	282
2	城镇生活	26 217.9	2 887.2	28 357.2	3 123
3	农业生活	1 445.4	144.5	1 416.6	141.7
4	规模化养殖	4 001.04	200.056	4 344	217.216
5	畜禽散养	71.026	14.205	77.118	15.424
6	面源	1 602.123	302.424	1 602.123	320.424
合计		36 687.49	3 810.385	40 122.04	4 099.764

五、釜溪河水环境容量计算

（一）水质模型确定

经对照分析，釜溪河流域适宜采用一维水质模型进行水环境容量预测计算，具体模型如下：

$$C = C_0 \exp(-k\,x/u) \tag{11-4}$$

式中：C_0—— 上游河水质量浓度，mg/L；

　　　x—— 上下游断面间距离，km；

　　　u—— 设计流量下河段平均流速，km/d；

　　　k—— 污染物衰减系数，1/d。

（二）参数确定

1. 水文参数的确定

有关河宽 B、水深 H、流速 u、流量 Q 等水文参数通过水文站资料收集、环境影响评价报告或调研报告、类比分析计算等方法获得（见表 11-6）。参考的资料主要有《釜溪河流域自然社会概况》《釜溪河水质评价及污染防治对策研究》《自贡市志》《富顺县志》《荣县县志》等。

2．BOD_5 降解系数和 COD_{Cr}，降解系数换算

水环境容量核算要求核定 COD_{Cr} 和 NH_3-N 的降解系数。由于掌握的河流降解系数大多数只有 BOD_5，而无 COD_{Cr} 降解系数，因此需要将河流的 BOD_5 降解系数换算成 COD_{Cr} 降解系数。按《四川省水环境容量核定技术指南》COD_{Cr} 降解系数应取 BOD_5 降解系数的 60%～70%。

3．NH_3-N 和 COD_{Cr} 降解系数取值

釜溪河、越溪河和旭水河。NH_3-N 和 BOD_5 降解系数参考《釜溪河水质评价及污染防治对策研究报告》选取，其中 NH_3-N：$K_N = 0.013\,7 \times 1.025^{(T-20)}$，实际取值 0.014 /d；$BOD_5$：$K_1 = 0.134\,4 \times 1.047^{(T-20)}$，实际取值 0.141 /d。

釜溪河 COD_{Cr} 降解系数取值为 BOD_5 降解系数的 70%，COD_{Cr} 降解系数实际取值 0.099 1 /d。

4．设计流量

以近 10 年最枯月平均流量为设计流量。釜溪河流域主要水文参数见表 11-12。

表 11-12　釜溪河流域主要河流水文特征参数一览

河流	区县	河段	水质目标	河段长度/km	河段宽度/m	平均水深/m	COD 降解系数/d^{-1}	NH_3-N 降解系数/d^{-1}	枯水期设计流量/（m³/s）	枯水期设计流速/（m/s）	资料来源
旭水河	荣县	起水站—叶家滩	III	48.7	80	4	0.099	0.014	0.83	0.002 9	带*数据来自四川省环科院
	贡井	叶家滩—旭水河出口断面	III	44.9	80	4	0.099	0.014	0.83	0.004	
威远河	威远	廖家堰—威远河大安段出口	III	22.0	30	0.7	0.099	0.014	2.0	0.095	
釜溪河	自井大安沿滩	双河口—入沱把口	IV	73.2*	72*	2.4*	0.099	0.014	2.83	0.007 1	

5．高锰酸盐指数和 COD_{Cr} 换算

目前，河流监测的还原性物质基本是高锰酸盐指数，不是 COD_{Cr}，而水环境容量要求核算的是后者。将河流的高锰酸盐指数换算成 COD_{Cr} 的方法有两种：

（1）将监测断面历史数据中高锰酸盐指数和 COD 进行线性回归分析，建立线性回归方程求取。

（2）按照《地表水环境质量标准》（GB 3838—2002）中各类水域高锰酸盐指数和 COD 标准的关系能得到二者的换算关系。

两种换算关系列于表 11-13。将表中高锰酸盐指数和 COD_{Cr} 的关系应用于釜溪河流域进行计算。发现线性回归法可以用于釜溪河，但相关性较差。而按照《地表水环境质量标准》（GB 3838—2002）中各类水域高锰酸盐指数和 COD 标准的关系得到二者的换算应用于釜溪河的水环境容量核算比较合理。因此，釜溪河水环境容量核算按照《地表水环境质量标准》（GB 3838—2002）中各类水域高锰酸盐指数和 COD 标准的关系进行换算。

表 11-13　自贡市各类水域高锰酸盐指数和 COD 换算关系

水域类别	II类水域	III类水域	IV类水域	备注
标准关系换算法	$y=3.75x$	$y=3.33x$	$y=3x$	据《地表水环境质量标准》（GB 3838—2002） y：COD 的质量浓度（mg/L）；x：高锰酸盐指数质量浓度（mg/L）
线性回归法			$y=9.18+2.49x$	相关系数 r：0.247；y：COD 的质量浓度（mg/L）；x：高锰酸盐指数质量浓度（mg/L）
说明			自贡市釜溪河多个监测断面历史数据统计	

（三）河流概化

河流一维水质模型由河段和节点两部分组成。水量与污染物在节点前后满足物质平衡规律。水量平衡方程和污染物平衡方程如下：

$$Q_{干流混合后} = Q_{干流混合前} + Q_{支流} + Q_{排污口} - Q_{取水口} \tag{11-5}$$

污染物平衡方程为：

$$C_{干流混合后} = \frac{C_{干流混合前}Q_{干流混合前} + C_{支流}Q_{支流} + C_{排污口}Q_{排污口} - C_{取水口}Q_{取水口}}{Q_{干流混合前} + Q_{支流} + Q_{排污口} - Q_{取水口}} \tag{11-6}$$

（四）水环境容量计算结果

各区段水环境容量计算结果见表 11-14，釜溪河干流的化学需氧量为 9 957 t/a，氨氮为 183 t/a；旭水河荣县段化学需氧量为 1 724.4 t/a，氨氮为 38.2 t/a；旭水河贡井段化学需氧量为 1 674.6 t/a，氨氮为 39.1 t/a；威远河自贡段（廖家堰为Ⅳ类）化学需氧量为 344.2 t/a，氨氮为 0 t/a。因此总水环境容量为化学需氧量为 13 700.2 t/a，氨氮为 260.3 t/a。

表 11-14　釜溪河流域水环境功能区水环境容量计算汇总

水体	区县	序号	计算单元	起始断面水质目标	设计流量/（m³/s）	理想水环境容量/（t/a）		水环境容量/（t/a）		最大允许排放量/（t/a）	
旭水河	荣县	1	起水站—叶家滩	III-II	0.83	4 433.8	128.9	1 724.4	38.2	2 225.5	47.7
	贡井区	2	叶家滩—旭水河出口	II-III	0.83	3 040.2	102.1	1 674.6	39.1	2 119.5	49.1
威远河	大安	3	廖家堰—威远河大安段出口	III-IV	2.0	561.2 400.7	28.1 2.8	504.7 344.2	20.4 -4.9	168.7 136.6	5.5 0
釜溪河干流	自井、大安、沿滩	4	双河口—入沱把口	IV-IV	2.83	15 379	599	9 957	183	12 292	226
合计						23 414	858	13 861	281	16 806	328

根据《沱江水环境污染防治规划》核定自贡市的氨氮剩余容量分别为釜溪河为 37 t、旭水河为 48 t，化学需氧量分别为釜溪河为 742 t、旭水河为 515 t。

通过釜溪河水环境容量与污染物入河量的比较可知，釜溪河流域早已超负荷，因此，急需采取积极有效的削减措施。

六、釜溪河流域水环境规划方案

（一）污染物入河总量控制方案

规划水域的主要污染物总量控制指标按入河污染物量与水体最大允许纳污量进行比较，如果污染物超标则应进行削减。在上述污染负荷和环境容量计算的基础上，得出削减量或环境容量，即：削减总量=入河总量－环境容量，若为负数则是允许排放的入河总量。

根据水环境容量计算结果以及流域现状情况，确定釜溪河流域污染物入河总量控制方案。结果见表 11-15。

表 11-15　各规划年釜溪河流域污染物入河总量控制方案　　　　单位：t/a

项目	2013 年		2015 年	
	化学需氧量	氨氮	化学需氧量	氨氮
主要污染物入河量	36 687.49	3 810.385	40 122.04	4 099.764
最大允许排放量	16 806	328	16 806	328
达标分析	最大允许排放量＜主要污染物入河量			
削减量	19 881.49	3 482.385	23 316.04	3 771.764
削减比例	54.19%	91.39%	58.11%	92%

表 11-15 中应削减的入河总量结果表明，到 2013 年化学需氧量需削减 54.19%，氨氮 91.39%；2015 年化学需氧量则需削减 58.11%，氨氮 92%。未来的一段时期内，必须对釜溪河流域的水环境加以保护，对其水污染进行综合防治，以确保釜溪河水质状况逐步好转，达到预定的规划目标。

（二）水环境治理措施

1．工业污染防治措施

（1）优化产业结构与空间布局。积极支持和鼓励企业采用先进工艺和设备，以技术升级和技术创新提高企业经济效益、环境效益和社会效益；对新引进的企业加强节能评估、环境影响评价等工作；釜溪河流域不再新上向水体排放氨氮、氟化物的工业项目；整合工业资源，创建工业园区产业集群，协调区域发展。

大力发展循环经济，推行清洁生产，鼓励发展资源节约型、质量效益型、科技先导型、环境友好型企业，加快发展先进制造业、高新技术产业和服务业，形成有利于资源节约和环境保护的产业体系，缓解资源供给不足的矛盾，减少水污染物排放，提高可持续发展能力。

（2）加强工业废水治理。对目前仍未达标排放的企业进行限期治理，重点污染源须全部实现达标排放并安装在线监测设施进行监控，对未能达标的企业实施"关、停"，纳入限期治理项目（清单略）。

在郝家坝工业园区、贡井工业园区、板仓工业园区、晨光工业园区，建设集中的废水处理设置，预计可减排化学需氧量 1 200 t/a，可减少化学需氧量入河量584 t/a（规划实施的工业园区集中废水处理设施建设项目清单略）。

（3）大力推行清洁生产和节能减排。大力实施清洁生产工厂建设。重点对污染重、急需治理的盐业、化工、建材等企业推行清洁生产，大幅度减少污染物排放量。开展清洁生产审核，从末端治理转向过程控制，从源头解决污染问题。

（4）大力发展循环经济，实现工业废弃物资源化。加大研究、开发、推广、应用新技术力度，实现工业废弃物资源化。依靠科技提高生态工业建设层次和速度，将原有的"资源—产品—污染排放"工业发展模式改造为"资源—产品—再生资源"的生态工业发展模式。重点是煤灰渣、煤矸石及工业废弃物的综合利用。重点实施粉煤灰加气混凝土砌块装置及煤矸石制砖等废弃物综合利用与循环经济项目。

2．生活污染源防治措施

（1）加大城市和乡镇生活污水治理力度。新增自贡市污水处理厂二期、沿滩污水处理厂一期、贡井区生活污水处理厂二期、荣县生活污水处理厂二期、富顺县生活污水处理厂二期、大山铺镇生活污水处理厂项目，共 6 个城市生活污水治理项目；规划新建荣边镇污水处理项目等乡镇生活污水处理设施 94 个乡镇生活污水治理项目（详表略）。

（2）加大农业人口生活污水防治力度。以新农村建设为契机，大力实施农村"改水、改厕、改厨"，构建以沼气为纽带的复合生态建设，防止垃圾、污水直接排入水体。对于新建的农村集中居住点或综合体必须在规划、设计、建设中考虑生活污水集中处理装置；加大对"农家乐"等农村娱乐场所的污水治理力度；沿河各乡镇要继续加强对沿河村民（居民）的宣传教育，引导乡镇居民改变生活污水随意排放的传统陋习。

3．畜禽养殖污染防治

（1）规模化畜禽养殖污染防治。加强规模化畜禽养殖污染治理。严格按照畜禽养殖禁养区、限养区和宜养区，控制畜禽养殖污染，分区抓好畜禽养殖场的污染防治；对宜养区畜禽养殖场（小区）实施粪污处理还田综合利用，建立循环农业立体生态发展模式，实现节约生产、清洁生产。

（2）散户养殖污染防治。开展能源生态循环经济模式建设。按养殖规模对养殖废水分别进行处理，严禁直排。

4．农业面源污染防治

（1）加强化肥、农药、农膜等农业投入品的管理与执法监督，从源头上控制化肥、农药、农膜、畜禽粪便等残留或流失危害。积极开发农膜回收利用技术和可降解生产技术，严格控制农膜的生产和使用，减轻农膜对土壤的污染影响。

（2）广泛宣传和推广农业施肥新技术，做到科学施肥，减轻因不合理施肥或过量施肥带来的肥料流失造成的环境污染，破坏农业生态环境。

（3）大力推进农村能源建设，优化农村生活用能结构，积极推广沼气、太阳能、生物质能等清洁能源，控制散煤和劣质煤的使用，减少大气污染物的排放，逐步实现清洁能源在农村的普及，基本实现用能多元化、清洁化、便捷化。

5．加强流域生态环境建设

加快生态流域、生态工业、生态农业和生态城市建设，继续开展重点小流域水污染防治，深入推进城乡环境综合整治，全面开展生态市建设，加强生态环境保护工作和农村环境保护工作，控制农业面源污染，进一步改善水环境质量。

6．生态补水措施

加快推进自贡市小井沟水利工程建设，改变自贡市缺水现状，缓解供水矛盾。

以上措施主要涉及工业污染源的治理、生活污染源的治理、畜禽养殖污染防治、农村面源污染防治、流域生态环境建设和生态补水措施六个方面，从源头、迁移途径和末端对污染物进行多级、多层次的拦截和去除，并结合环境管理能力的加强、企业推行清洁生产等措施，可有效地削减流域内的化学需氧量和氨氮污染负荷。

第十二章 生态环境规划

【本章导读】

按照研究区域不同，生态环境规划可以分为生态功能区划、生态农业规划、生态工业规划、生态旅游业规划等层次。本章以河北省宽城满族自治县孟子岭乡的生态环境规划为例，介绍生态环境规划的步骤及需关注的重点问题。

第一节 问题的提出与规划工作内容

孟子岭乡位于承德市宽城县县城西南 12 km 处，位于宽城县西南端。宽邦公路贯穿全乡，交通较为便捷。孟子岭乡特殊的区位和气候条件，促使孟子岭乡的林果优势产业的形成，年产量和质量都具有发展优势，林果业是孟子岭乡的支柱产业。此外，孟子岭乡旅游资源丰富，有千鹤山自然保护区和王厂沟省级红色爱国主义教育基地。在未来 5～10 年孟子岭乡建设成为以发展农副产品加工工业和旅游为主的生态城镇。从这一发展目标来看，目前孟子岭乡也面临着基础设施不完善、农村生态环境治理任务重等一系列的环境问题，根据 2016 年中央一号文件提出"要大力发展休闲农业和乡村旅游"的政策，为孟子岭乡带来前所未有的机遇。因此，合理开发、利用和保护自然资源，加强生态建设和环境污染防治，创造良好的人居环境，是孟子岭乡可持续发展的迫切要求。

本规划的主要工作内容为：

（1）进行现场调查和基础资料收集，为撰写规划提供基础资料和数据，包括孟子岭乡自然、社会和经济基本概况资料。

（2）分析孟子岭乡自然、社会和经济基本概况，尤其是该区域发展的优劣势分析。

（3）根据孟子岭乡域特点及现状，进行生态功能区划。

（4）分析孟子岭乡发展的优势和劣势，找到阻碍孟子岭发展的生态环境问题，为下一步进行生态农业、生态旅游发展规划提供依据。

第二节　孟子岭乡生态环境规划

一、基本概况

宽城满族自治县（以下简称宽城县）位于河北省东北部，承德地区东南部，燕山山脉东段、长城北侧的滦河流域，地处东经 118°10′～119°10′，北纬 40°17′～40°45′。北连平泉县，南接迁西县，西临兴隆县，东南与青龙县、西北与承德县毗邻，东北与辽宁省凌源县接壤。县境东西长 76 km，南北宽 31 km，总面积 1 952 km²。县政府驻地宽城，位于县域西北部，距省会石家庄 444 km。孟子岭乡位于宽城县县城西南 12 km 处，位于宽城县西南端。该乡东与宽城镇接壤，南与峪耳崖镇、楟罗台镇、独石沟乡相邻，西与塌山乡接壤，西部是塞外蟠龙湖，北靠化皮乡。宽邦公路贯穿全乡，交通较为便捷。

二、生态功能区划

（一）区划的依据

在《宽城满族自治县生态县建设规划》中，将宽城满族自治县划分为 4 个生态功能区，即瀑河流域工商积聚与生态农业生态功能区、长河流域特色林果与绿色矿山生态功能区、水库周边生态旅游与精品养殖生态功能区、青龙河流域杂粮与林牧生态功能区。

将楟罗台乡、独石沟乡、孟子岭乡合并为楟罗台镇，楟罗台镇成为地区的中心镇，作为发展网络的次级核心，镇驻地设在原楟罗台乡。

目前孟子岭乡为独立乡镇，地处县境西南部，境内有千鹤山风景区、王厂沟爱国主义基地红色旅游风景区等旅游资源，宽邦公路贯穿全境，为其开发生态旅游奠定了基础。《宽城满族自治县城市总体规划（2008—2020）》有关孟子岭部分进行介绍。将孟子岭乡定位以发展农副产品加工工业和旅游为主的乡镇。

生态功能及发展对策为：

（1）本区是宽城县发展旅游业的主要地区，应充分挖掘千鹤山风景区、王厂沟爱国主义基地红色旅游风景区等旅游资源，大力发展生态旅游业。做好各旅游景点的统一规划，发挥旅游资源的整体优势；加快旅游配套设施建设，提高服务质量；加强旅游产业管理，注重旅游建设项目与生态系统和原生景观的协调与融合；严格禁止在风景名胜区、旅游度假区布局工业项目，严格控制景区游客流量，规范旅游经营活动和游客的行为，保证旅游安全；将旅游区生态环境保护纳入到自然保护区建设中来，在保护中开发，在开发中保护，实现旅游业的可持续发展。

（2）发挥本区水域面积广的优势，加快渔业发展步伐。今后工作重点应由增加数量向稳定数量、提高质量转变。抓调整，抓促销，抓生产，谋划建设水产品精深加工项目，提高附加值，增加经济效益。在稳定鲤鱼、鲢鱼，上草鱼、鲫鱼的同时，积极发展渔业新品种，推广种草养鱼等高效养殖模式，增加单位水面的渔业生产能力。

（3）认真做好渔业与旅游业发展的统一规划，适度开发渔业资源，避免渔业生产对旅游环境的影响；应将渔业生产作为一项娱乐项目加以经营，垂钓、捕捞、喂食，让游客参与其中，满足其参与劳动的愿望。这不仅可以丰富旅游内容，满足游客观、购、吃、住、玩等多种需求；也为渔业增加了一条收入渠道，达到双赢的目的。

（4）根据本地区耕地资源少、山场广阔的特点，在稳定耕地面积的同时，加快以板栗、苹果、花椒为主的林业建设步伐。根据市场需求，对传统林果业进行技术改造和品种更新，引进绿色栽培技术，发展适销对路的林果新品种，力争建立一批上规模、上档次的现代化林果基地；扶持林果加工企业，提高对林果产品的深加工能力，增加林果产品附加值，将林果生产与深加工发展成为本地区的支柱产业。

（5）养殖业是本地区的优势产业，蚕茧、生猪、养羊等均已具有一定规模，尤其是蚕茧产量占到全县60%以上。今后应在稳步发展桑蚕养殖的同时，大力推广"三位一体"生态养猪，发展庭院经济；争取建立一批养猪小区和养猪大户，依靠龙头的带动作用，加快品种改良和养殖技术的提高。利用本地区广阔的林草资源，适度发展以养羊为主的草食养殖业，发展数个具有一定规模的养殖重点乡镇、养殖专业村和规模养殖户。加强对规模养殖户畜禽粪便的管理，提高无害化处理率，避免对周围水体造成污染。

（6）严格保护良好的森林生态系统，通过植树造林、封山育林、退耕还林等多种方式，加快宜林地的造林绿化工程，提高森林覆盖率，改善生态环境。加快

"三位一体"沼气池建设，推广使用新能源，不仅可以有效保护森林资源，也可减少薪材燃烧对大气造成的污染。

（二）乡域生态功能分区

根据孟子岭乡资源环境承载能力、现有开发密度和发展潜力，统筹考虑未来孟子岭乡人口分布、经济布局、土地利用和城镇化格局，结合生态适宜性、工程地质、资源保护等方面因素，将乡域空间分为生态城镇建设区、生态农业发展区、生态保护及旅游发展区。见表12-1。

表 12-1　孟子岭乡乡域生态功能区划

生态功能分区	区域范围	生态建设要求
生态农业发展区	乡域中南部	以提高农业综合效益为主，控制农业面源污染，大力实施农产品质量工程，以优质农产品、经济林、畜牧为主导的生态农业为主要发展方向，建成高效农林种植、农副产品加工基地，着力培育果品加工和农副产品加工龙头企业
生态城镇建设区	乡驻地	科学规划城镇功能分区，优化城镇环境，推进基础设施建设；建成集行政管理、商品交易、餐饮服务、绿色食品加工业为主的中心综合发展区，提高乡驻地的吸引力和辐射力，统领和促进周边城镇整体发展，建设功能完善的现代化小城镇
生态保护及旅游发展区	千鹤山自然保护区及大桑园、王厂沟	千鹤山自然保护区严格按照《自然保护区条例》进行管理，重点为珍稀鸟类资源和苍鹭的保护；生态旅游重点发展千鹤山自然保护区实验区及外围生态观鸟及王厂沟红色旅游，在保证不破坏生态环境的同时，发展生态旅游

三、生态环境专题规划

（一）生态农业建设规划

孟子岭乡有丰富的农产品资源，林果种植面积达数万余亩，盛产核桃、板栗、苹果、梨、桃、杏、樱桃等，由于有天然矿泉水的浇灌、绿色农家肥的滋养、独特山前小气候的呵护，成就了蔬菜、果品的优良品质，成为各种蔬菜、水果的摇篮。每年 4 月中旬到 10 月底都有鲜果可供游人采摘。孟子岭乡境内水面辽阔，鲜鱼、虾等水产品资源丰富，因此发展生态农业是孟子岭经济增长的最好选择。

首先选择生产模式，然后从发展方向，发展规模，应用技术等方面进行规划。

孟子岭乡山场面积广大，林果资源丰富，应以现代农业、绿色农业、品牌农业为发展方向，改造传统农业，壮大优势产业。要大力发展果树种植，改良果品品质；形成区域化、规模化、产业化的种植模式。

1. 生态农业模式

结合孟子岭乡特点，因地制宜，发展"围山转"生态农业模式，依据沟、坡的不同特性，发展多元化复合型农业经济，在平缓的沟地建设基本农田，发展大田和园林种植业；在山坡地实施水土保持的植被恢复措施，因地制宜地发展水土保持林、用材林、牧草饲料和经济林果种植（等高种植），综合发展林果、养殖、山区土特产等多元经济。山坡依据山体高度不同因地制宜布置等高环形种植带。这种模式合理地把退耕还林还草、水土流失治理与坡地利用结合起来，恢复和建设了山区生态环境，发展了当地农村经济。等高环形种植带作物种类的选择因纬度和海拔高度而异，关键是作物必须适应当地条件，并且具有较好的水土保持能力。

2. 种植业规划

（1）林果种植业。按照优势产品向优势产区集中的原则，在石柱子、南天门等苹果适生区，在上孟子岭、孟子岭等核桃适生区，柏木塘、王厂沟等板栗适生区，圪塄地、石柱子、大桑园等特色果品适生区，以现有果园为核心，大力发展果品基地建设，形成一村一品，积极引进优质的树种、品种和先进的管理技术，以现代林果栽培管理制度和技术改造更新现有低产、低效果园。

因地制宜，适地适树，鲜食与干果品种相结合，在交通不便、无水源、立地条件差的山区，选择核桃、枣、山楂等林果品种；在坡度平缓、排灌方便的低山区，选择桃、杏、李等鲜食品种。在休闲、观光、农家乐等采摘果园，选择多元树种、多元成熟期品种，并充分利用南天门、石柱子、上孟子岭、孟子岭等村交通、区位优势，大力发展桃、李、杏、葡萄、樱桃等时差水果，优化全乡水果早、中、晚熟品种比例，丰富全乡果品种类，增加市场占有率。

（2）蔬菜种植业。以博润种植有限公司为龙头，辐射孟子岭村，大力发展设施蔬菜种植，建设生态农业，开发集现代农业、观光、采摘、农家游为一体的蔬菜种植基地，提高农业附加值。

3．养殖发展规划

（1）发展方向。规划未来孟子岭乡的养殖业以大宗养殖与特色养殖业为发展方向，以新南祖代种猪场和孙玉莲特种养殖合作社为龙头，形成"农户+基地+市场"的养殖模式，主要养殖品种以猪、鸡和珍禽特种养殖为主，根据市场行情，注重随时关注新、优品种，及时调整养殖结构；优化养殖布局；加强养殖业对农村经济的拉动作用，促进生态农业体系建设。

（2）建立特色养殖综合保障体系。在发展珍禽养殖业过程中，必须重视各种动物饲料管理技术、检疫防疫、疾病防治技术，建立动物检疫防疫、疾病诊断治疗体系。

强化安全监管。加强防疫，建立完善的动物防疫长效机制，严格执行防疫操作规程：

①建立养殖小区，划定禁养区。将现有小规模的养殖场及养殖户集中起来，建立养殖小区，实施规范、科学养殖，加强品种改良，引进国外优良品种，并根据发展规模建立品种繁育基地，为后续发展提供条件。

为改善全乡生态环境，保护饮用水水源水质，保障人民群众身体健康，根据《畜禽养殖污染防治管理办法》等有关规定，乡镇积极推进禁养区划定工作，瀑河两侧 10 m 范围生态控制区、千鹤山自然保护区等范围内禁止开展畜禽养殖。

养殖小区的选址合理，要远离村庄，不允许建在禁养区内，距村庄 500 m 以上，盛行 WNW 和 NW 风下风向。养殖场统一采取建设沼气池等环境保护措施，将禽畜粪便放入池中进行综合利用，沼渣、沼液可作为无害有机肥施于农田，以切实有效地减少畜禽养殖污染。加强科学管理、集中供水供电，实现科学、规范的养殖业规模化发展，提高养殖业经济效益；同时间接起到保护野生动物资源作用，有利于维护生态平衡。

②加强畜禽养殖污染防治工程。根据养殖种类、养殖规模、当地的自然地理环境条件以及排水去向等因素确定畜禽养殖污染治理工艺路线及处理目标。

源头控制技术：通过优化饲料配方、提高饲养技术、改进清粪工艺等措施减少养殖污染物产生量和处理量。

畜禽养殖粪污利用和处理技术：

Ⅰ.养殖区周边有足够的可以消纳粪污的农田时，粪污应首先进行固液分离，固体粪污制造有机肥，废水经处理后还田利用，但采用还田综合利用技术，粪肥用量不能超过作物当年生长所需养分的需求量，在确定粪肥的最佳施用量时，需要对土壤肥力和粪肥肥效进行测试评价，并应符合当地环境容量的要求；

Ⅱ.没有充足土地消纳利用粪污时，应建设区域性有机肥厂或处理（处置）设施；

Ⅲ.位于各地划定的限养区的养殖小区和散养密集区要考虑采用治理达标技术模式，养殖废水经处理达到《畜禽养殖业污染物排放标准》（GB 18596—2001）要求。

4. 有机绿色无公害基地建设

（1）建立完善生态农业监测网络。开展农业投入品对农业环境和农产品产前、产中和产后影响的全过程监测，完善农业生态环境监测、评价及预警体系；强化农产品基地生态环境监测及产品安全管理。

（2）大力推行以优质农产品为主的无公害、无污染标准化生产技术。严禁使用高毒、高残留农药，推行使用高效、低毒、低残留农药，推广生物农药和生物防治措施。在农作物生长过程中，对用药、施肥、浇水等环节进行监测，特别要加强对农药残留的监控，保证农作物生产的安全性，确保农产品达到国家规定的无公害、绿色或有机食品标准。

在畜禽饲养过程中，采用绿色饲料饲养，添加作用强、代谢快、毒副作用小、残留量低的生物制剂作为促长添加剂和防病治病的药品，以生产符合绿色食品要求的畜禽产品，要大力压缩高残毒畜产品数量，快速推广畜产品安全控害技术操作规程。重点发展鸡肉、猪肉等主导产品，严格执行国家禁止使用和限制使用的兽药品种及饲料与饲料添加剂的有关规定，加强对兽药和饲料及添加剂销售部门的管理，建立无公害畜产品专卖市场和消费示范窗口。

（3）积极开展有机、绿色和无公害食品认证。鼓励农民和企业在农产品种植和加工过程中采用清洁生产技术，开展农业废弃物综合利用，实施对种植—生产—销售全过程控制，达到相应的标准，并积极开展有机、绿色和无公害食品的认证工作。

到 2016 年，在石柱子、南天门等建成有机苹果种植基地 8 000 亩①；在柏木塘、王厂沟等板栗种植区建设 10 000 亩有机板栗种植基地；在孟子岭建设有机、绿色蔬菜 1 000 亩，有机核桃种植基地 5 000 亩，2016 年全乡通过有机、绿色及无公害农产品认证的农产品占全乡农产品总量的比例达到 30%。2017—2020 年继

---

① 1 亩=1/15 hm²。

续增加无公害农产品种植基地的种植面积，增加通过认证的有机板栗种植面积
12 000 亩，有机核桃种植面积增加 6 000 亩，大桑园等村特色杂果通过有机农产
品认证，种植面积达到 4 000 亩，新南祖代种猪场通过有机绿色无公害农产认证，
通过有机绿色及无公害农产品认证的农产品比例达到 60%。

5. 控制农业面源污染，改善农业生态环境

（1）科学施肥，降低化肥使用的环境影响。在种植业中，一是推广测土配方
施肥技术，以"沃土工程"为基础，采取"测、配、加、供、施"一条龙运作模
式，控制氮肥施用量，平衡氮、磷、钾比例，鼓励施用有机肥，改善土壤质地，
预防土地污染，为绿色农业发展创造沃土基础。到 2020 年，保证规划期末化肥施
用强度低于 250 kg/hm^2。二是鼓励和引导有机肥和无机复合肥的施用，使秸秆过
腹还田，增加土壤肥力。三是采用合理的耕作方式、灌溉方式、轮作制度，减少
化肥的流失量。

（2）大力推进农业废弃物资源化。孟子岭乡的种植面积较小，玉米产生的秸
秆通过秸秆饲化、秸秆发酵、秸秆堆腐还田等方式，提高秸秆的资源转化效率，
降低环境污染，提高秸秆综合利用价值，把资源优势转化为产业优势，禁止秸秆
焚烧。

针对农膜污染现象，应以预防为主。首先，依靠科技进步，不断优化覆膜技
术，推广膜侧栽培技术、适时揭膜技术，降低连续覆盖年限。其次，提高多功能
膜、无滴膜和可降解膜的使用，督促农户重视农膜回收问题，大力推广行之有效
的废旧农膜回收利用技术，建立塑料制品回收的管理和鼓励机制，控制和消除农
村"白色污染"。规划到 2020 年农用塑料薄膜回收利用率达到 95%以上。

（二）大力发展生态旅游业

习近平总书记在中央城镇化会议上提出："让居民望得见山、看得见水、记得
住乡愁"。2016 年中央一号文件也提出要大力发展休闲农业和乡村旅游。结合孟
子岭乡丰富的旅游资源，发展休闲农业和乡村旅游是孟子岭乡经济发展新的增长
点，充分依托千鹤山自然保护区和王厂沟红色爱国主义教育基地，紧紧围绕建设
"红色、生态、休闲"旅游区的发展战略，发展生态观光休闲采摘游。

（1）王厂沟爱国主义教育基地：位于宽城县西南部孟子岭乡，现已列入承德
市和河北省的红色旅游重点景区之一。王厂沟南临万里长城重要关口之一的喜峰
口，北临有岭峻峰险之称的燕山，西临冀热边的母亲河滦河，东临青龙—平泉—

喜峰口公路，是连通关内外的咽喉要道，战略位置十分重要。抗日战争时期，王厂沟是我党出入长城、沟通冀东热南、扩大游击区、发展战略村、建立根据地的中心站，又是我党冀东军分区司令部、报社、干校、医院等机关的所在地，原冀东军分区司令员李运昌（新中国成立后任司法部副部长、中顾委委员等职务）曾率部在此进行过艰苦卓绝的抗日战斗。这里的抗战遗址有：冀东军分区司令部、冀东军分区医院、冀东报社、冀东军分区兵工厂、干部培训班遗址和"复仇战役"动员大会、王厂沟伏击战遗址以及伤病员养伤、乌拉草沟"疗养洞""老许洞"、亮马台"猫山"基地遗址等。

王厂沟三面环山，一面环水，山势陡峭，峭壁连绵、峰峦叠嶂，河道九九回肠流入潘家口水库。绿水青山，翠柏丛生，灌木茂密，谷深幽静，适合观光、摄影、旅游踏青，避暑的绝佳圣地。

（2）千鹤山自然保护区：宽城千鹤山省级自然保护区位于宽城县西南部，距县城约 6 km。保护区有野生动物 222 种，其中鸟类 178 种，共有国家重点保护动物和"三有"保护动物 198 种，其中国家 I 级重点保护动物 5 种（鸟类 4 种）、国家 II 级重点保护动物 26 种（全为鸟类）、国家"三有"保护动物 167 种（鸟类 136 种）。鸟类不管在种属上还是在数量上都具有一定规模，特别是苍鹭在保护区已形成 3 000 余只的庞大种群规模，构成鸟类的优势种，集中分布于保护区。保护区内丰富的鸟类资源在河北省乃至华北地区具有典型性和代表性。千鹤山自然保护区是目前河北省唯一的鸟类自然保护区。它既是多年来宽城县环境保护和生态环境建设结出的丰硕成果，也是代表宽城县生态环境质量的重要标志和王牌。

1. 旅游景区规划

（1）红色休闲旅游区（王厂沟爱国主义教育基地）。充分发挥王厂沟红色爱国主义教育基地抗战文化特色，针对假日市民休闲娱乐参观，将景区功能划分为两个区域，分别是观光休闲区、参观区。围绕抗战旧址、纪念碑、纪念馆等景点和参观景点，加大旅游服务设施投入，发展休闲及游乐项目，实现景区品质提升，并结合周围王厂沟有机绿色无公害农产品基地，开展生态休闲采摘游，将王厂沟风景区建设成为与承德市发展相适应的近郊生态教育、休闲、度假风景区。

（2）千鹤山自然生态休闲度假观光风景区。以千鹤山自然保护区为依托，规划发展以千鹤山自然生态观赏、登山观鸟为一体的休闲度假风景区。

此区域山清水秀，沟深林密，鹤类众多，形成人与鸟、人与自然宁静和谐的田园景观。规划在候鸟迁徙季节，在候鸟集中的瀑河沿岸、潘家口水库沿岸的实验区内开展观鸟生态旅游活动，建设观鸟亭。在实验区山水宜人的区域，可因地制宜地开展登山、观鸟、休闲度假、涉水等多种形式的生态旅游活动。

景区建设需完善景区道路，水、电、通讯能力扩容，适时启动旅游干线公路改造工程，引资对景区内王厂沟条件较好的 1～2 个自然村进行统一规划、设计和改造，建成基础设施完善、具备现代生活条件、功能较为齐全，以旅游接待为主的生态旅游度假村，开展休闲度假、涉水生态旅游等活动。

（3）宽邦公路沿线乡村休闲、垂钓、特色养殖、种植旅游观赏区。以宽邦公路沿线公路为依托，在南天门、上孟子岭、孟子岭等村宏观调整农业产业布局。以林果、大棚、药材、牛羊牲畜、鱼塘、简单副食品加工等农作物、经济作物、农副产品加工、畜牧业、渔业等为龙头，形成独特的景观环境和经济产业基础，以石柱子村杂果基地为依托打造农业生态旅游观光园、产业旅游观光基地等旅游景观，发展特色观光农业，开发垂钓、采摘等休闲娱乐项目，积极引导生态休闲旅游业上规模、上档次，提升服务质量和效益，完善配套设施，改善生态环境，形成宽邦公路观光休闲娱乐旅游景区。

2. 旅游配套设施建设

生态旅游基地建设。结合新农村建设，按照"山、水、村庄融为一体"的要求，对旅游景区周边及宽邦公路两侧的村庄进行统一规划和建设，在石柱子、南天门村种植苹果、孟子岭种植核桃、王厂沟种植板栗，建成多种果品观光带，形成果品采摘基地。利用自然水体，开展生态垂钓休闲娱乐活动。

建设生态农家院。结合新民居建设，条件较好的居民可建设农家院，城市游客来此体验农家生活。居住古朴干净的农家旅舍，自己动手享用绿色环保的农家蔬菜及野外放养的家禽，体验田园生活，放松身心，开展以"农家乐"为载体的农村休闲旅游。

景区游览通道建设。景区游览通道建设是增强旅游景观的连续性和完整性的必要条件，建设的第一要求是导向性强；第二要求是步道设计安全、科学；第三要求是铺路舒适并与景观结合，尽量采用当地材料，让游览通道融入周围的风景之中去；第四要求是停车、环卫等配套设施健全，并尽量减少对景观的影响。

3. 生态旅游环境管理

旅游资源的开发利用要做到"保护为主，开发为辅"。在开发设计生态旅游产品时，应将旅游资源的保护放在首位，尤其是千鹤山自然保护区，要严格按照自然保护区管理规定进行旅游开发，确保保护区内自然生态环境不被破坏以及资源的可持续利用。将本地特点融入新开发的生态旅游产品中去，积极开发既保护旅游资源与旅游环境，又能有益人体健康的绿色旅游产品。在开发利用时，要充分保护景观的自然性和完整性，对旅游开发规模及开发强度进行控制，严格控制建筑物占地比例，控制景区和景点的游人密度，防止破坏性和超强度开发，杜绝人工化和城市化倾向。在规划建设景点的同时，落实相应的环境保护措施，坚持"谁主管，谁负责"的原则，执行严格的环保审批程序，确保旅游资源的永续利用。对于生态旅游区域拟建的每个项目，都要进行环境影响评价。

在旅游区的开发建设、旅游服务与经营管理过程中，实现绿色经营。大力推广常规能源的清洁使用，充分利用太阳能、水能、风能等可再生能源，开发清洁能源，并采用各种节能降耗、控制污染的技术，以低毒、低害原料代替高危害的原料，不断改进服务和完善管理，减少旅游产品生产销售和消费过程中的危险因素，使旅游副产品和废物能被减少或循环利用。对经营和开发旅游项目的企业推行 ISO 14000 环境管理认证，树立绿色的价值观和经营理念。

完善景区内水、气、垃圾及噪声污染的防治工作。严格控制污染源废气排放，要求景区内餐饮企业安装油烟净化器，减少餐饮业油烟废气的排放；景区内建设生活污水处理设施，严禁将污水直接排入风景区水体；完善垃圾收集清运系统，消除卫生死角；风景区内对机动车实行禁鸣，严格控制产生较大噪声污染的各类活动。大力加强旅游区内的环境基础设施建设，因地制宜地建设消烟除尘、污水处理、垃圾处理和处置设施，促进污染集中控制，增加污染物处理和达标排放的能力。景区设置标语加强游客保护生态意识，防止游人生态破坏。旅游区环境达标率始终保持在 100%。

积极建立旅游区生态环境监测管理系统，及时掌握各种数据及信息，为旅游发展决策提供可靠的技术支持。对旅游区大气、水体、土壤、噪声、固体废弃物与垃圾等进行定时定点监测，对植被覆盖率、水涵养率、森林病虫害、野生动物种类及分布等生态项目指标进行监测，逐渐形成一套适合本地旅游环境质量监测、管理的办法，使旅游环境保护规范化、系统化、科学化。

（三）千鹤山自然保护区保护措施

千鹤山鸟类自然保护区（以下简称千鹤山保护区）为省级自然保护区，北界以宽—塌公路及清水河为界，西部边界到潘家口水库，独石沟乡燕子峪村界；东界和南界是以村界为主，在此保护区总面积为 16 032 hm^2。千鹤山保护区定位于鸟类自然保护区。本保护区保护对象为：珍贵稀有动物资源及其栖息地，特别是对珍稀鸟类资源和苍鹭的保护；典型的温带性山地森林—湿地生态系统。

严格按照《自然保护区条例》进行管理，禁止在自然保护区内进行砍伐、放牧、狩猎、捕捞、采药、开垦、烧荒、开矿、采石、挖沙等活动；在自然保护区的核心区和缓冲区内，不得建设任何生产设施。在自然保护区的实验区内，不得建设污染环境、破坏资源或者景观的生产设施；建设其他项目，其污染物排放不得超过国家和地方规定的污染物排放标准。在自然保护区的实验区内已经建成的设施，其污染物排放超过国家和地方规定的排放标准的，应当限期治理；造成损害的，必须采取补救措施。

（四）瀑河沿岸生态环境综合治理

根据《宽城满族自治县总体规划》滦河一级支流瀑河为重点河流水域、河流两侧各 10 m 为生态控制区。

严格按照规定进行保护，主要采取以下保护措施：生态控制区内除布置园林绿化、道路、桥梁、建筑小品之外，不进行任何其他性质的建设；加强瀑河两岸绿化与保护，选择适宜的树种，建设两岸防护林带，加强树木的管理，禁止乱砍滥伐；加强水土保持，通过栽植树木、修建谷坊坝、挖水平沟和鱼鳞坑等方式，延缓洪水下山速度，涵养水源，沉淀泥沙，保护水体；定期对河道进行清淤，保证河道防洪排涝功能。

（五）矿山生态环境保护与修复

孟子岭乡采选矿产业较多，由于一些小规模的矿山开采和生产过程不规范，使该乡矿山生态环境问题较为突出，如何进行矿山生态环境保护和修复工作就显得格外重要。

1. 加强矿产资源的综合管理

对乡域矿产资源制定综合性的开发利用中长期规划，建立矿产资源开采消耗与勘查补充的良性循环机制，制止乱挖滥采等破坏与浪费资源的行为。

2. 对矿山开发予以空间管制

在保护生态环境的基础上，对矿产资源的开发容量予以科学合理地确定。对矿山开发予以空间管制，划定禁采区、限采区和允许开发区。鼓励采用新技术进行开发，严禁低水平、粗放式、小规模开发。

3．建立"绿色矿山"模式

切实做到破坏一片，修复一片，绿化一片，建设生态型矿区，实现矿产资源开发和生态环境保护协调发展。突出抓好以下三个重点：一是抓重点矿种，铁、石全面推开，突出铁矿业，着重抓铁矿采坑复填、废石堆乱放和尾库绿化等问题。二是抓重点区域，特别是抓好公路沿线和建制镇周围的矿山治理和绿化。三是抓重点问题，把乱占耕地、林地、尾矿侵占河道、污染环境、存在地质灾害隐患问题作为治理重点，特别是抓好乱占耕地、林地、采场终边坡、废石堆、尾矿库的复绿工作。

4．加强矿山资源综合利用

（1）矿山土地复垦。根据矿山具体的地质条件、发展远景规划以及当地具体情况，制定出矿山土地复垦规划，可以进行农业复垦、林业复垦、建设复垦，以及其他用途。复垦的方式可以有以下几种：①采空区复垦，②废石场复垦，③尾矿池复垦，④塌陷区复垦。

（2）资源综合利用。开展矿山资源综合利用不仅可以增加矿产原料的品种、产量，提高产品质量，而且可以变废为宝、化害为利、一矿变多矿、小矿变大矿，使矿山资源得到合理开发、充分利用。具体做法可以有：①从废石中进一步回收有价元素；②作为二次资源制取新形态物质；③生产微量元素肥料；④用作井下采空区的充填材料。

第十三章 小城镇环境规划

【本章导读】

加快小城镇发展是我国实现农村现代化的必由之路。目前,我国正处于城镇化的快速发展阶段。由于在发展过程中不注重生态环境保护,我国小城镇的发展普遍存在以牺牲环境效益来换取经济效益的现象,引发了严重的生态环境问题,例如自然资源浪费、生态环境恶化、城区盲目扩张、土地闲置、"三废"大量产生等。而且小城镇数量众多、类型多样,环境问题相对大城市更加复杂。如何有效地引导小城镇的规划和建设,防止破坏性的城镇扩展和城镇生态环境的恶化,已成为地方政府的重要课题。小城镇环境规划就是要在分析区域环境现状、提出环境问题的基础上,制定规划目标,并提出污染防治和生态建设方案,以提高城镇生态环境质量,增强城镇可持续发展能力。

本章以河北省河间市尊祖庄乡环境规划为例,介绍小城镇环境规划的步骤及需关注的重点问题。

第一节 问题的提出与规划工作内容

尊祖庄乡地处冀中平原,位于河间市东北部,距市区 30 km。北邻束城镇,西与米各庄镇接壤,南接沙河桥镇,东邻故仙镇。尊祖庄乡是一个第二产业占主导地位的工业型城镇,以电线电缆、保温材料、化工胶管企业为主,主导产品有电线电缆、岩棉、玻璃棉、硅酸铝等,其中线缆产业尤为突出。在未来5~10年尊祖庄乡将加快发展步伐,建设成为设施完备、功能齐全、环境宜人、生活舒适的生态城镇,进一步增强其综合实力。从这一发展目标来看,目前尊祖庄乡也面临着大气环境质量差、基础设施不完善、农村生态环境治理任务重、区域功能不合理等一系列问题和挑战。因此,合理开发和利用资源,开展生态建设,加强环境污染防治，创造良好的人居环境，是尊祖庄乡可持续发展的迫切要求。

本规划的主要工作内容为：

（1）进行现场调查和基础资料收集，为撰写规划提供基础资料和数据，包括尊祖庄乡自然、社会和经济基本概况资料，环境质量现状资料，污染源调查现状等内容。

（2）分析尊祖庄乡自然、社会和经济基本概况，尤其是对生态环境有直接影响的气象条件、水文条件、人口、产业、环保设施等。

（3）对尊祖庄乡的污染源和环境质量现状进行评价，得出尊祖庄乡建设生态乡镇的优势条件，以及制约其发展的主要问题。

（4）依据尊祖庄乡人口和经济发展预测基础数据，对规划期内的大气、水、固废等污染物排放量和环境质量进行预测，分析尊祖庄乡环境发展趋势，在此基础上制定尊祖庄乡生态环境功能分区方案，确定环境规划目标。

（5）为了能够达到环境规划目标，针对尊祖庄乡存在的主要环境问题，提出污染防治规划及治理措施。

第二节　尊祖庄乡概况

一、地理位置

河间市地处华北平原腹地，位于京（北京）、津（天津）、石（石家庄）三角中心，环渤海经济区，距北京 189 km，距天津 183 km，距石家庄 176 km。尊祖庄乡地处冀中平原，位于河间市东北部，距市区 30 km。北邻束城镇，西与米各庄镇接壤，南接沙河桥镇，东邻故仙镇。朔黄铁路从乡域南部通过，沙束路南北纵贯乡域中部，向南连接沧保高速公路出口，向北连接河间市工业园，时景路贯穿东西，留后路南北贯穿东部各村，交通便利。

二、自然条件

（一）地形地貌

尊祖庄乡地貌属湖积冲积平原，地质构造为冀中坳陷中部，处于太行山东麓山前平原和渤海西岸滨海平原之间的低平原区。乡域内地势平坦，西南稍高，东北稍低，平均海拔 9 m 左右。

（二）地表径流

任河大东支从尊祖庄乡域中部流过，任河大东支为季节性河流，境内无常年性地表水。

（三）气候条件

尊祖庄乡属暖温带大陆性季风气候区，四季分明，春季干旱多风，夏季炎热多雨，秋季天高气爽，冬季寒冷少雪。年平均气温 12.4℃，全年主导风向为 S 风，平均风速 1.91 m/s。年平均降水量 529.1 mm。

（四）地下水

河间市地下水贮存在第四系地层中，地下含水层分为四个含水组：

第一含水组：埋深 0～40 m，其间为黏土和轻亚黏土层，厚度为 10 m，砂层岩性为细砂、粉细砂、粉砂 2～3 层，厚度 10～20 m，东部咸水底板可达 90 m。

第二含水组：埋深 40～215 m，砂层发育均匀，除侧向补给外，在全淡区范围内可接受上部含水层的入渗补给。

第三含水组：埋深 215～308 m，砂层岩性为细砂及少量中细砂 5～8 层，厚 20～50 m。

第四含水组：埋深 308～408 m，砂层岩性为细砂和中细砂 3～6 层，厚度 20～50 m。

以上四组中第三、四含水组细砂层厚，水质好，为深层淡水区，但开采困难，成本高，深层水补给困难，仅作为后备水资源。尊祖庄乡目前开采的地下水资源为第一、第二含水组，该区域地下水流向自西南向东北。

（五）土壤植被

河间市土壤的成土母质均为河流冲积物，层次分明，土壤深厚，耕作良好，从土壤类型上分属潮土类，包括普通潮土、盐化潮土、褐化潮土三个亚类。土壤的主要养分的平均值除钾较高外，其他养分均为中下水平，微量元素以铜最多，锌最少，为贫锌地区。河间市植被种类颇多，由于诸多因素目前已无原始植被存在。目前河间市植被主要由各种农作物、人工栽培的用材林、经济林和防护林等林木以及少量的野生杂草植被所组成。

三、行政区划及人口

尊祖庄乡总面积 76 km²，共辖 31 个行政村。2014 年尊祖庄乡常住户数为 7 110 户，常住人口 34 854。乡驻地总人口 3 642，其中常住人口 3 012，流动人口 630，面积为 130 hm²。

四、经济发展条件

2014 年，全乡完成地方生产总值 78.54 亿元，其中第一产业 2.79 亿元，第二产业 51.84 亿元，第三产业 23.88 亿元。2014 年尊祖庄乡农民人均纯收入达到 7 800 元，城镇居民人均可支配收入 10 250 元。尊祖庄乡为农业大乡，耕地面积 76 487 亩，以传统粮食作物种植为主。近年来蔬菜和林果种植面积增加，蔬菜种植主要分布在尊祖庄和武张各等村，果树种植主要位于尊祖庄、小里文等村。乡内有规模化养殖场一个，生猪存栏 2 000 头，位于东里文村。河间市工业园区位于尊祖庄乡北部，主导产业以电线电缆、保温材料、化工胶管为主，主导产品有电线电缆、岩棉、玻璃棉、硅酸铝等，其中线缆产业尤为突出。尊祖庄乡第三产业蓬勃发展，以传统商贸业为主。

五、基础设施建设

尊祖庄乡全乡统一供水，现有集中供水厂 1 座，供水水源为地下水。乡驻地排水设施不完善，雨污合流，无污水集中处理设施，生活污水未能处理直接排入附近坑塘。乡域各农村均无集中式生活污水处理设施，部分农户建有沼气池对部分生活污水进行处理，其余大部分生活污水自然排放。尊祖庄乡驻地大多数居民依靠小煤炉取暖，各单位、机关均自建锅炉房采暖，乡域各村都为分散式取暖，主要依靠自家煤炉燃煤取暖。乡域内居民生活用能以液化气和电为主，有部分居民已用上太阳能，但仍有小部分居民使用柴和煤，全乡民用清洁能源使用率已达65%以上，使用清洁能源的户数比例达到 80%。目前乡驻地建设有垃圾池，生活垃圾清运后简易填埋，处理率达到 75%。全乡范围内环卫设施不足，环卫专用车辆少，垃圾箱和收集点数量不足，垃圾中转站缺乏，未建立完善的垃圾收集清运系统。部分农村垃圾乱堆乱放现象严重，清运不及时。

第三节　尊祖庄乡环境现状调查与评价

一、生态环境现状调查与评价

（一）生态现状

乡驻地等事业单位部门的单位附属绿地建设较好，基本做到了乔灌草的结合，落叶与常绿的结合。乡驻地内时景路绿化以自然绿化为主，其他主要街道缺少绿化，城镇街道绿化普及率为 40%，人均绿地面积 3 m^2。乡域内林地面积较大，工业区周围分布着大面积林地，面积达到 8 000 亩，林果种植积 2 000 余亩，农田林网建设较好。森林覆盖率达到 10%，绿化现状较好。

尊祖庄乡农业生态环境较好，种植业以传统粮食作物为主，农作物秸秆主要用于还田、饲料及沼气池发酵，综合利用率达到 95%。规模化养殖场建有沼气工程，畜禽粪便经处理后作为有机肥外售，规模化养殖场畜禽粪便综合利用率达到 97%。但还存在一些问题，全乡化肥农药施用强度较大，化肥施用强度为 350 kg/（hm^2·a），农药施用强度为 4.3 kg/（hm^2·a）；无通过认证的有机绿色无公害农产品。部分规模企业位于工业区内，工业区建设了污水处理厂，园区内生产污水进园区污水处理厂处理；各企业废气都安装了一定的处理措施，无烟囱冒黑烟情况，企业均达标排放。

（二）大气环境质量现状评价

尊祖庄乡驻地没有常规大气环境监测数据，因此本规划采用河间市城区大气常规监测资料对尊祖庄乡大气环境进行现状评价。监测项目为 PM$_{10}$、PM$_{2.5}$、SO$_2$，监测时间为 2014 年 1—11 月，评价标准为《环境空气质量标准》（GB 3095 —2012）中的二级标准，评价方法为单项质量指数法。监测数据和评价结果详见表13-1 和表 13-2。

表 13-1　年平均质量浓度现状监测结果统计　　　　　　单位：μg/m³

月份	监测点	SO₂	PM₁₀	PM₂.₅
1		94	212	156
2		78	174	129
3		54	170	95
4		29	154	82
5		30	121	67
6	河间市市区	32	116	76
7		23	121	88
8		26	123	95
9		23	88	61
10		31	103	64
11		32	116	87
年均值		41.09	136.18	90.91

表 13-2　年均浓度现状监测结果统计评价表

序号	污染物	监测点	标准值（标态）/（μg/m³）	年均浓度（标态）/（μg/m³）	标准指数 P_i
1	SO₂		60	41.09	0.68
2	PM₁₀	河间市市区	70	136.18	1.95
3	PM₂.₅		35	90.91	2.60

由表 13-2 可知：

（1）监测点 SO_2 年平均标准指数小于 1，满足《环境空气质量标准》（GB 3095—2012）二级标准要求。

（2）PM_{10} 和 $PM_{2.5}$ 年平均标准指数大于 1，不能满足《环境空气质量标准》（GB 3095—2012）二级标准要求，说明监测时间内大气环境中的 PM_{10} 和 $PM_{2.5}$ 质量浓度超标，尊祖乡大气环境质量较差。

（3）从各月 PM_{10} 和 $PM_{2.5}$ 质量浓度分析，1—3月份超标严重，说明采暖期用煤对大气环境质量影响较大。

（三）水环境质量现状评价

1. 地表水

尊祖庄乡地表水为任河大东支，为季节性河流，故不对地表水环境质量进行评价。

2. 地下水

本规划采用《河间市柏强化工有限公司年产 6 300 t 精制左旋氨基物等精细化产品项目环境影响报告》中的监测数据，对尊祖庄乡地下水进行评价。监测时间 2014 年 6 月 24 日，监测点位于尊祖庄村。尊祖庄乡集中式生活饮用水水源为地下水，因此地下水评价标准为《地下水质量标准》（GB/T 14848—93）中Ⅲ类标准进行。评价方法为单因子标准指数法，监测结果及评价结果见表 13-3。

表 13-3　地下水环境质量监测结果及评价　　　　　单位：mg/L

序号	项目	Ⅲ类标准值/（mg/L）	检测值/（mg/L）	标准指数	达标状况
1	pH 值（量纲为一）	6.5~8.5	8.37	0.91	达标
2	总硬度（以 $CaCO_3$ 计）	≤450	14.8	0.033	达标
3	高锰酸盐指数	≤3.0	0.8	0.267	达标
4	氨氮*	≤0.2	0.025 L	0.0625	达标
5	溶解性总固体	≤1000	456	0.456	达标
6	氯化物（以 Cl^- 计）	≤250	54	0.216	达标
7	硫酸盐	≤250	60	0.24	达标
8	挥发性酚类*（以苯酚计）	≤0.002	0.000 3 L	未检出	达标

* 监测值的单位为升。

由表 13-3 可知，地下水各检测因子均达标，能够满足《地下水质量标准》（GB/T 14848—93）中的Ⅲ类标准要求，说明尊祖庄乡水质良好。

（四）声环境质量现状评价

本次监测根据尊祖庄乡乡驻地噪声源类型及分布情况，按照国家环境保护局《环境监测技术规范》中的有关规定，采用环境敏感点和环境功能区相结合的布点原则，在乡驻地布设了 2 个监测点，分别为乡驻地混合区、时景路等不同环境功能区，噪声监测结果见表 13-4。本次声环境监测因子选定连续等效 A 声级（L_{eq}），监测时间 2014 年 11 月 25 日，监测频率为一天，昼夜各一次。

表 13-4 尊祖庄乡声环境监测结果　　　　　　　　　　　　单位：dB（A）

序号	区域 环境功能	监测结果		标准值		达标情况	
		昼	夜	昼	夜	昼	夜
1	乡驻地混合区	53.5	40.7	60	50	达标	达标
2	时景路	63.6	53.2	70	55	达标	达标

由表 13-4 监测结果表明，本项目噪声监测点昼、夜噪声值均符合《声环境质量标准》（GB 3096—2008）中的各类声环境功能区标准限制要求，说明尊祖庄乡乡驻地的声环境整体较好，各功能区监测结果均能达到功能区标准要求。

二、污染源现状调查与评价

（一）大气污染源调查与评价

1. 工业污染源调查

尊祖庄乡主导产业以电线电缆、保温材料、化工胶管为主，根据河间市污染源普查数据，尊祖庄乡重点排放大气污染物的工业企业及污染物排放情况见表 13-5，烟尘总排放量为 110.32t，二氧化硫总排放量为 278.27t。

表 13-5 尊祖庄乡大气污染物排放调查表　　　　　　　　　单位：t/a

企业名称	烟尘排放量	二氧化硫排放量
河间市天力保温材料有限公司	4.63	16.59
河间市华建保温材料有限公司	0.65	3.2
河间市佰特密封材料有限公司	0.011	0.14
河北宇龙保温材料有限公司	11.04	12.62
河间市华明保温化工有限公司	10.21	13.7
河北康泽威化工有限公司	—	0.029
大圆节能材料有限公司	0.335	7.025
河北环亚化工建材有限公司	7.4	19.87
河北利丰橡塑制品有限公司	0.152	0.42
河间瀛州化工有限责任公司	53.09	40.11
河间市中糠化工有限公司	—	21.5
河北百畅化工科技有限公司	—	2.54
河北同森化工有限公司	1.26	4.896
大浩耐火保温材料有限公司	—	0.75

企业名称	烟尘排放量	二氧化硫排放量
河北科林建材有限公司	—	23.443
河北博威建材有限公司	—	19.86
河北洁朗特防水材料有限公司	—	0.035
河北嘉驰科技有限公司	—	1.569
河北奥淇保温材料有限公司	—	13.7
河间市中科能源有限公司	21.31	76
河间市柏强化工有限公司	0.23	0.275
合计	110.32	278.27

由表 13-5 可知：

（1）排放污染物最多的企业为河间瀛州化工有限责任公司和中科能源有限公司。河间瀛州化工有限责任公司有 20 t/h 锅炉一台，该锅炉设有除尘脱硫设施，能够达标排放；中科能源有限公司公司开发糠醛渣生物质发电循环经济项目，利用糠醛后的废渣，废物循环再利用，厂内高压锅炉也采取了除尘脱硫措施，达标排放。

（2）其余排放大气污染物的主要企业为建材企业，主要生产保温材料岩棉等，保温材料生产主要有原料配比、熔化、固化、切割等工序，生产工序利用冲天炉熔化，冲天炉采用旋风+布袋除尘器+双碱法脱硫后，能达标排放。

2. 生活污染源调查

根据调查，居民生活用能主要为电能和液化石油气，属清洁能源，这部分生活污染源可以忽略不计。生活耗煤主要为采暖耗煤，2014 年共有居民 34 854 人，乡驻地目前尚无完善的供热系统，采暖方式主要有：小规模集中供热、分散式小锅炉房、燃煤土炉等形式。锅炉房数量多，规模小。煤质分析见表 13-6。

表 13-6　居民生活采暖燃煤成分一览

挥发份/%	灰分/%	硫分/%	低位发热量/（kJ/kg）
≤31	≤15	≤1.0	25 000

分散式采暖耗煤按人均日用量 4 kg，采暖期为 120 d 计算，2014 年耗煤量为 16 730 t。经过调查和类比，估算尊祖庄乡居民生活、采暖排放污染物情况，详见表 13-7。

表 13-7　尊祖庄乡生活污染源大气污染物排放量

污染源	燃煤量/（t/a）	烟尘排放量/（t/a）	二氧化硫排放量/（t/a）
居民生活	16 730	777.95	267.68

3. 综合评价

调查范围内大气污染源调查结果汇总见表 13-8。

表 13-8　尊祖庄乡大气污染源调查结果汇总

项目	烟尘排放量/（t/a）	占比/%	SO_2 排放量/（t/a）	占比/%
工业污染源	110.32	12.42	278.27	50.97
生活污染源	777.95	87.58	267.68	49.03
合计	888.27	100	545.95	100

由表 13-8 分析可知：

（1）大气污染物排放以生活污染源为主。其中烟尘排放的主要来源是生活耗能；工业和生活耗能排放 SO_2 所占比重差距不大，分别为 50.97% 和 49.03%。因此，尊祖庄乡大气污染的削减主要应该集中在生活污染源的治理。

（2）尊祖庄乡大气污染以煤烟型为主，燃煤量越大的企业和生活采暖用煤是大气污染的主要来源。因此，工业污染源的治理的主要措施为推广清洁能源的使用，鼓励使用脱尘和脱硫效果好的锅炉；生活污染源的治理主要措施为取缔小锅炉和分散式采暖煤炉，提高清洁能源普及率，推广低污染取暖设备，建设燃气型集中供热设施，使用脱硫除尘效率高的燃煤锅炉进行集中供暖等。

（二）水环境污染源调查与评价

1. 工业污染源调查

根据 2014 年河间市环境保护局的污染源普查资料，各企业污染物排放量见表 13-9。根据统计结果，COD 排放量为 88.959 t，氨氮排放量为 15.465 t。尊祖庄乡排放废水污染物量的企业主要有河北鑫鹏化工有限公司、河间市柏强化工有限公司、河间瀛州化工有限责任公司等，这些企业均位于河间工业区内，工业区内建有污水处理厂，区内企业生产废水均进入污水处理厂处理后达标排放。

表 13-9　尊祖庄乡水污染物排放调查

排污单位名称	COD 排放量/（t/a）	氨氮排放量/（t/a）
沧州会友线缆股份有限公司	0.471	0.03
大圆节能材料有限公司	1.23	0.006
河北环亚化工建材有限公司	0.03	0.03
河间市中糠化工有限公司	0.51	0.069
河北鑫鹏化工有限公司	14.172	2.361
河北嘉驰科技有限公司	0.864	0.06
河间市康宇建材有限公司	0.48	0.084
河北奥淇保温材料有限公司	0.921	0.654
河间市中科能源有限公司	1.731	0.06
河间市柏强化工有限公司	11.55	1.161
河北凯瑞新型保温材料有限公司	28.5	1.2
河间瀛州化工有限责任公司	28.5	9.75
合计	88.96	15.47

2. 生活污染源排放情况

2014 年尊祖庄乡总人口为 34 854，其中乡驻地人口 3 642，乡域农村人口 31 212 人。乡驻地没有生活污水处理设施，产生的生活污水都未经处理直接排放。据调查，目前乡驻地居民用水量约为 90 L/（人·d）农村居民用水量为 60 L/（人·d）。乡驻地居民用水量为 11.96 万 t/a，排放量为用水量的 80%，乡驻地居民的排水量为 9.57 万 t/a；农村居民用水量为 68.35 万 t/a，排水量为用水量的 80%，农村居民的排水量为 54.68 万 t/a。

（1）COD 的产生量和排放量。据调查，尊祖庄乡乡驻地人口的生活污水中 COD 质量浓度为 200 mg/L，生活污水未进行处理直接排放，因此 COD 的排放质量浓度为 200 mg/L，乡驻地 COD 的排放量为 19.14 t/a。农村生活污水中 COD 的质量浓度为 150 mg/L，农村生活污水未经处理直接排放，农村 COD 的排放量为 82.03 t/a。

（2）氨氮的产生量和排放量。据调查，乡驻地居民生活污水中氨氮的质量浓度为 50 mg/L，生活污水未经处理直接排放，乡驻地氨氮的排放量为 4.79 t/a；农村生活污水中氨氮的质量浓度为 30 mg/L，农村生活污水未经处理直接排放，农村氨氮的排放量为 16.41 t/a。

生活污水中 COD、氨氮的排放量见表 13-10。

表 13-10　尊祖庄乡生活污水及污染物质排放情况

类别	COD 排放量/（t/a）	氨氮排放量/（t/a）
乡驻地	19.14	4.79
农村	82.03	16.41
小计	101.17	21.20

3. 畜禽养殖业污染源排放情况

尊祖庄乡有规模化养猪场 1 个，为河间宇松养殖场，养殖场采用干清粪技术，粪便经沼气发电工程处理后，沼气用于发电，沼渣、沼液生产有机肥，畜禽养殖废水综合利用。

4. 综合评价

调查范围内大气污染源调查结果汇总见表 13-11。

表 13-11　尊祖庄乡各类污染源现状排放量

污染源	COD/（t/a）	占比/%	NH_3/（t/a）	占比/%
工业	88.96	46.79	15.47	42.19
生活	101.17	53.21	21.20	57.81
小计	190.13	100	36.67	100

由表 13-11 数据分析可知：水环境污染物排放以生活污染源为主。其中 COD 的主要来源是生活污水；工业和生活污水排放 NH_3 的所占比重差距不大，分别为 42.19% 和 57.81%。因此，尊祖庄乡水环境污染的削减主要应该集中在生活污染源的治理。

（三）固体废物排放现状

1. 生活垃圾

尊祖庄乡 2014 年共 34 854 人，按平均每人每天产生垃圾 1kg 计，全年产生生活垃圾约 12 722 t，目前主要为简易填埋处理。

2. 农业固废

农业固体废物主要包括农作物秸秆和畜禽粪便，秸秆禁烧率已达到 100%，综合利用率达到 95%以上，主要用作饲料、沼气生产以及秸秆还田等。畜禽粪便大多外售，或进入沼气池或经过堆肥处理后被作为农用肥使用，畜禽粪便综合利用率达到 97%以上。

3．工业固废

尊祖庄乡工业以电线电缆、保温材料、化工胶管等加工制造业为主，产生的工业固体废物有质检工序残次品、车间下脚料等。大部分生产废物可回收利用，综合利用可达到 85%。

4．建筑垃圾

目前尊祖庄乡尚无单独的建筑垃圾填埋场，建筑垃圾一般由施工单位自行处理，或委托环卫部门运至指定的坑塘洼地等处填埋。

5．危险废物

尊祖庄乡产生的危险废物以医疗废物为主，尊祖庄乡有卫生院一所，现有床位共 35 张，医疗废物产生量按 1.2 kg/（床·d）计，入住率定为 80%计算，年医疗废物产生量约 12.3 t。此外，尊祖庄乡目前没有实施垃圾分类收集，有少量生活危险垃圾如含汞、镉废电池、含汞废日光灯管等，均同生活垃圾混放一同填埋。

6．综合分析

由以上分析可知，尊祖庄乡的固废污染较小，工业固废、农业固废和畜禽粪便基本不会对环境造成影响，只有生活垃圾收集和转运中还存在一定的问题。因此，固废污染防治规划应以完善生活垃圾的收集和转运为主。

三、可持续发展影响因素分析

通过自然、经济社会等基础资料，以及污染源和环境质量现状分析和评价，得出尊祖庄乡建设生态乡镇的优势条件，以及制约其发展的主要问题。此分析是制定污染防治规划方案的重要依据。

（一）优势条件

1．区位优势

尊祖庄乡地处冀中平原，沙束路南北纵贯乡域中部，向南连接沧保高速公路出口，向北连接河间市工业园，时景路贯穿东西，留后路南北贯穿东部各村，交通便利。河间市工业园区规划范围北至束城镇束城中学南 100 m、南至尊祖庄乡北、东至南呈各庄和大里文村东、西至沙束路，规划总用地面积为 19.2 km^2。

2. 特色产业鲜明

尊祖庄乡主导产业以电线电缆、保温材料、化工胶管为主，主导产品有电线电缆、岩棉、玻璃棉、硅酸铝等，其中线缆产业尤为突出。沧州会友线缆股份有限公司是河间市线缆重点企业，"会友线缆"是中国驰名商标，为出口创汇企业。河间市工业区基础设施建设正在逐渐完善，污水处理厂已建成。尊祖庄乡依托工业区的发展优势，加大招商力度，吸引高、精、尖企业入驻，建设循环经济。

（二）制约因素

1. 基础设施薄弱

近年来全乡交通、通讯、电力等服务设施虽然有了一定的改善，但整体基础设施建设滞后，社会服务设施不完善，直接影响全乡的生态环境状况和社会发展。例如：没有垃圾转运站，没有污水收集和处理系统，公共厕所缺乏，缺少相应规模的科普、体育、文化等公共服务设施等，无公园、广场等供居民休闲娱乐的设施，公共绿地缺乏。

2. 农村生态环境治理任务重

随着文明村建设的不断推进，尊祖庄乡农村环境问题得到了很大改善，但总体上农村生态环境问题还较突出，部分农村生活垃圾、生活污水得不到有效处置；农村卫生厕所普及率低，部分农村垃圾随意堆放，污染环境，影响村容村貌。

3. 大气环境污染治理任务重

目前尊祖庄乡空气质量较差，PM_{10} 和 $PM_{2.5}$ 超标严重。污染最严重月份主要在冬季取暖期。近两年来，环境空气污染成为困扰华北地区的一大问题，治理环境空气污染任务艰巨。

第四节　尊祖庄乡环境发展预测

一、人口与用地预测

（一）人口规模

2014 年尊祖庄乡全乡总人口为 34 854，其中乡驻地人口为 3 642。

根据尊祖庄乡统计资料，近几年尊祖庄乡人口自然增长率为 5‰，规划考虑乡域内人口向乡驻地及市区集中，规划期内乡域农村人口综合增长率为-2‰。

河间市工业区位于尊祖庄乡北部，距乡驻地较近，工业区的发展必将吸引一定量的居民以及外来务工人员居住。另外，由于《河间市城乡总体规划（2013—2030）》尊祖庄乡位于河间市东部组团，规划为次中心城市，是市域主要的产业集聚区和东部综合服务中心。因此，根据尊祖庄乡当前的实际情况及发展趋势，预计尊祖庄乡驻地人口综合增长率为10%。

具体预测结果见表13-12。

表13-12 尊祖庄乡人口规模预测

年份	2014	2020	2025
乡域农村人口	31 212	30 840	30 530
乡驻地人口	3 642	6 500	10 500

（二）建设用地规模

乡驻地现状用地规模约为1.3 km²，预测到2020年规划范围达到1.8 km²，2025年达到2 km²。

二、大气环境质量预测

（一）耗煤量预测

1. 工业耗煤量预测

尊祖庄乡工业以电线电缆、保温材料、化工胶管为主，2014年工业增加值为377 000万元，通过分析该乡的产业结构以及能耗可知该乡万元工业产值耗煤量约为0.15 t/万元，则2014年工业耗煤量为56 550 t。乡域内主要工业企业位于河间工业区内，部分企业已经改为天然气，随着企业逐步实施"煤改电""煤改气"，乡镇工业燃煤消耗量逐渐降低，煤炭消耗量逐渐削减，预测近期全乡工业耗煤量削减15%，到2025年工业耗煤量削减30%，预测2020年工业耗煤量达到48 067 t，2025年工业耗煤量39 585 t。

2. 生活耗煤量预测

居民生活用能主要为电能和液化石油气，属清洁能源，这部分生活污染源可以忽略不计。生活污染源主要包括居民冬季燃煤炉灶和部分行政事业单位冬季供暖燃煤锅炉。

分散式采暖耗煤部分按人均日用量 4 kg、采暖期为 120 天计算，考虑到居民节煤炉改造，居民耗煤量呈递减趋势，预测近期全乡生活耗煤量削减 10%，到 2025 年生活耗煤量削减 20%，规划 2020 年耗煤量为 15 057 t，2025 年耗煤量为 13 384 t。

（二）大气污染物排放量预测

1. 燃煤 SO_2 排放量计算

$$Q_s = 1.6 \, BS \, (1-\eta)$$

式中：B——耗煤量，通过以上计算而得；

S——燃煤中全硫的含量，从煤质成分分析中获得；

η——SO_2 硫效率。

由 2014 年工业耗煤量和 SO_2 的排放量可估算出现状脱硫率约为 70%，随着燃煤设施和工艺的不断改进，预测到 2020 年脱硫率达到 80%，到 2025 年脱硫率达到 85%；2014 年生活燃煤锅炉基本为没有脱硫效果的小锅炉，所以脱硫率为 0，规划改进县域内采暖锅炉，预计规划到 2020 年脱硫率达到 40%，2025 年脱硫率达到 50%。

2. 燃煤烟尘量计算

$$Q_{烟} = BAd_{fh} \, (1-\varepsilon)$$

式中：B——耗煤量，kg/a，通过以上计算而得；

A——煤的灰分，%，从煤质成分分析中获得；

d_{fh}——烟气中烟尘占灰分的百分数，%，从煤质成分分析中获得；

ε——除尘效率，%。

由 2014 年工业耗煤量和烟尘的排放量可估算出现状除尘效率约为 96%，随着燃煤设施和工艺的不断改进，预测到 2020 年除尘率达到 97%，到 2025 年除尘率达到 98%；2014 年生活燃煤锅炉基本为没有除尘效果的小锅炉，所以除尘率为 0，规划改进县域内采暖锅炉，预计规划到 2020 年除尘率达到 50%，到 2025 年除尘率达到 60%。

3. 预测结果

经过计算可以得到尊祖庄乡大气污染物排放量预测结果见表 13-13。

表 13-13　大气污染物排放量预测结果

年份	类别	耗煤量/（t/a）	烟尘/（t/a）	SO₂/（t/a）
	工业污染源	48 067	67.05	153.81
2020	生活污染源	15 057	350.08	144.55
	合计	63 124	417.13	298.36
	工业污染源	39 585	36.81	95.00
2025	生活污染源	13 384	248.94	107.07
	合计	52 969	285.75	202.07

（三）大气环境质量预测

尊祖庄乡大气污染源主要为采暖耗煤，宜采用箱式模型进行预测。

1. 预测模型

箱式模型可表示为如下形式：

$$C_A = \frac{P}{L \cdot H \cdot u} + C_0$$

2. 基本参数

L——箱边长，m；以整个乡域为研究对象，因此箱边长取 8 700 m。

u——平均风速（箱体内），m/s；选用当地平均风速 u=1.91m/s，

H——混合层高度，m；根据当地气象条件和当地污染源的分布情况，混合层
　　　 高度取 D 类稳定度下的对应高度，为 474 m。

P——源强（排放量），t/a；由上述计算可得。

C_0——校正质量浓度，mg/m³；将规划区现状 PM_{10} 和 SO_2 年平均质量浓度代
　　　 入箱式模型，可得 PM_{10} 的校正质量浓度为 0.132 4 mg/m³，SO_2 的校
　　　 正质量浓度为 0.038 8 mg/m³。

3. 预测结果

采用箱式模型进行规划年大气环境质量预测。预测结果见表 13-14。

表 13-14　大气环境质量预测结果　　　　　单位：mg/m³

预测年份	PM_{10} 年均质量浓度	SO_2 年均质量浓度
2020	0.134 1	0.040 0
2025	0.133 6	0.039 6

　　根据计算结果，采取一系列措施后，规划期内尊祖庄乡大气环境质量污染趋势得到遏制，环境空气质量逐年好转。但参照《环境空气质量标准》（GB 3095—2012）中二级标准要求，PM_{10} 年平均质量浓度限值为 0.07 mg/m³，SO_2 日平均质量浓度限值为 0.06 mg/m³ 可知，尊祖庄乡大气环境中的 PM_{10} 仍然不能达到标准要求。其主要原因是大气环境污染是尊祖庄乡所处的整个华北地区普遍存在的问题，只靠乡域内实施大气治理措施在近期内无法解决问题。

三、水环境污染预测

（一）废水排放量预测

1. 工业废水排放量预测

尊祖庄乡水循环利用率较高，生产用新鲜水量较小。

　　2014 年工业产值为 377 000 万元，其现状万元工业产值耗水量为 2 m³/万元，则 2014 年工业耗水量为 75.4 万 t。考虑尊祖乡工业增长率及企业逐渐采用先进的节水工艺，规划 2014—2025 年工业产值年增长率为 5%，近期万元工业产值耗水量为 1.8 m³/万元，远期万元工业产值耗水量为 1.6 m³/万元，由此估算 2020 年工业用水量达到 90.9 万 t，2025 年工业用水量 103.2 万 t。

　　根据尊祖庄乡工业结构，随着经济的发展和工业循环用水技术的提高预测 2015—2020 年工业污水排放量按用水量的 60% 计算，2021—2025 年工业污水排放量按用水量的 40% 计算。

$$W_{2020}=0.6 \times W_{2020}=54.5 \times 10^4 \, m^3$$

$$W_{2025}=0.4 \times W_{2025}=41.3 \times 10^4 \, m^3$$

2. 乡驻地生活污水排放量预测

（1）生活用水量预测，则生活用水量的计算公式为

$$W=R \cdot M \cdot T / 1\,000$$

式中：T——计算时间，取 365 天；

　　　　R——用水人数，人，区乡驻地人数；

　　　　M——用水指标，L/（人·d）。

据调查，目前居民用水量约为 100 L/（人·d），考虑到生活水平的提高，用水量会逐渐增加，规划在 2015—2020 年的用水量按 110 L/（人·d）考虑，2021—2025 年按 120 L/（人·d）考虑。

$$W_{2020}=6\ 500×110/1\ 000×365=26.1×10^4\ m^3$$

$$W_{2025}=10\ 500×120/1\ 000×365=46.0×10^4\ m^3$$

（2）生活排水量预测，2014—2020 年生活污水排放量按用水量的 80%计算：

$$W_{2020}=0.8×W_{2020}=0.8×26.1×10^4=20.9×10^4\ m^3$$

$$W_{2025}=0.8×W_{2020}=0.8×46.0×10^4=36.8×10^4\ m^3$$

（二）污染物排放量预测

根据现状调查，尊祖庄乡主要排水企业均位于河间市工业园区内，经本厂污水处理站处理后排入园区污水处理厂，处理后的污水水质达到《城镇污水处理厂污染物排放标准》（GB 18918—2002）中的一级 A 类标准要求，COD 排放浓度小于 50 mg/L。

目前城镇生活污水没有处理，COD 的排放浓度取 200 mg/L。规划尊祖庄乡驻地于 2020 年建设小型污水处理站，随着污水处理设施逐步完善，2020 年生活污水处理率达到 50%，到 2025 年生活污水处理率达到 85%，处理后的污水水质达到《城镇污水处理厂污染物排放标准》（GB 18918—2002）中的一级 A 类标准要求，COD 排放浓度小于 50 mg/L。

因此产生的污染物排放量具体见表 13-15。

表 13-15　尊祖庄乡污水排水量及污染物排放预测

	2020 年		2025 年	
	废水排放量/万 m³	COD 排放量/t	废水排放量/万 m³	COD 排放量/t
乡驻地生活污水	20.9	26.10	36.8	26.67
工业废水	54.5	27.25	41.3	20.65
合计	75.4	53.35	78.1	47.32

（三）水环境质量预测

经计算可知，待建成完善的污水收集系统后，尊祖庄乡乡驻地生活污水经污水处理厂处理，水环境污染物将远少于现状，外排水对环境危害将减少。地下水、地表水的所有水质都能达到功能标准要求。

四、固体废弃物排放量预测

（一）生活垃圾预测

预测生活垃圾产生量需要考虑的因素有人口规模、经济发展水平、居民生活水平等，根据尊祖庄乡发展现状，类比我国部分乡镇垃圾产生系数，预计 2015—2020 年尊祖庄乡生活垃圾产生量为 1.0 kg/（人·d）；2021—2025 年尊祖庄乡生活垃圾产生量为 1.2 kg/（人·d）。采用人均排放系数法进行计算（公式 9-2）可得，2020 年乡驻地生活垃圾产生量产生约 2 372.5 t；乡域农村全年垃圾产生量约 11 256.6 t，2025 年乡驻地生活垃圾产生量产生约 4 599 t；乡域农村全年垃圾产生量约 11 143.5 t。

（二）工业固废预测

尊祖庄乡产生的工业固体废物有质检工序残次品、车间下脚料等，产生较少。近年来随着科学技术的不断进步，大部分固废能够综合利用，预计到 2020 年固废物的综合利用率达到 90%，到 2025 年达到 95%。

（三）危险废物预测

尊祖庄乡每千人拥有病床数为 1.02 张，低于国家每千人拥有病床数 2.5 张的平均水平。规划到 2020 年，尊祖庄乡床位数为 60 张，到 2025 年床位数为 90 张。2020 年医疗垃圾产生量按 1.3 kg/（床·d），入住率 80% 计算，尊祖庄乡医疗垃圾产生量为 22.8 t/a；2025 年垃圾产生量按 1.5 kg/（床·d）、入住率为 80% 计算，医疗垃圾产生量为 34.2 t/a。

第五节 尊祖庄乡生态环境功能区划与规划目标

一、生态环境功能区划

（一）生态功能区划

根据尊祖庄乡资源环境承载能力、现有开发密度和发展潜力，统筹考虑未来尊祖庄乡人口分布、经济布局、土地利用和城镇化格局，结合生态适宜性、工程地质、资源保护等方面因素，将乡域空间分为生态城镇建设区、生态农业发展区、生态工业发展区。见表 13-16。

表 13-16　尊祖庄乡域生态功能区划

生态功能分区	区域范围	生态建设要求
生态农业发展区	乡域农村（范围约 62 km^2）	提倡使用生态农药和有机肥，积极发展无公害农业，发展生态养殖业，进一步生产绿色食品，调整农业生产结构，大力发展设施农业、节水农业和特色农业
生态城镇建设区	乡驻地（规划范围 5 km^2）	依托区位优势，积极开拓市场，继续保持特色主导工业，发展多元经济，形成以工促农的发展格局；合理进行工业布局，加强污染治理和环境保护，控制建设用地过快发展
生态工业发展区	河间工业区位于尊祖庄乡部分（规划范围约 9 km^2）	依托河间市园区建设，发展生态工业，完善产业链条

（二）环境功能区划

1. 大气环境功能区划

根据沧州市环境功能区划，尊祖庄乡没有自然保护区、风景名胜区和其他需要特殊保护的地区，也没有特定工业区。因此确定规划区环境空气质量功能区为二类区，执行《环境空气质量标准》（GB 3095—2012）二级标准。

2. 水环境功能区划

尊祖庄乡境内地表水主要有任河大东支，属于季节性河流，根据《河北省水功能区划》要求不作功能区划；饮用水来源于地下水，规划区内地下水规划期内执行《地下水质量标准》（GB/T 14848—93）Ⅲ类标准要求。

3. 声环境功能区划

根据《声环境质量标准》（GB 3096—2008）、《声环境功能区划分技术规范》（GB/T 15190—2014）、声环境现状监测与评价结果、乡驻地环境噪声污染特点以及城镇环境噪声管理要求，以乡驻地现状、规划为指导，参考乡驻地规划用地的主导功能，在征求相关部门意见的基础上划定声环境功能区类型。乡驻地声环境功能区划见表 13-17。

表 13-17　乡驻地声环境功能区划方案

功能区类别	功能区范围	噪声标准/dB（A）
2 类区	居住、商业、工业混合区，规划商业区（乡驻地规划区）	昼间 60 夜间 50
4a 类区	交通干道（时景路、沙束路）两侧	昼间 70 夜间 55

二、环境保护目标

1. 总体目标

结合尊祖庄乡的实际情况，本次环境规划的总体目标是努力寻求生态环境向可持续生态系统发展，使全乡生态环境质量明显好转，城镇布局合理，基础设施日益完善，实现自然生态系统良性循环。到规划期末，大气环境质量保持在国家二级标准要求以上，水环境质量达到水环境功能区划标准要求；噪声达标区覆盖率达到省、市、区有关要求；全面实现生活垃圾分类收集、无害化处理，工业固体废物综合利用率达到 90%以上。在生态乡镇建设方面达到国家生态乡镇标准要求。

2. 分期目标

到 2020 年，集中解决乡驻地环境中存在的突出问题，空气、水、声环境质量达标，环境基础设施建设得到加强，绿化覆盖率得到较大的提高，乡驻地功能分区基本合理，人居环境大大改善，可持续发展能力增强，各项建设内容达到河北省环境优美城镇各项指标要求，但由于区域大环境的污染，到 2020 年指标 PM_{10} 不能达到省环境优美城镇的要求，其目标定为逐渐好转。

到 2025 年，乡域生态环境和谐优美，环境质量良好，空气、水、声环境质量达到功能区标准要求，产业布局日趋合理，部分村庄完成生态村建设，社会经济实现又好又快发展，各项建设内容达到国家级生态乡镇指标要求，同样由于区域大环境的污染，到 2025 年指标空气环境质量不能达到国家生态城镇的要求，其目标定为逐渐好转。

三、环境保护指标

根据《河北省城镇环境规划编制技术导则》的要求和国家级生态乡镇的考核指标体系，尊祖庄乡近、远期环境规划指标体系与规划目标值详见表 13-18 和表 13-19。

表 13-18　尊祖庄乡近期创建河北省环境优美城镇指标体系

类别	指标名称		2014 年	2020 年	标准	达标年限/年
城镇绿化卫生指标	城镇建成区绿化覆盖率/%		16	35	≥35	2020
	绿地率/%		12	30	≥30	2020
	人均绿地面积/m³		3	7	≥7	2020
	城镇街道绿化普及率/%		40	95	≥95	2020
	园林式道路/条		0	1	1~2	2020
	城区主干道绿化面积占道路总面积/%		15	25	25	2020
	城区次干道绿化面积占道路总面积/%		10	20	20	2020
	卫生状况		良好	良好	良好	现状达标
城镇环境质量指标	空气质量	二氧化硫 SO₂/（mg/m³）	达到功能区要求	达到功能区要求	≤0.06 或达到功能区要求	现状达标
		可吸入颗粒物 PM₁₀/（mg/m³）	超标	逐渐好转	≤0.15 或达到功能区要求	逐渐好转
	烟囱冒黑烟情况		无	无	无	现状达标
	环境噪声平均值/dB（A）		达标	达到功能区要求	达到功能区要求	现状达标
	饮用水水源水质达标保证率/%		100	100	≥95	现状达标
	城镇工业废水排放达标率/%		100	100	100	现状达标
	地表水高锰酸盐指数		—	—	达到功能区要求	

类别	指标名称	2014 年	2020 年	标准	达标年限/年
城镇环境质量指标	工业固体废物综合利用率/%	85	90	≥80	现状达标
	危险废物无害化处理率/%	100	100	100	现状达标
	生活垃圾处理率/%	75	100	100	2017
	民用清洁能源使用率/%	65	80	≥80	2017
	城镇周围农作物秸秆禁烧和综合利用率/%	100	100	100	现状达标
当地群众对环境满意率/%		85	95	≥80	现状达标

表 13-19 尊祖庄乡远期创建国家级生态乡镇指标体系

类别	序号	指标名称	指标值			指标标准
			2014 年	2020 年	2025 年	
环境质量	1	集中式饮用水水源地水质达标率/%	100	100	100	100
		农村饮用水卫生合格率/%	100	100	100	100
	2	地表水环境质量	—	—	—	达到环境功能区或环境规划要求
		空气环境质量	超标	逐渐好转	逐渐好转	
		声环境质量	达标	达标	达标	
环境污染防治	3	建成区生活污水处理率/%	0	50	85	80
		开展生活污水处理的行政村比例/%	0	53	87	70
	4	建成区生活垃圾无害化处理率/%	0	95	96	≥95
		开展生活垃圾资源化利用的行政村比例/%	0	67	100	90
	5	重点工业污染源达标排放率/%	100	100	100	100
	6	饮食业油烟达标排放率/%	—	—	—	≥95
	7	规模化畜禽养殖场粪便综合利用率/%	97	98	98	95
	8	农作物秸秆综合利用率/%	95	96	97	≥95
	9	农村卫生厕所普及率/%	60	95	96	≥95
	10	农用化肥施用强度[折纯, kg/ (hm²·a)]	350	260	245	<250
		农药施用强度[折纯, kg/ (hm²·a)]	4.3	3.2	2.8	<3.0
生态保护与建设	11	使用清洁能源的居民户数比例	80	85	90	≥50
	12	人均公共绿地面积/ (m²/人)	3	7	12	≥12
	13	主要道路绿化普及率	40	95	95	≥95
	14	森林覆盖率/%	10	12	18	≥18
	15	主要农产品中有机、绿色及无公害产品种植 (养殖) 面积的比重/%	0	30	60	≥60

第六节　尊祖庄乡环境规划方案

一、环境规划方案重点分析

乡镇环境规划方案是为了完成环境目标而制定的具体措施。环境规划方案应该重点关注现状不能达到全国及河北省的考核指标值，制约乡镇环境保护和建设的因素，根据以上对环境现状的分析可知，尊祖庄乡环境规划方案的重点应该有以下几个方面：

（1）根据大气环境质量现状调查可知，尊祖庄乡大气环境质量较差，PM_{10} 和 $PM_{2.5}$ 的年均浓度严重超标。乡域内主要污染源是生活燃煤，因此，大气污染的治理是尊祖庄乡环境规划方案的重点内容，而且要特别关注生活污染源的治理。

（2）乡驻地绿化现状较差，建成区绿化覆盖率只有约 16%，人均绿地面积约 3 m^2，距省优美城镇考核标准要求差距较大，因此应重视加强乡驻地的绿化建设。

（3）尊祖庄乡存在环卫设施数量少、质量差等问题，生活垃圾转运设施不完善，以简易填埋方式处理等问题。因此，在环境规划方案中要开展生活垃圾资源化利用、加大垃圾收集和转运设施的建设力度，彻底解决生活垃圾收集和处理的问题。

（4）尊祖庄乡现状水环境质量较好，但全乡没有生活污水处理设施，污水全部直排进入环境，有一定的污染威胁。因此，在环境规划方案的水环境污染治理部分，应重点治理生活污水，加快生活污水处理设施的建设步伐。

（5）尊祖庄乡经济发展以工业为主，目前农业还是以传统农业为主，农作物的生产较依赖化肥和农药的投入使用，没有通过有机、绿色及无公害认证的农产品。因此，在环境规划方案中应重视绿色农业的发展，减少农用化肥和农药的施用，加快有机、绿色及无公害产品种植（养殖）基地的建设和认证。

二、水资源保护和水环境整治规划

（一）水资源保护和水环境整治目标

完善乡驻地排水设施建设，保证生活污水处理率；控制各类水环境污染物的排放，严格保护水环境；提高企业工业用水循环利用率，外排废水必须实现达标排放，具体指标及要求见表 13-18 和表 13-19。

（二）水环境综合整治措施

1. 城镇污水集中控制

加快城镇污水处理工程建设。规划尊祖庄乡驻地建设污水处理站一座，设计处理规模 1 300 m³/d，出水水质执行《城镇污水处理厂污染物排放标准》（GB 18918—2002）一级 A 排放标准，处理后污水排入附近沟渠。规划污水处理站位于尊祖庄乡驻地中北部，位于夏季主导风向 S、SSW 下风向，占地为建设用地，故选址合理。污水处理后全部作为再生回用水源，主要作为浇洒绿地、道路用水。规划城镇排水管网采用雨污分流制。通过排水管网的建设和污水处理站投入使用，可保证生活污水集中处理率在 2020 年达到 50%，在远期通过进一步完善城市排水管网建设和改进污水处理工艺，争取生活污水集中处理率达到 85%。

2. 工业污水治理措施

（1）加强对化工废水的治理力度。尊祖庄乡主要排水企业为化工企业，化工企业产生的工艺废水成分较为复杂，废水有机物含量高、生化性能差，要求企业经厂区污水处理站处理达到工业区污水处理厂进水水质要求后，排入园区污水处理厂进行处理，最终达标排放。

（2）加大对排污企业的监管力度。建立企业档案，实行信息管理。杜绝企业污水处理设施停运、污水超标排放、偷排现象的发生。健全污水处理收费制度，以保证污水处理厂的正常运行。

（3）加强企业生产厂区的防渗措施。企业生产车间地面及污水处理设施、物料储存区均应采取相应的防渗措施；污水排放采取防渗管道；厂区道路及车间地面进行硬化。

3. 加强农村生活污水污染控制

农村雨水不设管道收集和单独处理系统，利用自然沟渠和边沟等进行雨水收集与回用，依赖植物、绿地或土壤的自然净化作用处理，最终进入区域水循环。农村污水处理结合农村连片整治，采取分散与集中相结合的方式，因地制宜地开展农村生活污水处理。

对于村庄分布集中的多个村庄，采用集中式小型污水处理技术，建议使用污水处理一体机、人工湿地等集中处理方式，对于处理后的污水，宜利用洼地、农田等进一步净化、储存和利用，不得直接排入环境敏感区域内的水体。对于村庄农户居住分散，不宜采用集中式污水处理技术的村庄，宜根据不同情况采用沼气池、三格化粪池等处理技术和设施，大力推广卫生厕所。

首先在小里文、大里文、后念祖、东小里文、西小里文等村建设试点，逐步推广，规划到 2020 年，开展生活污水处理农村达到 16 个，开展生活污水处理的农村行政村比例达到 53%。到 2025 年，东达路、西达路、北司徒等村开展生活污水处理，开展生活污水处理的行政村达到 26 个，比例达到 87%。

（三）水资源保护措施

1. 加强水源地保护与管理，划分水源地保护区

尊祖庄乡全乡实现统一供水，建设了水厂，位于尊祖庄村北部，根据《饮用水水源保护区划分技术规范》，划定集中式饮用水水源地的保护范围，制定农村饮用水水源地保护方案，规划到 2016 年完成水源地保护区划分工作。

2. 大力推进居民生活节水

推广节水型器具，2020 年底前完成辖区范围内 80%非节水型器具向节水型器具的更换工作；推广水循环利用和节水技术，例如经过人工湿地处理的中水用于城镇的绿化用水和农田灌溉；进行节水宣传，提高公众参与的积极性。

三、大气环境综合整治规划

（一）大气环境综合整治目标

总体目标为控制大气污染物排放总量，持续改善环境空气质量，并使之逐步达到相应的环境空气质量标准，具体指标及要求见表 13-18 和表 13-19。

（二）大气环境保护综合整治措施

1. 生活污染源控制

（1）大力推广清洁能源。近期尊祖庄乡居民主要发展罐装液化气，2020 年达到罐装液化气普及率达到 90%以上。远期，规划利用工业园区供气管网，为乡驻地铺设燃气管网，使乡驻地居民用上天然气这一清洁能源。鼓励农村居民生活使用电、液化气、沼气等能源。

（2）逐步改进供热方式。根据乡驻地的发展现状，考虑未来乡驻地发展方向，乡驻地在规划期内以分散供热为主，规划到 2020 年，尊祖庄乡乡驻地居民完成采

暖锅炉改造，采用生物质燃料、洁净煤等，减少煤炭使用；以条件较好的村为首，结合新民居建设，可采用燃气壁挂炉、电地暖、生物质颗粒燃料、太阳能等方式取暖；其他农村地区推广使用天然气洁净煤、型煤、生物质能等，改造提升农村炊事、采暖和设施农业燃煤装置和设备。

2．工业污染源控制

加大工业企业治理力度，各类企业根据自身特点分别采用适宜的先进技术，减少污染物排放；加快乡域内能够进行煤改气的企业进行锅炉改造，控制煤炭消耗量；推广清洁生产技术，变末端污染治理为全过程污染控制，做到节能、降耗、减污，增产不增污或增产减污；对引进工业建设项目应严格执行我国《建设项目环境保护条例》的有关规定，污染源防治工程与主体工程要同时设计、同时施工、同时验收，防止新的污染源产生。

3．加强对机动车尾气的治理

加强管理，保证道路畅通，采用定期检查和维护制度，控制机动车尾气；加强油品质量监督检查，禁止在全乡加油站销售和供应不符合标准的车用汽、柴油，提升燃油品质；推广使用节能高效的尾气净化装置。

4．加强建筑施工和道路扬尘治理

尊祖庄乡的经济正处在迅猛发展时期，大量基础设施和市政设施处于建设或者准备建设的过程中，为保证尊祖庄乡的空气环境质量，必须严格按照《河北省建筑施工扬尘治理15条措施》控制建筑扬尘。环卫部门对境内主要道路定期进行洒水，夏季一天洒水两次，其余时间可适当降低洒水频率，以有效抑制道路扬尘。

5．加强农村面源污染治理

全面禁止秸秆焚烧，严禁乡驻地及农村地区废弃物露天焚烧。结合河北省农村面貌环境改造提升"四清四化"综合整治要求，鼓励农村采用清洁能源，推广使用洁净煤、型煤、生物质能等，鼓励开发使用太阳能、地热等清洁能源，加大罐装液化气供应，削减农村炊事、采暖和设施用煤。

6．加强服务业废气治理

加强餐饮企业油烟治理，严厉打击餐饮油烟直排行为，实现餐饮企业油烟达标排放；推进挥发性有机物污染治理，完善全乡所有加油站、储油库和油罐车的油气回收治理。

四、声环境综合整治规划

（一）声环境综合整治目标

不同的功能分区，要求达到《声环境质量标准》（GB 3096—2008）中规定的各类声环境功能区要求。

（二）声环境保护综合整治措施

1. 交通噪声污染控制

交通控制规划要由环境保护局、房产开发部门、公安局交通大队、车辆管理部门、园林绿化部门共同制定实施，协调统一，优化分工。

（1）合理规划并逐步完善乡驻地道路系统，适当加宽乡驻地时景路并加强维护，改善路面的质量，确保乡驻地内道路交通顺畅。

（2）加强乡驻地交通管制，在尊祖庄乡中心小学、尊祖庄乡卫生院等噪声敏感点附近设置禁鸣区；在乡驻地范围内所有机动车辆不得鸣高声喇叭，适时全面实行禁鸣。

（3）乡驻地时景路等主要街道旁的绿化带不单纯种低矮的花草，适当营建吸声防护林带，主干道路两旁要建设成乔、灌、花、草相结合的立体绿化隔离带。

（4）主要道路两旁已建成的居民区内邻道路侧种植高大乔木，以减少交通噪声对环境的影响。

（5）乡驻地主要干道两旁 30 m 内应避免再建设居民住宅和社区，干道两旁的单位或新建商业办公建筑要作隔声设计（或降噪声处理）。

2. 工业企业噪声控制

尊祖庄乡驻地工业企业以电线电缆、保温材料、化工胶管为主，噪声主要为机械噪声，需严格采取降噪措施进行控制。

（1）对工业企业以振动、摩擦、撞击等引发的机械噪声，采用减震、隔声措施。如对设备加装减振垫、隔声罩，采用低噪声设备及低噪声工艺等措施。

（2）按照《以噪声污染为主的工业企业卫生防护距离标准》的要求设置适当的卫生防护距离，合理安排建筑物功能和建筑物平面布置，使敏感建筑物远离噪声源，在声源和敏感目标间增设吸声、隔声、消声措施，也可利用绿化带或建筑物（非敏感的）起到屏蔽作用。

（3）合理布局居住用地，工厂区与居民住宅区之间植树造林，形成树林防护带，以减少机械设备噪声对噪声敏感点的影响。

3. 社会生活噪声控制

乡驻地内居住区、学校、宾馆、医院等所在地区为噪声重点控制区，按噪声达标的要求进行管理；乡驻地内各市场一律不得用高功率的音响设备进行商业促销活动，对必须用音响设备进行商业促销活动的，销售场所室外 1 m 处噪声贡献值必须达到该区域《社会生活环境噪声排放标准》（GB 22337—2008）的规定；卡拉 OK 厅、茶座等娱乐场所的建筑物墙壁和门窗必须保证有足够的隔声能力，避免噪声对环境产生影响；严格控制使用高噪声宣传车。

4. 建筑施工噪声控制

对建筑施工单位采取排污申报制度；在居住稠密区施工时，尽可能使用噪声较低的施工机械和低噪声作业方式，在工地边界处采取砌筑临时围墙等隔声措施；施工作业时间应尽量避开人们正常的休息时间，尽量避免夜间施工，对于需要连续施工的项目，夜间作业必须经环保部门批准，并告示附近居民，夜间施工噪声要严格控制在 55dB（A）以下；环保部门应加强监督管理，适时抽查建筑工程是否符合国家规定的建筑施工场界环境噪声排放标准，若不符合及时做出相应处理。

五、固体废弃物综合整治规划

（一）固体废弃物综合整治目标

固体废弃物综合整治的目标是逐步实施垃圾分类回收，提高生活垃圾清运率和无害化处理率，实现固体废物的"减量化、资源化、无害化"，具体指标及要求见表 13-18 和表 13-19。

（二）固体废物综合整治措施

1. 生活垃圾控制方案

（1）改变居民的燃料结构，提倡使用清洁能源。尊祖庄乡冬季采暖期，燃料结构以煤为主，产生大量炉渣。应尽快提高尊祖庄乡居民电能和液化石油气的使用率，鼓励居民使用新能源，提高沼气池、太阳能设备的普及程度。

（2）提倡垃圾分类收集。根据尊祖庄乡实际情况，到 2020 年实现可回收垃圾和不可回收垃圾的分类收集，到 2025 年对生活垃圾分类细化，并对垃圾实行较为严格的分类收集。为了满足垃圾分类收集的需要，可配置各种类型的收集容器，如废玻璃瓶收集箱、易拉罐收集箱、废料收集箱、废纸和废纸板收集箱、废机油收集罐和回收废电池、废荧光灯管等有毒有害物质的收集槽，并建造住宅小区垃圾分类收集站。

（3）乡驻地建立垃圾收集体系：

①废物箱。收集垃圾的废物箱一般设置在道路的两旁和路口。依据《城镇环境卫生设施设置标准》，废物箱的设置间距为：商业大街 25～50 m；交通干路 50～80 m；一般道路 80～100 m。

②垃圾转运站。规划在乡驻地东部时景路以南建垃圾转运站一座，全乡的生活垃圾经收集统一运送至该转运站，集中送至市垃圾填埋场填埋处理。转运站应与周围有绿地隔离。

③环卫机构。按乡驻地总人口的 3‰配备环卫工人，为环卫系统配置城市街道扫路机和密闭式自卸垃圾车，使垃圾清运日趋机械化，减少垃圾在清运过程中对大气环境的污染。

（4）农村生活垃圾处置：

①垃圾处理模式。尊祖庄乡农村生活垃圾按照"户分类、村收集、乡转运、市填埋"的模式，乡域内的生活垃圾统一运至河间市生活垃圾填埋场。鼓励农村生活垃圾分类收集，在各行政村建立再生资源回收利用点。

②基础设施建设。按照尊祖庄乡农村生活垃圾处理模式，根据布局合理、方便群众、便于转运的原则，建设收集、转运的垃圾设施。

垃圾收集点：根据《村庄整治技术规范》（GB 50445—2008）的要求，收集设施宜防雨、防渗、防漏，避免污染周围环境。根据实际情况和需要采用垃圾池、垃圾箱等多种形式。

垃圾转运车：每个村庄配备垃圾清运车 1 辆，用于垃圾的清运。

③完善垃圾收集转运制度。首先，建立镇卫生监督管理队伍，主要负责全乡各村环境卫生检查；其次，村委会设置村级环卫保洁小组，制定村庄垃圾收集环卫制度；最后，每个村设置保洁员 2～3 名，负责全村的垃圾收集、转运工作。

④生活垃圾的处理。有机垃圾按各家自愿结对或自家进行堆肥处理；砖瓦、渣土、清扫灰等无机垃圾，可作为农村废弃坑塘填埋、道路垫土等材料使用，或运至附近坑塘进行简易填埋；其他不能进行简易填埋的生活垃圾，由村收集，运至乡驻地垃圾转运站。

2．工业固废控制方案

工业固废的控制主要从两个方面着手：一是减少固体废物的产生量，二是综合利用废物资源。主要控制措施有：从工艺入手采用无废或少废的清洁生产技术，从产品设计、原材料选择、工艺改革等途径减少工业固体废物的产生量，从发生源消除或减少污染物的产生；发展物质循环利用，使一种产品的废物成为另一种产品的原料，最后只剩下少量废物进入环境，以取得经济、环境和社会综合效益。

3．建筑垃圾控制方案

建筑垃圾与生活垃圾不能混填，尊祖庄乡应充分利用低洼的荒废地设置单独的建筑垃圾填埋场，并加强清运和填埋的管理工作。

4．危险废物控制方案

尊祖庄乡医疗机构产生的医疗废物，应落实《危险废物转移联单制度》，全乡临床废物按照污染控制标准进行收集和运输，由沧州市益康医疗废物处理中心统一收集后处理；对于工业危废要求各危废产生企业设置单独的危废储存间，储存间做好防渗措施，定期送至有资质单位处理；对居民生活中产生的特殊危险废物，按企事业、居委会、自然村为单位设置危险垃圾专用收集设施，由专业人员定期进行收集，并运至危险废物处置中心或其他具有处理能力的回收单位进行安全处理处置。

六、生态环境建设规划

（一）生态环境建设目标

生态环境保护的总体目标有发展生态产业、提高绿地率、改善居民生活环境等，主要指标包括规模化畜禽养殖场粪便综合利用率、农作物秸秆综合利用率、农村卫生厕所普及率、农用化肥施用强度、农药施用强度、人均公共绿地面积、主要道路绿化普及率、主要农产品中有机、绿色及无公害产品种植（养殖）面积的比重、森林覆盖率等，见表 13-18 和表 13-19。

（二）生态环境建设方案

1．生态产业体系建设

（1）生态农业建设规划：

①生态农业模式——农业废物综合利用模式。尊祖庄乡种植业比较发达，有

大型规模化养殖场河间宇松养殖场，在东里文村、河倪庄等村庄充分利用农业生产的废弃物，开发秸秆饲料用于养殖业，利用规模化养殖场畜禽粪便生产有机肥，用于种植业生产，利用畜禽粪便进行沼气发酵，同时生产沼渣、沼液，开发有机肥，用于作物生产，延伸农业废弃物利用链条，其模式如图13-1所示。

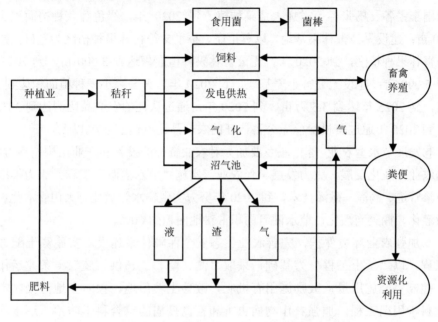

图 13-1　农业废弃物综合利用模式

②推广林果—粮经立体生态农业模式。在尊祖庄乡小里文、尊祖庄、刘王化等村庄的林果种植区，利用作物和林果之间在时空上利用资源的差异和互补关系，实行粮经套种、粮蔬套种、经蔬套种、粮经蔬菜轮作、果园养鸡、果园养兔等模式。

③养殖业规划。以宇松养殖场为龙头，在养殖业较多的刘王化等村建设养殖小区，养殖小区选址位于村庄居住区主导风向下风向，带动养殖业发展，扩大养殖规模，完善养殖小区管理及设施；积极发展特种养殖，稳定发展猪、鸡等规模化养殖，根据市场行情，注重随时关注新、优品种，及时调整养殖结构；优化养殖布局，规范养殖小区建设；加强养殖业对农村经济的拉动作用，促进生态农业体系建设。做好养殖场畜禽粪便处理工作，养猪场采取建设沼气池，将禽畜粪便放入池中进行综合利用，沼渣、沼液可作为无害有机肥施于农田，以切实有效地

减少畜禽养殖污染，使规模化畜禽养殖场粪便综合利用率达到98%。

④有机、绿色及无公害农产品基地建设。建立完善生态农业监测网络，大力推行以优质林果为主的无公害、无污染标准化生产技术，积极开展有机、绿色和无公害农产品基地建设。建设绿色蔬菜种植基地，以武张各蔬菜种植为基础，辐射周围李张各、杨张各等村加大蔬菜种植，到2020年，绿色蔬菜种植面积达到2 000亩；建设无公害林果基地，以尊祖庄、小里文等村林果种植区为基础，建设无公害林果种植区，到2020年，无公害林果种植面积达到3 000亩，到2025年达到5 000亩；建设无公害小麦基地，到2020年，无公害小麦种植面积达到1.5万亩，到2025年达到3.5万亩。到2020年，通过认证的农产品比例达到30%以上；到2025年通过有机绿色无公害认证的农产品比例达到60%以上。

⑤发展节水型农业。尊祖庄乡要加大对农业资金的投入和产业结构调整力度，推动农业产业化发展，大力发展旱作农业，实施"节水灌溉"工程。大力推广农田防渗管道、滴灌、微灌技术，到2020年努力实现输水管道化、大田管灌化、果树微灌化、棚菜滴灌化，节水灌溉面积占耕地面积的60%。

⑥加强农业环境保护，完善农业生态安全保障体系建设。实施测土配方施肥工程，以"沃土工程"为基础，采取"测、配、加、供、施"一条龙运作模式，控制氮肥施用量，鼓励施用有机肥，改善土壤质地，预防土地污染。实施农业科学用药工程，加强农作物病虫害和畜禽疫病的综合科学防治，逐步降低高毒农药和水溶性农药的使用量，提高低毒、低残留、高效化学农药和生物农药使用比重。规划到2025年农用化肥施用强度达到245 kg/（hm²·a），农药施用强度达到2.8 kg/（hm²·a）。

（2）生态工业建设规划：

①推动龙头企业带动，完善产业链条。发展培育壮大龙头企业，培育会友线缆等龙头企业，加大辐射带动作用，提高产业工艺水平，推动产品提档升级。积极开展强强合作、强弱合作、联舟出海，以名牌为核心，以骨干企业为龙头，发展企业集团。

②加快企业入园步伐。河间市工业区位于尊祖庄乡北部，依托优势，引导乡域内的企业向园区集中，推进工业经济集约化发展。

③加大技术改革力度，促进增长方式转变。鼓励采用高新技术和生态型技术，支持开发利用新资源和可再生资源，支持开发和推广资源节约和替代技术、回收处理技术、绿色再造技术、零排放技术。坚持开发节约并重、节约优先，抓好以

节能、节水、节地、节材为重点的节能降耗工作，严格控制新建高能耗、高耗水、有污染项目。

④推行清洁生产，树立清洁生产理念。引导企业采用先进的清洁生产工艺和技术，积极防治工业污染，在产业聚集区的规划上应体现清洁生产思想，体现工业区集约型的增长方式和发展循环经济的要求。

（3）生态服务业建设规划。大力发展现代商贸物流业，培育和发展连锁超市、物流配送、电子商务、网上交易、现代批发市场等新兴业态。加快网络平台发展，建设资源环境、宏观经济、招商信息、农业信息、工商企业信息、档案信息、科教信息、人力资源与就业、社会保障等基础性数据库。重点建设电线电缆、保温材料信息平台，促进信息资源开发利用和共享，以信息化促进工业化。

2. 乡驻地生态环境规划

（1）加快乡镇建设规划编制步伐。环境规划期间，加快乡镇总体规划编制步伐，使城镇建设走上规范化、科学化建设轨道。规划编制要重视人工环境与自然环境相和谐的原则、历史环境与未来环境相和谐的原则、城市环境中各社会集团之间社会生活和谐的原则，重视生态环境保护，合理布局生态功能分区，人均公共绿地面积规划期末达到人均 12 m^2 以上。

（2）乡驻地绿地系统规划：

①公共绿地建设。到 2020 年在乡政府北侧建设中心公园一座，占地 0.6 hm^2，利用现有林地及任河大东支渠，采用草、树、假山、土丘等富有变化的手法；开辟街角绿地，以绿化为主，在道路街角及乡驻地出入口布置点状绿地，到 2020 年，在时景路与沙束路交口西北角建设 1 处街角绿地，总面积 0.3 hm^2，到 2025 年，再建设街头绿地 0.5 hm^2；建设生态走廊，沿任河大东支河流修建一条游步小道，建设供居民游憩的绿化景观廊道，到 2020 年完成一期工程，绿化面积达到 2.55 hm^2，预计到规划期末绿化面积达到 10 hm^2。

②生产防护绿地。考虑乡驻地北部为河间工业区，合理布置工业区与尊祖庄乡居民区，在工业区与居住区之间设置宽度 100m 以上的防护林带。高压走廊下宜设置以灌木为主的绿化带。

③附属绿地。新建居住小区绿地占居住总用地的比率不低于 30%，旧城改造区不低于 25%，工业企业、交通枢纽、仓储区、商业区绿地率不低于 20%，产生有害气体和有污染的工厂绿地率不低于 30%，公共文化设施、学校、医院、机关团体等单位的绿地率不低于 35%。

④道路绿化。道路绿化按其所在的位置可分为道路绿带、中心岛绿地、广场绿地和停车场绿地四部分，到 2020 年乡驻地主干道绿化面积占道路总面积的比例达到 25%，乡驻地主要道路绿化普及率达到 95%以上。

（3）建设生态型社区。规划将尊祖庄乡乡驻地建设成为具有现代化环境水准和生活水准且可持续发展的生态社区。机关事业单位积极推行绿色单位创建活动，以乡驻地内的机关、学校、医院等为试点，到 2020 年建成绿色单位 1 个，2025年前建成绿色单位 2 个。生态型社区要求建设绿色节能建筑、绿色社区管理系统和完善的绿化系统。

3. 乡域生态环境建设

（1）乡域绿化规划。遵循"因地制宜、规模发展、突出重点、综合治理"的原则，继续开展防护林、经济林等的建设。到 2025 年森林覆盖率达到 18%，实现人与自然和谐发展，达到经济与生态效益双赢的目标。主要措施有河渠防护林体系建设、绿色通道工程、提高农田林网覆盖率、农村庭院绿化建设等。

（2）农村生态环境综合整治。根据农村环境综合整治以及农村面貌改造提升工程，深入推进尊祖庄乡农村环境整治工作，集中连片解决影响群众生活和健康较为直接的生活垃圾和污水治理等突出环境问题：

①生活污水治理。农村生活污水的治理宜采取分散与集中相结合的方式，布局比较集中的村庄，可采用集中方式处理农村生活污水，可利用地埋式污水处理一体机、人工湿地、三格化粪池等方式，通过铺设管网，集中处理。一般农村采取分散方式，结合农村环境综合整治工程，结合沼气池建设与改水、改厕、改厨、改圈，逐步提高生活污水处理率；远期结合新民居建设，逐步推广农村生活污水分散式—生态模式治理技术；建设成联片聚合的农村社区后，建设完善的污水收集系统，并建设适合于社区的小型污水处理站等污水处理设施。首先在小里文、大里文、后念祖、东小里文、西小里文等村建设试点，逐步推广，规划到 2020年，开展生活污水处理农村达到 16 个，开展生活污水处理的农村行政村比例达到53%。到 2025 年，东达路、西达路、北司徒等村开展生活污水处理，开展生活污水处理的行政村达到 26 个，比例达到 87%。

②生活垃圾治理。通过集中和分散相结合的方式，近期采用"户分类、村收集、乡转运、市填埋"的农村垃圾规范化处置和管理模式。高王化、李张各、后念祖、前念祖、刘念祖、刘王化、冯王化等村庄首先开展垃圾资源化利用，农户将可回收与不可回收垃圾分类收集。垃圾收集点按照便于垃圾倾倒的原则合理设

置，安排专人负责清运工作，定期转运，送至垃圾填场处理。到2020年，实现垃圾资源化利用的行政村比例达到67%，到2025年尊祖庄乡全部村庄开展生活垃圾资源化利用，达到国家级生态乡镇指标要求。

③生态村建设。巩固好已取得的生态村创建成果，积极组织农民进行道路硬化街道净化、村庄绿化、改水改厕、沼气池建设等活动。在此基础上，要制定村规民约，提高农民文明素质，进一步改善乡村环境质量，改善居民生活环境，进而提高群众对环境满意率。到2020年，将高王化、李张各建设为省级生态村。

4. 生态文明建设

规划期内应通过多种途径，大力宣扬生态环境保护观念，提高低碳意识，营造文明氛围，建设生态文明体系，把环境保护贯穿到每个人的行动之中，是建设生态城镇的重要保证。

七、重点工程投资估算

环境保护建设工程是一项社会、经济、自然相结合的复杂的系统工程，涉及多个部门与行业，为保证落实，应分层建立目标责任制，分级落实，做到任务具体，分工明确，责任到位，并明确工程进度、时间安排，以保证环境规划目标的顺利实现。按照本规划提出的环境综合整治要求，列出主要项目的实施计划与投资预算，见表13-20。

表13-20 项目投资估算及投资计划安排

类别	主要工程	工程内容	责任单位	年限	投资/万元
绿地建设	乡驻地绿化	乡政府北侧建设中心公园一座，占地 0.6 hm²	乡政府	2015—2020	600
		开辟街角绿地，在时景路与沙束路交口西北角建设 1 处街角绿地，总面积 0.3 hm²。到2025年，再建设街头绿地 0.5 hm²		2015—2025	1 000
		沿乡驻地任河大东支两侧建设生态走廊			500
	农田防护林	在农田周围种植树木进行防风、固沙		2015—2025	500
	工业防护林	在工业企业四周外种植、绿化以美化环境、降低噪声，净化空气			
	河渠两岸绿化	完善任河大东支渠防护林建设			

类别	主要工程	工程内容	责任单位	年限	投资/万元
生态农业建设	有机绿色无公害农产品基地建设	到2020年，绿色蔬菜种植面积达到2 000亩；无公害林果种植面积达到3 000亩；无公害小麦种植面积达到1.5万亩	各责任村、农户	2015—2020	100
		到2025年，无公害林果种植面积达到5 000亩；无公害小麦种植面积达到3.5万亩		2021—2025	100
农村治理	村庄绿化	各村房前房后、道路绿化、庭院绿化	各责任村	2015—2025	50
	污水处理	结合农村环境综合整治工程，采用分散式沼气池、三格化粪池等技术或集中式地埋式污水处理一体机、人工湿地等技术开展生活污水处理	乡政府、各责任村		600
	垃圾收集建设	"户分类—村收集—乡转运—市处理"垃圾收集系统建设，密闭式垃圾转运车购买；各村垃圾池建设	乡政府、各责任村		350
乡驻地环境基础设施建设	改善供热方式	乡驻地居民完成采暖锅炉改造，采用生物质燃料、洁净煤等；分散居住的可采用燃气壁挂炉、电地暖、生物质颗粒燃料等方式取暖	乡政府	2015—2025	250
	污水处理	在乡驻地中北部建设污水处理站一座，处理规模为1 300 t/d	乡政府	2015—2020	1200
		配套铺设排水管网，雨污分流		2015—2025	800
	环卫配套设施建设	在乡驻地东部时景路以南建设垃圾转运站	乡政府	2015—2017	100
		乡驻地环卫队建设，垃圾装运车购买；垃圾收集点建设		2015—2017	200
合计					6 350

参考文献

[1]   陈喜红，邹序安. 环境规划[M]. 北京：科学出版社，2010.

[2]   孟维庆. 环境管理与规划[M]. 北京：化学工业出版社，2011.

[3]   樊庆锌. 环境规划与管理[M]. 哈尔滨：哈尔滨工业大学出版社，2011.

[4]   童志权. 大气污染控制工程[M]. 北京：机械工业出版社，2012.

[5]   丁忠浩. 环境规划与管理[M]. 北京：机械工业出版社，2012.

[6]   曲向荣，李辉，吴昊. 环境工程概论[M]. 北京：机械工业出版社，2011.

[7]   李颖. 固体废物资源化利用技术[M]. 北京：机械工业出版社，2013.

[8]   刘建秋. 环境规划[M]. 北京：中国环境科学出版社，2007.

[9]   姜迪. 危险废物环境管理及污染防治对策研究[J]. 黑龙江科技信息，2015（26）：67.

[10]   凌江，等. 危险废物污染防治现状及管理对策研究[J]. 环境保护，2015（24）：43-46.

[11]   徐仕明，等. 宝应县工业固体废物污染现状及防治对策[J]. 污染防治技术，2011，24（1）：58-60.

[12]   侯芳. 工业固体废物现状及环境保护防治措施的研究[J]. 绿色科技，2015（1）：192-193.

[13]   钟秋爽，等. 太湖流域农村生活垃圾分类收集与资源化利用技术研究[J]. 环境工程，2014（3）：96-99.

[14]   普锦成. 我国农村生活垃圾污染现状与治理对策[J]. 现代农业科技，2012（4）：283-285.

[15]   张磊. 城乡一体化进程中的城镇环境污染治理规划研究[D]. 华中科技大学，2007.

[16]   刘艳琼. 洞庭湖周边城镇生活垃圾污染问题研究[D]. 湖南师范大学，2010.

[17]   章楠. 浅谈工业固体废物处置与管理[J]. 环境研究与监测，2015，28（1）：46-47.

[18]   程褚平. 上海市工业固体废弃物的管理对策研究[D]. 上海交通大学，2012.

[19]   张清香. 陕西省危险废物污染防治现状分析与对策研究[D]. 长安大学，2014.

[20]   郝永利. 我国危险废物处置利用现状分析[J]. 中国环保产业，2015（12）：28-31.

[21]   李平. 危险废物处理处置技术[J]. 北方环境，2013，25（12）：132-134.

[22]   胡文涛，等. 危险废物处理与处置现状综述[J]. 北方环境，2014，42（34）：12385-12388.

[23]   王琪，等. 我国危险废物管理的现状与建议[J]. 环境工程技术学报，2013，3（1）：1-5.

[24]   张蓓，等. 城市大气颗粒物源解析技术的研究进展[J]. 能源与环境，2008（3）：130-133.

[25] 柯昌华，等. 环境空气中大气颗粒物源解析的研究进展[J]. 重庆环境科学，2002，24（3）：55-59.

[26] 兰豪. 我国大气污染防治工作的问题及建议[J]. 知识经济，2011（21）：83.

[27] 卢桂军. 城市社会生活噪声污染问题探讨及防治对策[J]. 环境科学与管理，2012，37（4）：8-9.

[28] 黄芬. 高速公路噪声污染及其治理措施探讨[J]. 西安交通科技，2010（6）：121-124.

[29] 杨栋. 公路噪声污染防治方法研究[J]. 交通世界，2015（20）：149-150.

[30] 柏立森. 民用机场飞机噪声污染防治措施的评述[J]. 污染防治技术，2010，23（3）：82-84.

[31] 王勇. 南京市社会生活噪声污染现状及防治对策[J]. 污染防治技术，2014，27（5）：32-34.

[32] 牟达的. 浅谈城市环境噪声污染防治措施[J]. 农业与技术，2013（10）：241-242.

[33] 彭林. 城镇环境规划研究[D]. 河北师范大学，2002.

[34] 郭怀成. 环境规划方法与应用[M]. 北京：化学工业出版社，2006.

[35] 周敬宣. 环境规划新编教程[M]. 武汉：华中科技大学出版社，2012.

[36] 尚金城. 环境规划与管理（第二版）[M]. 北京：科学出版社，2009.

[37] 高甲荣，齐实. 生态环境建设规划[M]. 北京：中国林业出版社，2006.

[38] 许振成，彭晓春，贺涛. 现代环境规划理论与实践[M]. 北京：化学工业出版社，2012.

[39] 海热提·涂尔逊. 城市生态环境——理论、方法与实践[M]. 北京：化学工业出版社，2005.

[40] 赵景联. 环境科学导论[M]. 北京：机械工业出版社，2005.

[41] 吴传钧. 论地理学的研究核心——人地关系地域系统[J]. 经济地理，1991，11（3）：1-69.

[42] 赵明华. 地理学人地关系与人地系统研究现状评述[J]. 地域研究与开发，2004，23（5）：6-10.

[43] 杨青山. 人地关系、人地关系系统与人地关系地域系统[J]. 经济地理，2011，21（5）：532-537.

[44] 方修琦. 论人地关系的主要特征[J]. 人文地理，1999，14（2）：19-21.

[45] 苏广实. 浅析人地关系及其与可持续发展的关系[J]. 广西教育学院学报，2007（3）：98-101.

[46] 伊武军. 人地关系调控与生态环境——以长江洪灾为例[J]. 福建地质，2000（20）：41-45.

[47] 马世骏，王如松. 社会—经济—自然复合生态系统[J]. 生态学报，1984，4（1）：1-9.

[48] 钦佩，张茂途. 生态工程及其研究进展[J]. 自然杂志，1998（1）：24-28.

[49] 黄鹭新，杜澎. 城市复合生态系统理论模型与中国城市发展[J]. 国际城市规划，2009，24

（1）：30-36.

[50] 王如松，欧阳志云. 社会—经济—自然复合生态系统与可持续发展[J]. 中国科学院院刊，2012，27（3）：337-345.

[51] 杨国华. 区域复合生态系统分析及其可持续发展对策[J]. 云南地理环境研究，2006，18（6）：26-29.

[52] 常文娟，马海波. 生态足迹研究进展[J]. 黑龙江水专学报，2010（1）：69-74.

[53] 王富平，黄献明，栗德祥. 生态足迹分析在城市生态规划中的应用[J]. 华中建筑，2010（3）：81-83.

[54] 姜秀娟. 基于生态足迹理论的挪威城市可持续发展研究[J]. 现代城市研究，2010（2）：86-88.

[55] 黄莉敏. 浅谈环境规划中的公众参与[J]. 能源与环境，2005（3）：64-66.

[56] 蒋玲燕，闻岳，周琪. 生态足迹分析方法及其在国内的应用[J]. 四川环境，2006，25（4）：43-44.

[57] 何强，龙腾锐，夏志祥. 水污染控制系统规划方法研究[J]. 重庆建筑大学学报，1999，21（6）：31-34.

[58] 夏连强，张司明，许新宜. 区域水环境规划方法综述[J]. 水资源保护，1993（1）：47-52.

[59] 郭怀成，尚金城，张天柱. 环境规划学（第二版）[M]. 北京：高等教育出版社，2009.

[60] 陈晓宏，江涛，陈俊合. 水环境评价与规划[M]. 北京：中国水利水电出版社，2007.

[61] 夏青，贺珍. 水环境综合整治规划[M]. 北京：海洋出版社，1989.

[62] 于乃利，王爱杰，单德鑫，等. 小河流水环境容量测算与容量总量控制[J]. 东北农业大学学报，2006，37（2）：219-224.

[63] 兰国辉. 我国水环境容量研究概述[J]. 科技信息，2010（25）：150-151.

[64] 仝伟，张文志. 水环境容量计算一维模型中设计条件和参数影响分析[J]. 广东水利水电，2006（3）：9-11.

[65] 马鹏刚. 水环境规划中的层次分析模型研究[J]. 地下水，2012，34（1）：80-82.

[66] 尚金城，黄国和，包存宽，等. 城市水环境规划[M]. 北京：高等教育出版社，2008.

[67] 许振成，彭晓春，贺涛，等. 现代环境规划理论与实践[M]. 北京：化学工业出版社，2012.

[68] 马晓明. 环境规划理论与方法[M]. 北京：化学工业出版社，2004.

[69] 曾维华，程声通. 流域水环境集成规划刍议[J]. 水利学报，1997（10）：17-82.

[70] 钱易，刘昌明，邵益生. 中国城市水资源可持续开发利用[M]. 北京：中国水利水电出版社，2002.

[71] 徐志新，王真，郭怀成，等. 生态市的水资源供需平衡研究[J]. 安全与环境学报，2007，7（2）：83-86.

[72] 黄建荣. 自贡市釜溪河流域水污染综合整治方案初步研究[D]. 西南交通大学，2011.

[73] 王星. 自贡市釜溪河流域水污染防治规划研究[D]. 西南交通大学，2012.

[74] 陈晓宏，江涛，陈俊合. 水环境评价与规划[M]. 北京：中国水利水电出版社，2007.

[75] 仝伟，张文志. 水环境容量计算一维模型中设计条件和参数影响分析[J]. 广东水利水电，2006（3）：9-11.

[76] 何强，龙腾锐，夏志祥. 水污染控制系统规划方法研究[J]. 重庆建筑大学学报，1999，21（6）：31-34.

[77] 夏连强，张司明，许新宜. 区域水环境规划方法综述[J]. 水资源保护，1993（1）：47-52.

[78] 朱华，曾光明. 3S 及 VR 技术在环境规划中的应用[J]. 湖南大学学报（自然科学版），2004，4（31）：81-84.

[79] 何绍福，马剑，李春茂. "3S" 技术发展综述[J]. 三明高等专科学校学报，2001，18（3）：50-54.

[80] 汪祖丞，刘玲. 3S 技术在环境影响评价中的应用研究[J]. 环境科学与管理，2009，34（9）：171-174.

[81] 史忠植，王文杰. 人工智能[M]. 北京：国防工业出版社，2007.

[82] Guus Schreiber. 知识工程和知识管理[M]. 史忠植，梁永全，吴斌等译. 北京：机械工业出版社，2003.

[83] 叶世伟，史忠植. 神经网络原理[M]. 北京：机械工业出版社，2004.

[84] 蔡自兴，徐光佑. 人工智能及其应用（第三版）[M]. 北京：清华大学出版社，2003.

[85] 曲格平. 中国的环境与发展[M]. 北京：中国环境科学出版社，2010.

[86] 赵廷宁. 生态环境建设与管理[M]. 北京：中国环境科学出版社，2004.

[87] 山西省环境保护局生态经济区划技术规程（试行）[Z]. 2009（3）.

[88] 环境保护部生态保护红线划定技术指南[Z]. 2015（5）.

[89] 农业部：生态农业建设专项支持优先考虑河源[DB/CD]. 中国城市低碳经济网，2013-12-06.

[90] 元谋. 干热河谷旱坡地双链型罗望子—牧草—羊生态农业模式高效配套技术研究[DB/CD]. 维普网，2013-12-06.

[91] 河北景县加快土地流转规模经营做到"五依托" [DB/CD]. 中国农业推广网，2014-05-27.

[92] 杨桂华，钟林生，明庆忠. 生态旅游[M]. 北京：高等教育出版社，2006.

[93]　张建萍. 生态旅游理论与实践[M]. 北京：中国旅游出版社，2003.

[94]　李文明. 国外生态旅游环境教育研究综述[J]. 旅游学刊，2009，24（11）：90-94.

[95]　冷瑾. 世界生态旅游发展模式初探[J]. 大理学院学报，2010，9（7）：40-43.

[96]　鲁敏，王仁卿，李英杰. 生态城市建设模式与策略[J]. 中国生态农业学报，2007，6（15）：182-184.

[97]　Yanitsky O. N. The City and Ecology. Moskow：Nauka，1987.